谷子分子标记开发及应用

GUZI FENZI BIAOJI
KAIFA JI YINGYONG

贾小平　李君霞　白 辉　秦 娜　著

中国农业出版社
北　京

内容简介

NEIRONG JIANJIE

该书系统介绍了分子标记技术在谷子中的发展历程及其在谷子遗传多样性研究、品种鉴定、遗传图谱构建、重要性状定位方面的应用，概述了谷子 RFLP、AFLP、SSR、SNP 等分子标记开发原理、操作步骤、技术特点以及基于 SNP 标记的单倍型分析方法在揭示谷子基因潜在功能方面的应用实例，总结了近 30 年分子标记技术在谷子研究中获得的主要成果与进展，探讨了分子标记应用于谷子辅助选择育种实践存在的问题以及制约 SNP 广泛应用的基因分型技术发展现状。本书涵盖了谷子分子标记研究各领域的最新研究成果，内容全面、新颖，兼具知识性与启发性；语言兼具科学性与通俗性，呈现出对象专一、内容系统丰富，可读性、前沿性、思考性与指导性有机融合的特点。对于从事谷子遗传育种相关研究的科研人员，该书有助于系统地了解谷子分子标记开发与应用研究现状，了解最新进展与发展方向，同时该书也可为高等院校从事谷子分子标记研究的本科生、研究生提供理论与技术指导。

目　　录

谷子 RFLP、RAPD 及 AFLP 标记开发

第一节　谷子 RFLP 标记开发概述

一、RFLP 标记概念及原理

RFLP 即限制性片段长度多态性（restriction fragment length polymorphism），是第一个 DNA 水平的分子标记，最早由 Botstein 等于 1980 年建立，并应用于人类疾病基因的定位。其主要原理是生物不同基因型或个体间由于基因组 DNA 发生碱基突变，会导致原有的酶切位点消失或者产生新的酶切位点，因此将限制性内切酶消化不同个体基因组 DNA 时产生的不同长度的酶切片段，用作遗传标记进行基因型鉴定、遗传作图等研究。

二、RFLP 标记的特点

作为最早的分子标记，RFLP 具有在基因组中分布普遍、稳定性好、可靠性高、呈共显性遗传、多态性较高等几个优点。但是 RFLP 是基于分子杂交技术发展起来的，操作比较复杂，所需 DNA 的量也较大，成本较高，耗费时间较长。此外 RFLP 标记主要代表基因组中的单拷贝或者低拷贝序列，具有一定局限性，因此目前极少应用。

三、谷子 RFLP 标记的开发

王志民基于构建谷子 RFLP 分子连锁图谱的目的较系统地进行了 RFLP 分子标记的开发研究，其基本操作过程包括探针制备、多态性探针筛选、作图群体个体限制性片段的获得以及探针与限制性片段杂交进行基因型鉴定等几个步骤[1]。

1. 探针的制备

（1）基因组文库的构建　分别提取新疆昌吉谷、9388、坝谷 240、毛穗粘谷、大叶青白谷等品种的基因组 DNA，经过限制性内切酶 *Pst* Ⅰ 消化后回收 0.5～3kb 的片段，连接到质粒载体 pUC18 上，采用电转化方法转入大肠杆菌

E. Coli sure™，筛选阳性克隆建成基因组文库。

（2）文库的筛选　虽然采用 *Pst* Ⅰ限制酶可以获得较大比率的单拷贝、低拷贝片段，但仍有部分高度重复序列需要去除，主要步骤是首先将合适大小的克隆片段转移到尼龙膜固定，接着将各谷子品种基因组 DNA 用超声波打断后用^{32}P 寡聚核苷酸进行标记，并与转移到尼龙膜的克隆片段进行杂交，将含有重复序列、杂交信号强烈的克隆去掉，剩余的为单拷贝或低拷贝克隆。

2. 多态性探针的筛选

用于构建遗传图谱的 RFLP 标记首先必须在亲本间具有多态性，因此提取作图亲本的基因组 DNA，经过限制性内切酶 *Eco*R Ⅰ、*Eco*R Ⅴ、*Dra* Ⅰ或 *Hin*d Ⅲ消化，转移至尼龙膜固定，然后将经过筛选的阳性克隆片段用随机引物法进行^{32}P 标记或者非放射性 ECL 标记，作为探针与尼龙膜上亲本限制片段进行杂交，放射显影后根据杂交信号确定探针多态性，选出探针与酶的组合。

3. 作图亲本和杂交后代个体基因型鉴定

对选出的探针用^{32}P 寡聚核苷酸或非放射性 ECL 标记，将标记好的探针与种内或种间亲本基因组 DNA 限制性片段以及后代群体基因组 DNA 限制性片段进行杂交，经放射性或非放射性自显影后确定后代个体基因型。在早期缺乏其他分子标记的情况下，RFLP 分子标记在谷子遗传作图、比较基因组研究、品种鉴定等方面发挥了重要作用，在后续分子标记应用章节将逐一进行介绍。

第二节　谷子 RAPD 标记开发概述

一、RAPD 标记概念及原理

RAPD 即随机扩增多态性 DNA（random amplified polymorphic DNA），它是基于 PCR 技术发展起来的一种分子标记，其原理是提取不同作物品种的基因组 DNA，分别作为模板用人工合成的大约 10bp 的寡核苷酸引物进行扩增，引物可以和基因组的多个位点结合，因此可以扩增出多个不同基因组区域，产生不连续的扩增产物。不同来源的基因组 DNA，引物结合位点存在差异，因此扩增产物大小存在不同，经过琼脂糖凝胶电泳检测时产生不同的带谱，形成 RAPD 标记。

二、RAPD 标记的特点

RAPD 标记基于 PCR 技术，操作简单；所用引物为短的随机引物，保守性和特异性低，没有物种特异性；不需要知道物种的基因组信息；一套引物可以用于不同的物种，通用性好；需要的模板 DNA 量少，引物合成费用低，节省成本；具有较丰富的多态性。尽管有上述优点，RAPD 技术还是存在一些问题。RAPD 技术稳定性差，退火温度的变化会引起扩增产物数目和大小的变化，不同的扩增仪器也会导致扩增产物的不稳定，因此需要对退火温度和扩增体系不断进行优化，摸索最佳退火温度，调整模板 DNA 浓度、Mg^{2+} 浓度等。为了避免稳定性差带来的错误，最好设置重复实验，选取重复性好的条带进行分析。此外为了防止试剂不纯带来的污染，实验要设置空白对照，排除系统误差。RAPD 作为一种显性标记，符合孟德尔遗传定律，不能区分杂合型和纯合型，因此在遗传分析及遗传图谱的构建等方面受到限制，该标记多数用于植物亲缘关系鉴定、遗传多样性研究。

三、谷子 RAPD 标记的开发

黎裕等首次将 RAPD 技术用于谷子种内以及谷子与狗尾草种间遗传多样性分析。他们设计了 19 条 10 碱基的随机引物，在 20 个谷子品种和 17 个狗尾草种中扩增出 148 个标记，几乎每条引物都在 37 份谷子和狗尾草群体内表现出多态性，表明谷子和碱蓬草具有较高的遗传变异，谷子与绿狗尾草的亲缘关系较其他狗尾草种近，支持了谷子起源于绿狗尾草，二者属于同一个种的说法。研究说明 RAPD 可以用来评价谷子及其野生近缘种的种内、种间遗传变异[2]。Schontz 等设计了 4 条 10 碱基引物扩增 37 个谷子品系，共产生 25 条多态性条带，可以区分 33 种基因型，聚类分析将 37 个谷子品系划分为 3 个群，表明遗传聚类群与地理起源密切相关[3]。杨天育等设计了 22 条 10 碱基随机引物评价来自不同生态区的 19 个谷子品种的遗传差异，结果表明 11 条引物能够扩增出清晰且有多态性的条带，总计扩增出 54 条多态性带，遗传聚类群与生态类型有很大的一致性[4]。杨延兵等用 50 条随机引物对 23 份谷子品种进行扩增，结果有 13 条引物表现出多态性，共扩增出 56 条多态性条带，聚类分析将 23 个品种聚为 4 类，但是聚类群与地理来源没有必然的一致性[5]。

第三节　谷子 AFLP 标记开发概述

一、AFLP 标记概念及原理

AFLP 即扩增片段长度多态性（amplified fragment length polymorphism），过程包括基因组 DNA 的酶切消化、接头分子的连接、酶切片段的扩增、扩增片段的聚丙烯酰胺凝胶电泳。AFLP 扩增所用引物是根据接头序列设计的，但是在引物 3′端增加了 1～3 个不同碱基，这样可以对不同的酶切片段进行扩增，以增加多态性的检出率。不同品种间酶切片段扩增带谱如果存在差异，则对应的引物对及酶切组合可用作分子标记。

二、AFLP 标记的特点

AFLP 基于 PCR 技术，结果可靠性、稳定性好，呈显性或共显性遗传，具有极高的多态性，适合于研究一些多态性低的品种；但基因组 DNA 首先需要酶切消化，再连接接头分子，对 DNA 质量要求高，接头分子与酶切片段的连接效率对检出的多态性水平有重要影响，因此技术要求高。此外 AFLP 标记受专利保护，应用受到一定限制。

三、谷子 AFLP 标记的开发

AFLP 标记技术由 Zabeau 和 Vos 发明，包括谷子在内的所有植物 AFLP 标记技术都是参考 Zabeau 和 Vos 的专利技术发展而来的[6]。Le Thierry d′Ennequin等对 Zabeau 和 Vos 的专利方法进行修改，用 *Eco*RⅠ和 *Mse*Ⅰ作为双酶切组合，对谷子基因组 DNA 进行双酶切后用 *Eco*RⅠ接头（5′-CTCGTAGACTGCGTACC-3′，5′-AATTGGTACGCAGTC-3′）和 *Mse*Ⅰ接头（5′-GACGATGAGTCCTGAG-3′，5′-TACTCAGGACTCAT-3′）连接酶切片段，随后用非选择引物进行预扩增，预扩增产物再在 3′端加上 3 个不同碱基的选择引物对进行选择性扩增，扩增产物经 3%～6%的变性聚丙烯酰胺凝胶电泳检测多态性水平。结果在 64 对引物组合中有 38 个组合可以扩增出 30 条以上的带，只有 4 个引物对（E-AAC/M-CTC，E-AAC/M-CTT，E-ACC/M-CTT，E-AGC/M-CTT）产生了 160 条多态性带，进一步利用这 160 条多态性带对 39 个谷子品系和 22 个绿狗尾草品系进行了遗传多样性分析[7]。

国内学者也利用 AFLP 技术开发多态性引物对用于谷子重要性状的标记、定位研究。袁进成等参照 Zabeau 和 Vos 的专利方法采用 *Pst*Ⅰ和*Mse*Ⅰ双酶切组合，用 400 对引物组合对谷子不育池和可育池进行扩增筛选，开发出 32 对在不育池和可育池表现出多态性的引物组合，用于对谷子显性雄性不育基因 Ms^{ch} 的标记[8]。郝晓芬等同样用 *Pst*Ⅰ和 *Mse*Ⅰ双酶切组合，用 96 对 AFLP 引物对不育池和可育池进行筛选，开发出 4 对在可育池和不育池间存在多态性的引物对，用于谷子光敏不育基因的标记[9]。赵立强、潘文嘉用 *Eco*RⅠ和 *Mse*Ⅰ作为双酶切组合，分别用 102 对、270 对 AFLP 引物组合对谷子抗锈亲本十里香、感锈亲本豫谷 1 号及二者杂交 F_2 代组成的抗锈池、感锈池进行筛选，获得了 33 对和 92 对表现出多态性的引物，用于对抗锈病基因的标记[10-11]。

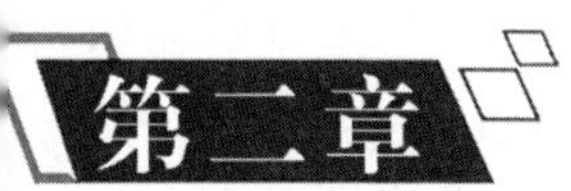

谷子 SSR 标记开发

第一节 SSR 标记概念及特点

一、SSR 标记概念及原理

微卫星标记（microsatellite marker）也称为短串联重复序列（STR）或简单重复序列（SSR），广泛分布在真核生物基因组中。这些微卫星序列主要分布于基因组的非编码区，在编码区难以发现[12]。Morgante 等调查了包括拟南芥、水稻、大豆、玉米、小麦等植物微卫星分布情况，发现除三核苷酸、六核苷酸微卫星之外，其余微卫星类型在基因组非编码区分布频率远高于在预期的蛋白编码序列区的分布频率[13]。植物不同品种间微卫星重复单元出现次数存在差异，这样在重复序列两侧保守区域设计特异引物，提取不同品种的基因组 DNA 进行扩增，扩增产物经聚丙烯酰胺凝胶电泳，由于重复单元出现次数不同而导致的片段长度多态性就可以被检测出来。

二、SSR 标记的特点

SSR 标记和其他 DNA 标记如 RFLP、AFLP、RAPD 等相比，具有在基因组中分布广泛、多态性高、共显性呈孟德尔遗传、技术简单、稳定性好等优点，目前已经广泛应用于植物遗传图谱构建、QTL 定位、标记辅助选择以及多样性研究。然而不论何种作物，要想利用 SSR 标记开展研究，首先必须进行 SSR 引物的开发，SSR 标记的开发过程相当复杂费时，需要测序获得基因组序列信息，要耗费巨大的人力、财力。不过随着测序技术的不断发展，测序成本大幅降低，SSR 标记开发变得更加容易。

第二节 SSR 标记的开发技术

一、文库筛选法

经典的 SSR 标记开发方法是文库筛选法，基本过程包括：①基因组文库的构建。构建基因组文库通常先将基因组 DNA 进行片段化处理，或者用限制酶消化，或者用超声波处理，接着将 200～600bp 左右的 DNA 片段回收后连接到载体上，再转化大肠杆菌形成基因组文库。②用含有微卫星的探针杂交筛选文库，挑选阳性克隆测序。③在微卫星序列两侧设计特异引物（图 2-1）[14-15]。

这种方法获得 SSR 阳性克隆的效率为 0.04%～12%，因此只适合对一些微卫星含量高的物种如鱼类或其他脊椎动物进行标记开发，并且研究需要的微卫星数量少，如果开发微卫星含量低的物种如鸟类或者植物，开发的微卫星标记用来构建遗传连锁图谱，则难以见效。文库筛选法的缺点：①成本高，必须对每个克隆进行筛选鉴定，工作量大，需要花费大量人力和财力；②假阳性率较高，冗余序列占一定比例，而且获得的 SSR 序列有些靠近克隆位点，不能设计合适的引物。

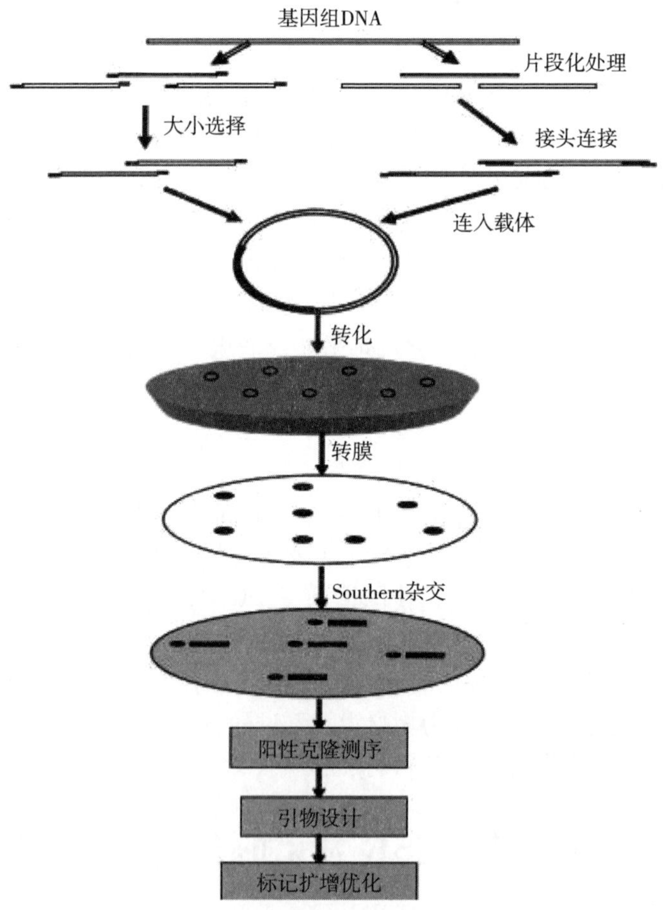

图 2-1　传统的微卫星开发方法[15]

二、省略筛库法

为了克服构建文库的复杂过程，一些研究者提出了省略筛库法，此类方法是基于 PCR 技术，如 Williams 等和 Cifarelli 等提出在 RAPD 技术基础上分离 SSR 标记；Wu 等提出用含有 SSR 的锚定随机引物进行 RAPD 扩增来获得 SSR 序列，或者先用随机引物扩增，再用含有 SSR 的探针进行 Southern 杂交，回收阳性片段克隆测序[16-18]。Fisher 等发明了锚定 PCR 技术，用来分离 SSR 标记，原理非常简单：首先设计含有部分 SSR 序列的 5′锚定引物，如 KKVRVRV（CT)$_6$ 就是一个锚定引物，(CT)$_6$ 部分和基因组的 GA 重复序列配对，而 V 是不能和 A 配对的任意碱基，R 是不能和 G 配对的 G 或 A，K 是 G 或 T，这样使该引物稳固地结合到重复序列的 5′部分，不至于滑动，保证了 SSR 的长度完整性（图 2-2)。这种方法只需提取基因组 DNA，然后直接用简并锚定引物扩增两个方向相反但距离较近的 SSR 序列，因此这种方法最少能分离 2 个 SSR，有些时候在这两个末端 SSR 之间还可能存在含有完整侧翼序列的 SSR，使获得的 SSR 达到 3 个以上[19]。基于锚定 PCR 技术进一步发展出选择扩增微卫星（SAM）法，基本过程为首先对植物基因组 DNA 进行双酶切，之后连接两个不同的接头分子，通过抑制 PCR 扩增连有不同接头分子的 DNA 片段（图 2-3)，再以此扩增产物为模板，用 3′端带有不同碱基的简并引物和微卫星锚定引物组成引物对，扩增含有微卫星的片段，克隆测序后设计单侧特异引物，与对应的锚定引物组成引物对，作为分子标记[20]。

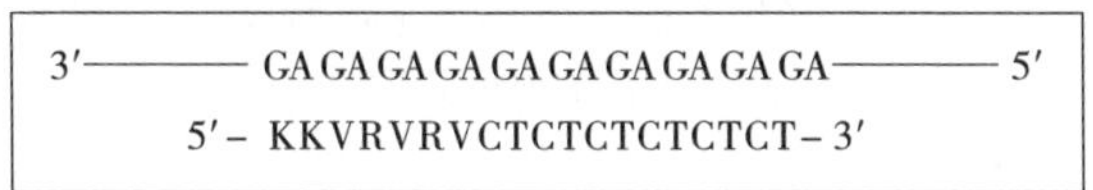

图 2-2　5′锚定简并 SSR 引物结构示意
K=G/T　V=G/C/A　R=G/A

三、单引物延伸法

为了提高微卫星开发效率，Ostrander 等发明了单引物延伸法，该方法首先要建一个基因组文库（初始文库)，所用的载体为噬菌粒（pBluescript)，也可以用噬菌体载体（M13mp18)，随后用 M13 辅助噬菌体超感染初始文库，产生单链环状 DNA，以单链环状 DNA 为模板，用（GA)$_{15}$或（CA)$_{15}$作引物进行延伸反应，形成双链环状 DNA，转化大肠杆菌建成微卫星富集文库，随后可以用杂交或 PCR 方法筛选文库（图 2-4)[21]。类似的方法还有 Paetkau 等采用的生物素标记的单引物延伸策略，与 Ostrander 不同之处是 Paetkau 所用的构建初始文库的载体是噬菌体载体，因此不需要辅助噬菌体，直接从噬菌

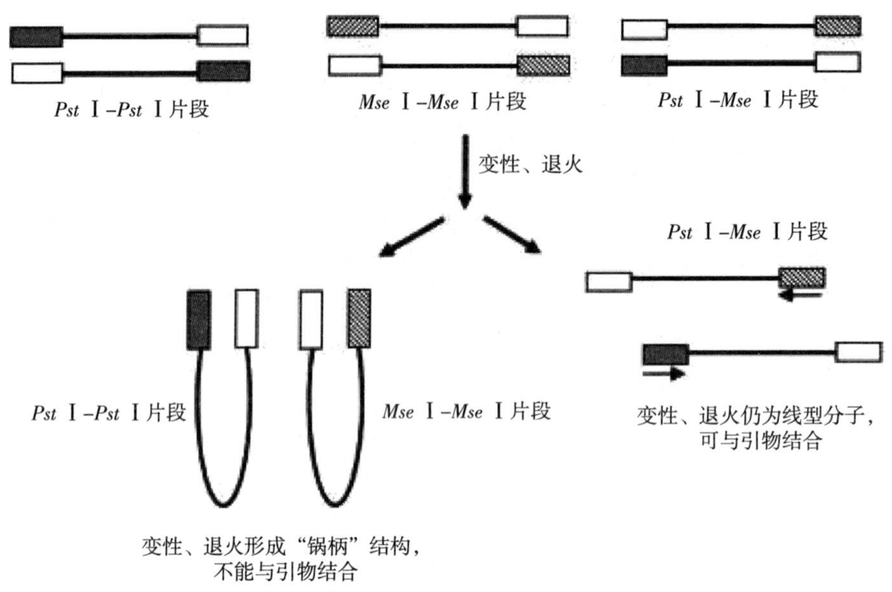

图 2-3 抑制性 PCR 示意

斑获得单链 DNA，随后用生物素标记的微卫星序列做延伸反应，形成环状双链 DNA，再用链霉素磁珠捕获含有微卫星的双链分子，变性后第二次用微卫星的序列作延伸反应，形成双链环状 DNA 分子，也就是经过两次延伸富集，最后转化大肠杆菌形成富集文库（图 2-4）[22]。这两种方法都包含过多的实验步骤，因此限制了它们的广泛应用，根据已有资料，有三篇文章报道了成功应用 Ostrander 方法分离 SSR 位点，而成功应用 Paetkau 方法分离 SSR 位点的报道有两篇。这两种方法都成功用于开发二核苷酸微卫星，但是不能确定能否开发三、四核苷酸类型微卫星，Paetkau 用四核苷酸微卫星序列作引物来分离微卫星，结果产生的阳性克隆在 0～25%之间，而且多为冗余克隆。另外，这两种方法都要建立初始文库，这一步只能克隆有限的基因组序列，使部分 SSR 损失掉，目前谷子相关研究中尚未有此类方法报道。

四、选择杂交富集法

目前应用最为广泛的 SSR 分离方法是选择杂交富集法，该方法操作简单，易于掌握。大约 70%关于 SSR 分离的文献资料都是采用选择杂交富集法，可见该方法成功率之高。选择杂交富集过程包括：①基因组 DNA 的片段化，或者酶切消化或者机械切割（超声波或喷雾器）；②选择 DNA 片段大小，选择 200～1 000bp的片段；③在 DNA 两端连接一个接头分子，该接头含有后续引物结合序列，用以扩增连有接头的 DNA 分子及杂交后的富集扩增；④连有接

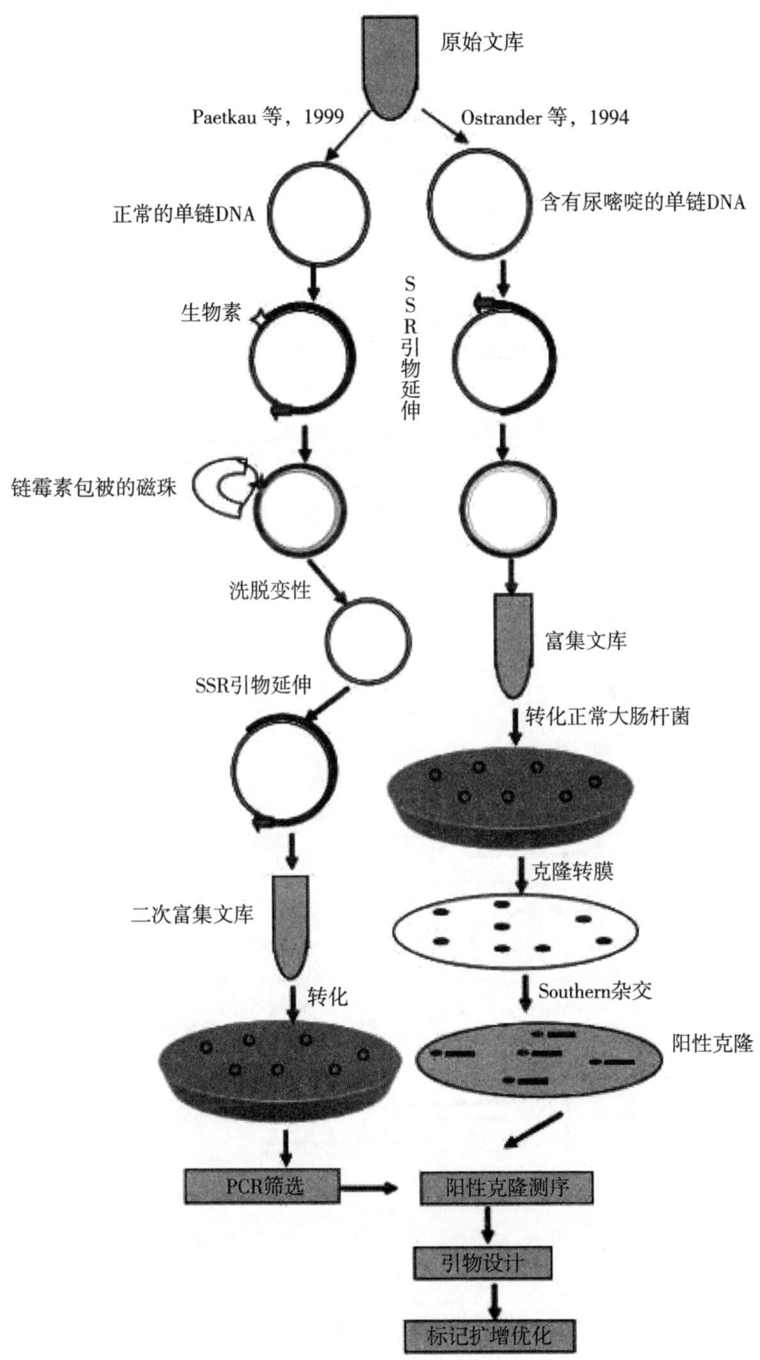

图 2-4　引物延伸程序[15]

头的DNA片段随后与固定在尼龙膜上的SSR探针进行杂交，或者与用生物素标记的SSR探针进行杂交；⑤经过杂交富集的片段洗脱后用接头序列特异引物扩增，连接到克隆载体转化大肠杆菌形成富集文库；⑥用SSR探针杂交筛选富集文库，挑选阳性克隆测序，在含有微卫星序列两侧设计引物（图2-5）[23-24]。富集文库的筛选也可以用PCR法，即用微卫星序列和载体特异引物组成引物对做菌液PCR，用琼脂糖凝胶电泳检测扩增产物，挑选能扩增出条带的克隆测序，并且设计SSR侧翼保守引物。

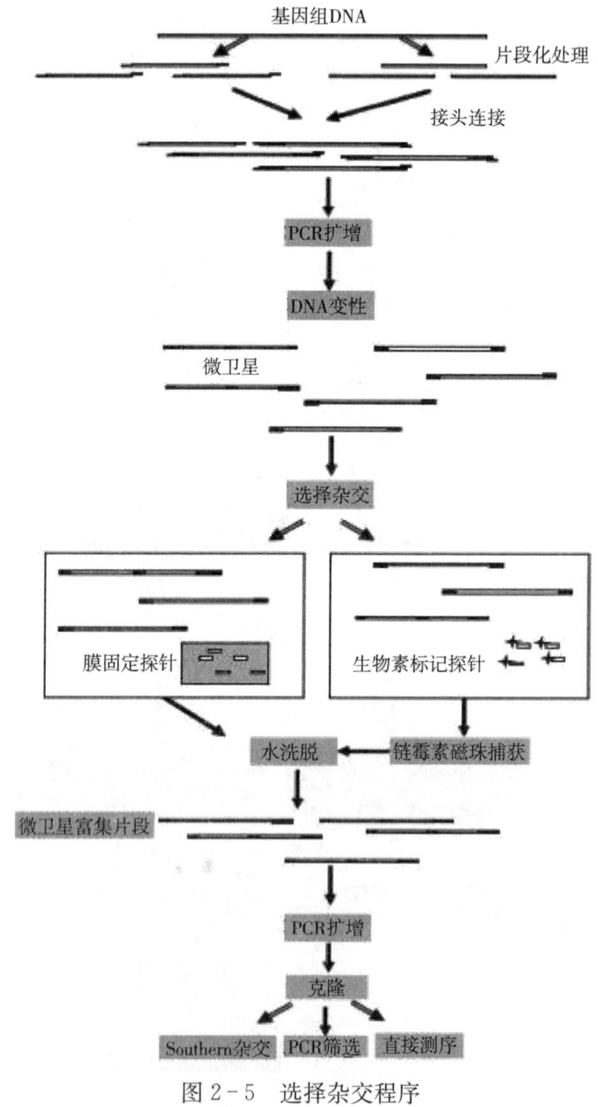

图2-5 选择杂交程序

五、生物信息学开发法

上述 SSR 标记开发方法都需要建库、测序，工作量和花费都是较大的，如果基因组序列已经测定，则可以利用生物信息学在线软件 SSRIT（https：//archive.gramene.org/db/markers/ssrtool）进行微卫星搜索，再设计引物、扩增验证，这种生物信息学开发方法是最简单和高效的。

第三节　谷子 SSR 标记的开发

一、省略筛库法

1. SSR 锚定引物扩增法

马丽华总共设计了含有四类重复基元（GT/CA、TG/AC、GA/CT 和 AG/TC）的 8 对锚定简并引物，以谷子基因组 DNA 为模板扩增 SSR 区域，扩增出的 DNA 片段经回收后连接、转化，形成 8 个基因组 SSR 文库。挑选克隆片段测序，总共测序的克隆片段有 229 个，得到两端含有 SSR 基元的序列 211 个，其中的 71 个为冗余序列，最终得到了 140 个两端含有 SSR 的单克隆序列，冗余率为 33.6%。根据这些克隆片段设计出 222 对特异引物，从中筛选出 123 对稳定扩增的特异引物，共有 109 对引物可以在谷子及至少两份狗尾草材料中扩增，具有很强的通用性。选择扩增较好的 22 对多态性 SSR 引物用于狗尾草属 19 份材料的遗传多样性分析，这 22 个 SSR 标记共扩增出 95 个等位基因，每个基因座的等位基因数在 2 个或 2 个以上，平均 1 个位点扩增出 4.32 个等位基因，PIC 值的范围为 0.093～0.76[25]。

2. RAPD 产物筛选法

Lin 等用 500 条 RAPD 引物扩增谷子基因组 DNA，扩增产物切胶回收 200～2 000bp 的片段，构建随机基因组文库，然后用含有微卫星序列的特异引物和载体引物扩增筛选文库，挑选 570 个阳性克隆测序，其中 134 个含有 SSR 序列，加上从公共数据库下载的 16 个含有 SSR 位点的序列，共设计 150 对引物，其中 45 对引物在谷子 7 个品种间表现出多态性[26]。

3. 操作实例——选择扩增微卫星（SAM）法[27]

（1）植物材料　本研究以谷子栽培品种冀张谷 5 号为实验材料，由中国农业科学院作物科学研究所品种资源研究中心提供。

（2）药品试剂　限制性核酸内切酶 *Mse* Ⅰ、*Pst* Ⅰ，T4 DNA 连接酶购自北京经科宏达生物技术有限公司；*Mse* Ⅰ，*Pst* Ⅰ接头分子及引物序列由生工生物工程（上海）股份有限公司北京分公司合成；pMD18-T 载体感受态细胞 JM109 购自宝生物工程（大连）有限公司；其他 PCR 扩增、细菌培养所用常规试剂分别购自天根生化科技（北京）有限公司、北京鼎国生物技术有限责任公司。

（3）仪器设备　恒温水浴锅（常州市国立试验设备研究所）；超净工作台（北京净化设备厂）；恒温气浴振荡器（宁波新芝生物科技股份有限公司）；电泳槽、电泳仪（北京市六一仪器厂）；PTC-100（美国 MJ 公司）；凝胶成像系统（美国 BIO-RAD 公司）。

（4）实验方法与步骤

第一步：谷子基因组 DNA 的提取

①从温室生长至 5 叶期的谷子幼苗中取 5g 幼嫩的叶片置于液氮中充分研磨，粉末倒入含有 14mL CTAB 提取缓冲液的 50mL 离心管中 65℃温育 1h，其间不时摇动离心管。

②每个离心管加入等体积（14mL）氯仿/异戊醇（体积比 24∶1）充分混匀，4℃ 5 000r/min 离心 20min。

③用塑料吸管吸出上清液转入另一离心管中，加入等体积氯仿/异戊醇（体积比 24∶1）充分混匀，重复上步离心操作。

④吸出上清液，加入 2/3 体积异丙醇（－20℃预冷），轻轻摇动离心管，可见白色絮状 DNA 沉淀析出。

⑤用玻璃弯钩将 DNA 絮状沉淀钩出，用 70%乙醇洗涤沉淀 3 次，空气中自然干燥，随后用适量的 TE 缓冲液（pH＝8.0）溶解 DNA。

⑥取适量的 DNA 溶液用分光光度计检测浓度，稀释至 200ng/μL，－20℃保存原液。

第二步：基因组 DNA *Mse* Ⅰ、*Pst* Ⅰ 双酶切消化

建立酶切反应体系（表 2－1）：

表 2－1　酶切反应体系

组分	体积
基因组 DNA	600ng
10×NEB buffer	5μL
100×BSA	0.5μL
Mse Ⅰ	10U
Pst Ⅰ	25U
ddH_2O	补足至 50μL

将配制好的反应液置于 37℃恒温水浴锅中酶切 14h。

第三步：*Mse* Ⅰ、*Pst* Ⅰ 接头分子的连接

建立连接反应体系（表 2－2）：

表 2-2　连接反应体系

组分	体积
酶切消化液	45μL
Pst Ⅰ接头	5pmol
Mse Ⅰ接头	50pmol
dATP	0.6mmol
T4 DNA 连接酶	5U
ddH_2O	补足至 60μL

Pst Ⅰ接头：

CTC GGA AGC CTC AGT CCC AGA CTG CGT ACA TGC A-OH

HO-A GAG CCT TCG GAG TCA GGG TCT GAC GCA TGT-p

Mse Ⅰ接头：

GAG CAA GGC TCT CAC AAG GAC GAC CGA CGA G-OH

HO-TC GTT CCG AGA GTG TTC CTG CTG GCT GCT C AT-p

上述连接液置于 25℃ PCR 仪中反应 2 h。

第四步：连接产物的抑制 PCR 扩增

建立抑制 PCR 扩增体系（表 2-3）：

表 2-3　扩增体系

组分	体积
模板	2μL 连接液
10×PCR buffer	2μL
dNTPs（0.2mmol/L）	0.4μL
Pst Ⅰ抑制引物	5pmol
Mse Ⅰ抑制引物	5pmol
Taq 酶	1U
ddH_2O	补足至 20μL

Mse Ⅰ抑制引物：

GAGCAAGGCTCTCACA

Pst Ⅰ抑制引物：

CTCGGAAGCCTCAGTC

循环程序：

92℃　1min
56℃　1min　} 20 个循环
72℃　1min

72℃　2min

第五步：SAM 扩增含微卫星序列

建立 SAM 扩增反应体系（表 2-4）：

表 2-4　扩增反应体系

组分	体积
模板	20 倍稀释抑制扩增产物 2μL
10×PCR buffer	2μL
dNTPs（0.2mmol/L）	0.4μL
Taq 酶	1U
SSR 锚定引物	20pmol
Pst Ⅰ选择引物	5pmol
ddH_2O	补足至 20μL

SSR 锚定引物：

PCT6：KKVRVRV $(CT)_6$ K=G/T，V=G/C/A，R=G/A

PCA6：KKYRYRY $(CA)_6$ K=G/T，Y=C/T，R=G/A

Pst Ⅰ选择引物：

AGACTGCGTACATGCAG**CTGA**　　AGACTGCGTACATGCAG**TGAC**

AGACTGCGTACATGCAG**CTCA**　　AGACTGCGTACATGCAG**TGAG**

扩增循环程序：

94℃　3min

92℃ 1min，65～60℃ 1min，72℃ 30s —5 个循环，−1℃/循环→ 92℃ 1min，59℃ 1min，72℃ 30s —5 个循环→ 92℃ 30s，57℃ 30s，72℃ 30s　25 个循环

第六步：SAM 扩增产物克隆测序

将 50ng SAM 扩增产物连入 50ng pMD-18 载体中，热激转化感受态细胞 JM109，建成微卫星文库，随机挑选阳性克隆送北京三博远志生物技术有限责任公司测序。

第七步：SSR 特异引物设计

经测序的序列用 NCBI 的 blast 软件去除冗余，挑选侧翼序列足够长的含微卫星序列，用 Primer3.0 软件设计单侧特异引物。

（5）结果与分析

基因组 DNA 双酶切消化

谷子基因组 DNA 经过长达 14h 的 *Pst* Ⅰ、*Mse* Ⅰ酶切消化后，取 5μL 酶切产物在 1%的琼脂糖凝胶中电泳，形成约 250bp～2.5kb 的弥散带型（图 2-6），说明基本酶切彻底，能够满足下一步的接头连接及抑制 PCR 扩增。

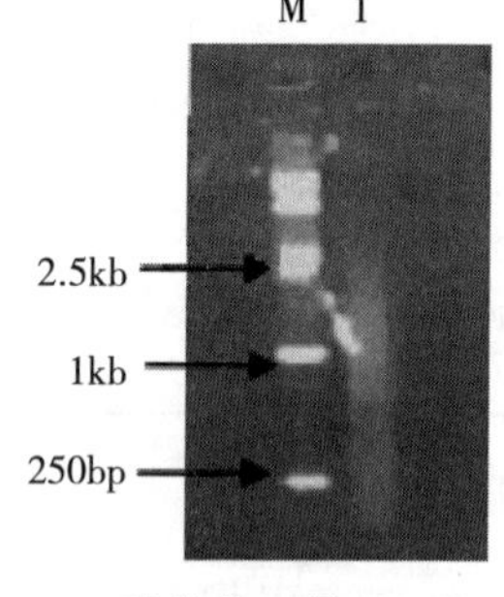

图 2-6　冀张谷 5 号 *Pst* Ⅰ、*Mse* Ⅰ酶切产物电泳

M. markerⅧ　1. 冀张谷 5

酶切片段的接头连接、抑制 PCR 扩增

经过酶切消化的 DNA 片段与 *Pst* Ⅰ、*Mse* Ⅰ接头分子连接，随后进行抑制 PCR 扩增，扩增产物经 1% 的琼脂糖凝胶电泳，产生集中于 250bp～1kb 的均匀、发亮弥散带（图 2－7），说明接头连接成功，抑制扩增产物浓度较高，适合于进行随后的 SAM 扩增。

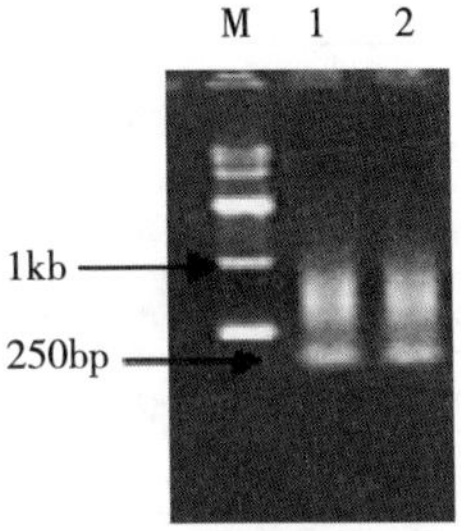

图 2－7　抑制PCR产物电泳
M. marker Ⅷ　1、2. 抑制扩增产物

抑制 PCR 产物 SAM 扩增

抑制 PCR 产物稀释 20 倍后进行 SAM 扩增。共设计 4 条 *Pst* Ⅰ选择引物，与 2 条微卫星锚定引物组成 8 个组合进行扩增，每个组合均能扩增出不同长度的弥散带型，从这些弥散带中可以看到不同的带纹（图 2－8）。这些带纹经过聚丙烯酰胺凝胶电泳后选择 250bp～1kb 之间的条带进行回收、克隆、测序。

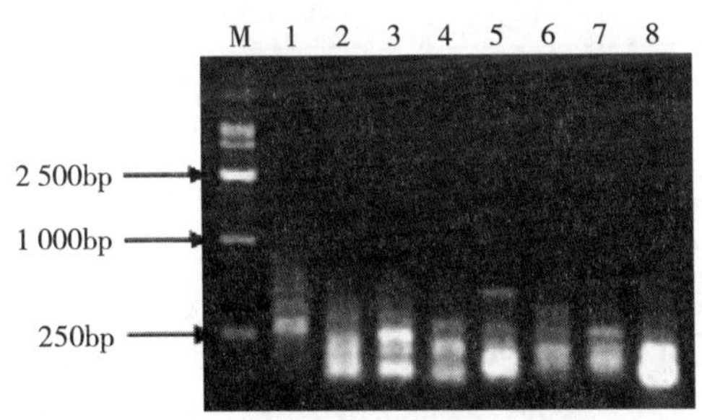

图 2－8　8 个引物组合 SAM 扩增产物
M. marker Ⅷ　1～8. SAM 扩增产物

SAM 扩增产物回收测序及引物设计

随机挑选 106 个克隆测序，其中 98 个含有微卫星，除去冗余序列共获得 60 个侧翼能够设计引物的微卫星序列（表 2－5）。这些微卫星多数为二核苷酸重复类型，其中 GA/CT 型重复有 25 个，而 CA/GT 类型重复为 30 个，剩余的 5 个为复合型 SSR。这些微卫星重复单元出现次数最多的是 36 次，最少的是 6 次，但 80%以上重复次数为 6～12。

表 2－5　能够设计特异引物的 SSR 位点

SSR 位点	重复类型	锚定引物	特异引物	预期片段大小（bp）
Loc1	$(GA)_6$	PGA6	TCCCACTACACTTCGCTTCA	85
Loc2	$(GA)_6$	PGA6	ACTACTGATGAGCCCGTTGC	184
Loc3	$(CT)_6$	PGA6	TGATGGTCCGATCCAGTGTA	160
Loc4	$(CT)_6$	PGA6	AGGCAAATCTCAGTCCGGTA	155

（续）

SSR 位点	重复类型	锚定引物	特异引物	预期片段大小（bp）
Loc5	$(CA)_6$	PGT6	TCTAGAAGTGGACATGGGTGT	237
Loc6	$(CA)_6$	PGT6	AGGAAAAACTCGGCGTCTTA	362
Loc7	$(CA)_6$	PGT6	CCAAATCGCCAAAAGAACAG	114
Loc8	$(GT)_6$	PGT6	ATCTGAGCATGCCCCTAATG	190
Loc9	$(GT)_6$	PGT6	TCTGTTGCTACTGTTCGTGGA	146
Loc10	$(GT)_6$	PGT6	GGTTTTTCTAGGCCACCATC	124
Loc11	$(CA)_7$	PGT6	CAGTGTTTGCTCGGACAGAA	248
Loc12	$(CA)_6$	PGT6	CCGCCTATGAGTTTCAGCTT	318
Loc13	$(GT)_6$	PGT6	TGCACTCAATGGAAACCTGA	189
Loc14	$(GT)_6$	PGT6	AGCCCAAGATTATGGTGTGG	187
Loc15	$(GT)_{18}$	PGT6	ATAGCAGTTGCGACCGTCTT	107
Loc16	$(CA)_6$	PGT6	CTTTGGCTAGGGGATTGTGA	196
Loc17	$(GT)_6$	PGT6	CACCACTCCAAGCAAAACTG	125
Loc18	$(GA)_6$	PGA6	TCTACTGACTGTCCTAGGCTGCT	154
Loc19	$(GT)_6$	PGT6	AAGCGCATTTGACGAAGAGA	128
MD-1	$(GA)_7$	PGA6	GTATGATCAAGGACCACGTA	301
Loc21	$(CT)_7$	PGA6	GTGGTGGAGGAACGAACAAC	64
MD-4	$(GA)_8$	PGA6	GGTTACACCGGGATCTCTGA	259
Loc23	$(CT)_9$	PCT6	AGCGCCGTATTATTTGTTGG	194
MD-6	$(GA)_8$	PCT6	TCTAGCTCCTCCGTTGTCGT	277
Loc25	$(GA)_{12}$	PCT6	TTAGCTCCAATGGATCATGC	140
Loc26	$(TG)_{11}$ $(AG)_{17}$	PTG6	ATAGAGGTTGTGGCGCTGAT	546
MD-9	$(AC)_{20}$	PTG6	TATCTCCGTCGATCGCTTCT	390
MD-10	$(TG)_{10}$	PTG6	CCATTTTGCACAAGTTCACG	192
MD-12	$(GA)_{12}$	PCT6	CATGGCTCCTGCCCTAATAA	229
Loc30	$(GA)_7$	PCT6	ACCGAAGATTGAGGCTGGAA	68
MD-15	$(CA)_6$	PGT6	GTATGTGCACGAAGCGAACT	336
Loc32	$(CA)_8$	PGT6	TCCAACTTCCCTTTCACGAG	170
Loc33	$(AG)_{12}$	PAG6	GGGCCGTTGATTAAGTTACC	144
Loc34	$(TC)_{22}$	PAG6	GATTTGTCGGTTGCTGATTG	151
Loc35	$(GT)_6$ $(GA)_{12}$	PGT6	CTTGGTTAGCCGCTGTTGTT	233
MD-20	$(CA)_{27}$	PGT6	CGAAGCAAGGGTGAGTACG	322
MD-21	$(CA)_6$ $(TC)_9$	PGT6	CTTTTCTTGCTCACCGGTCT	156

（续）

SSR 位点	重复类型	锚定引物	特异引物	预期片段大小（bp）
Loc38	$(TG)_{10}$ $(TA)_6$	PAC6	AGATGTTTGCCGCAGTTACC	187
Loc39	$(AC)_7$	PAC6	CGCAGGACCAGTACTGAAAT	123
MD-S3	$(AC)_{12}$	PAC6	CGATGCATGACTGAAAGCTC	250
Loc41	$(AC)_7$	PAC6	GGCGATGTGGCAAGATGATA	108
Loc42	$(AC)_6$	PAC6	TGGTCTAGCTTAGCGGGTTG	135
Loc43	$(TG)_{36}$	PAC6	CGCGACAGTTAACAACCTTTC	169
Loc44	$(TG)_7$	PAC6	GGCCTGAAGATGCACAAGT	234
Loc45	$(AC)_6$	PAC6	AGCTCCTGGTGACAACCTGT	128
Loc46	$(GA)_6$	PCT6	TAGTGTGGGAGCTTGCAGTG	163
Loc47	$(CT)_6$ $(GT)_{14}$	PCT6	TACGTCCGGGACAATTTAGG	174
Loc48	$(TG)_6$	PAC6	GATAGCGACCTCCCACTGAG	125
Loc49	$(AC)_6$	PAC6	CGGGCCTCTTTGCTATTACA	198
Loc50	$(GA)_6$	PCT6	TTGAACAGCATCCTCGTCTG	233
Loc51	$(GA)_{10}$	PCT6	GAGGGGAGGGGATAACAGAG	101
MD-S15	$(CT)_6$	PCT6	GGGAGGTACTATCACCTGATCTG	143
Loc53	$(AC)_6$	PAC6	ACAGCTCCATCCGTCGAGT	135
Loc54	$(AC)_6$	PAC6	CCTCAGCCAACAAGGTCTTC	123
Loc55	$(GA)_6$	PCT6	GGGGTTGCTGCTACTCTCAG	207
MD-S19	$(GA)_{17}$	PGA6	ATTGCCAACACATGGAGGAT	156
Loc57	$(GA)_6$	PGA6	AAGAAAGCTGTGGCTGCCTA	167
Loc58	$(CT)_6$	PGA6	CGCACACGAGTTGCTAGGTA	99
Loc59	$(CT)_6$	PGA6	AAGGCAGGGTTAGGTCAGGT	101
Loc60	$(CT)_7$	PGA6	CAAGCAAACTCAAAGCAAGC	166

从分离的 60 个 SSR 序列单侧翼设计了 60 条特异引物，与对应的 SSR 锚定引物组成引物对扩增冀张谷 5 号基因组 DNA，扩增程序及反应体系与 SAM 扩增相同，经琼脂糖凝胶电泳检测发现共有 12 个位点能够扩增出预期大小条带，分别是位点 MD-1、MD-4、MD-6、MD-9、MD-10、MD-12、MD-15、MD-20、MD-21、MD-S3、MD-S15、MD-S19，获得的功能引物只占所设计引物的 20%，并且这些引物非常容易扩增出非特异杂带，难以判断个体基因型。

（6）SAM 法评价　本研究利用 SAM 法获得谷子含有 SSR 的克隆数目达到 90%以上，能够设计特异引物的 unique SSR 序列占总 SSR 序列比例也达到 61%，而 Ostrander 等和 Paetkau 利用单引物延伸富集结合杂交筛选法获得 SSR 阳性克隆的比例分别为 40%和 99%，有关 unique SSR 及成功设计引物的

SSR所占比例没有报道[21-22]；Paniego等通过两次杂交富集获得向日葵unique SSR占阳性测序克隆的比例为42%，能够设计引物的SSR占unique SSR的比例为54%[28]；Cai等用链霉素捕获法构建六倍体梯苜蓿SSR富集文库，获得含有SSR序列的克隆占测序克隆的比例为62.3%，在这些含有SSR的序列中，59%为unique SSR，能够设计引物的SSR占unique SSR的比例为53%[29]。通过比较不难看出，SAM法获得含有SSR克隆的效率除了比Paetkau报道的99%低之外，比其他直接文库筛选法及文库富集筛选法都要高，获得unique SSR的比例同样也是上述报道中最高的。

在成功设计出特异引物的60个SSR序列中，55个为完整型重复，占所有SSR的绝大多数，5个为复合型重复，由两种不同的重复单元组成，但没有发现不完整重复类型，这一结果与在其他许多植物中获得的研究结果相一致，即植物中完整型SSR出现的频率最高，其次是复合型SSR，不完整SSR出现的频率最低，反映了植物中这三类SSR分布的相似性。在55个完整型SSR序列中，AC/TG重复类型共有30个，GA/CT类型共有25个，AC/TG重复类型所占的比例略高于GA/CT重复类型，而通过文库筛选法在玉米、水稻、小麦等作物中获得的结果表明GA/CT二核苷酸重复在基因组出现的频率要高于AC/TG重复类型[30-32]。因为本研究的SAM扩增步骤所用的选择引物会对基因组片段进行定向选择，这样可能导致分离出的SSR具有偏向性，不能真实反映不同重复类型在基因组中的分布情况。

二、选择杂交富集法

1. 生物素磁珠捕获法

谷子中利用选择杂交技术开发SSR标记的报道多数是生物素磁珠捕获法。如李琳用*Sau*3A Ⅰ对谷子基因组DNA进行酶切消化，酶切片段以生物素标记的$(AC)_{15}$、$(AT)_{15}$、$(AG)_{12}$、$(TG)_{12}$和$(TC)_{12}$为探针进行杂交，借助磁珠固定筛选出含微卫星的片段，洗脱转入载体后构建富集相应微卫星的5个文库；从5个文库中共得到2 333个克隆，将经过二次筛选获得的1 122个阳性克隆进行测序，获得了1 106个序列，其中含微卫星的克隆有846个（76.5%）；排除冗余序列后得到417个非同源性克隆，共含有463个微卫星位点，成功设计了393对引物；此外利用谷子YAC文库中16个微卫星序列（美国提供）设计出25对引物，共设计谷子SSR引物418对。随机选取39对非特异条带少的引物，用12个谷子和8个绿狗尾草品种检测它们的多态性信息，结果在筛选出的22对（56.4%）多态性引物中共检测到185个等位基因，每对引物平均为8.41个[33]。Zhao等用7种限制性内切酶（*Eco*R Ⅴ、*Dra* Ⅰ、*Sma* Ⅰ、*Pvu* Ⅰ、*Alu* Ⅰ、*Hae* Ⅲ和*Rsa* Ⅰ）分别消化谷子基因组DNA，随后将所有酶切片段混合，回收 300～1 500bp 的片段，连上接头分子 AP11（5′-CTCTTGCTTAGATCTGGACTA-3′）和 AP12（5′-TAGTCCAGATCTAAGCAAGAGCACA-3′），连上接头分子的 DNA 片段和生物素标记的 $(GA)_{20}$、$(AC)_{20}$、$(AGC)_{15}$、$(GGC)_{15}$、$(AAG)_{15}$、$(AAC)_{15}$、$(AGG)_{15}$ 探针进行杂交，含微卫星的片段被链霉素包被的磁珠捕获，捕获的片段经洗脱后用 AP11 引物扩增，连入载体转化感受态细胞，构成富集文库，对 504 个克隆测序，发现 23 个（4.6%）冗余序列、163 个（32.34%）非冗余序列含有微卫星，成功设计了 145 对引物，但仅仅有 19 对引物在 10 个谷子品种间表现出多态性[34]。Gupta 等利用谷子品种 Prasad 开发微卫星标记，构建了 3 个微卫星富集文库，挑选 690 个克隆进行测序，512 个（74.2%）含有微卫星，并从 249 个（48.6%）含有 SSR 的非冗余序列中成功设计了 172 对引物，其中 147 对引物能够在 6 个禾本科物种间进行转移扩增，52 对引物表现出较高的多态性水平[35]。同样 Gupta 等利用选择杂交技术构建谷子微卫星富集文库，随机选取 256 个克隆进行测序，其中 194 个（76%）含有微卫星序列，去除冗余及侧翼短的序列成功设计了 64 对引物，45.3%的引物在作图亲本间表现出多态性[36]。

2. 操作实例——尼龙膜固相选择杂交法

目前报道的选择杂交开发技术多数为生物素磁珠捕获法，需要对 SSR 探针进行标记，试剂花费较高，而尼龙膜固相选择杂交技术只需 1～2cm^2 的尼龙膜，将 SSR 探针用紫外交联技术固定到膜上，再用酶切或者超声处理的基因组片段杂交，最后将洗脱的杂交片段扩增富集，构建 SSR 富集文库，测序开发 SSR 标记。该方法操作简单，所需试剂耗材成本低，中国农业科学院作物科学研究所玉米资源课题组成功利用尼龙膜固相选择杂交技术开发了谷子 SSR 标记[37]，下面为该技术详细实验流程：

（1）植物材料　本研究以谷子栽培品种铁谷 10 号、农家品种生铁棒为实验材料，由中国农业科学院作物科学研究所提供。

（2）药品试剂　限制性核酸内切酶 *Rsa* Ⅰ、T4 DNA 连接酶购自北京经科宏达生物技术有限公司；DNA 聚合酶 *Klenow* 大片段、T4 多核苷酸激酶购自北京六合通经贸有限公司；*Taq* DNA 聚合酶购自天根生化科技（北京）有限公司；琼脂糖、CTAB、dNTPs、10×PCR 缓冲液、Tris 等常规试剂购自北京鼎国生物技术有限责任公司；所用引物及接头序列由生工生物工程（上海）股份有限公司北京分公司合成；尼龙膜购自美国 Amersham 公司。

（3）仪器设备　超声破碎仪（北京华大基因研究中心）；低温冷冻离心机（德国 Eppendorf 公司）；恒温水浴锅（常州市国立试验设备研究所）；超净工作台（北京净化设备厂）；制冰机（日本 SANYO 株式会社）；−80℃超低温冰箱（日本 SANYO 株式会社）；高压灭菌锅（日本 SANYO 株式会社）；恒

温气浴振荡器（宁波新芝生物科技股份有限公司）；电泳槽、电泳仪（北京市六一仪器厂）；紫外交联仪（北京德天佑科技发展有限公司）；PTC-100（美国MJ 公司）；凝胶成像系统（美国 BIO-RAD 公司）；紫外分光光度计（美国BECKMAN 公司）；可调式微量移液器（德国 Eppendorf 公司）。

（4）主要试剂配制

①CTAB 提取缓冲液：在 800mL 去离子水中加入 46.75g 氯化钠，20g 十六烷基三甲基溴化铵（CTAB），摇动容器使溶质完全溶解，然后加入 1mol/L Tris-HCl（pH＝8.0）50mL，0.5mol/L EDTA（pH＝8.0）20mL，用蒸馏水定容至 1L，分装后高压灭菌。

②氯仿/异戊醇（24∶1）：分别取 240mL 氯仿与 10mL 异戊醇混合，置棕色瓶保存。

③1×TE 缓冲液（pH＝8.0）：10mmol Tris-HCl（pH＝8.0），1mmol EDTA（pH＝8.0），4℃保存。

④50×TAE：Tris 碱 242g，冰乙酸 57.1mL，0.5mol/L 的 EDTA（pH＝8.0）100mL，加水充分溶解，定容到 1L。

⑤70％酒精：140mL 无水乙醇加 60mL 蒸馏水混匀，装棕色瓶保存。

⑥3mol 乙酸钠（pH＝5.2）：24.6g 无水乙酸钠溶于 80mL 水中，用冰乙酸调 pH 至 5.2，定容到 100mL，高压灭菌。

⑦20×SSC：3mol NaCl，0.3mol 柠檬酸钠，pH＝7.0。

⑧10mg/mL RNase A：称取 0.3g 粉状 RNase A，溶于 30mL 灭菌双蒸水中，混匀，分装，贮存于－20℃备用。

⑨1％琼脂糖凝胶：称取 1.2g 琼脂糖粉，溶于 120mL 1×TAE 缓冲液中，于微波炉中煮沸，冷却至 50℃加入一滴溴化乙锭（EB）混匀，灌入封口槽中，插好点样梳。

⑩100mg/mL 氨苄青霉素：称取 0.25g 固体粉状氨苄青霉素钠盐，溶于 2.5mL 灭菌双蒸水中，分装至 1.5mL 离心管，于－20℃保存。

⑪LB 溶液：称取胰蛋白胨 10g，酵母抽提物 5g，氯化钠 10g，加 800mL 蒸馏水，充分溶解，定容至 1L，高压灭菌。

⑫LB 固体培养基：称取胰蛋白胨 10g，酵母抽提物 5g，氯化钠 10g，琼脂粉 15g，加 800mL 蒸馏水，充分溶解，定容至 1L，高压灭菌。

（5）实验方法与步骤

第一步：谷子基因组 DNA 的提取

常规 CTAB 法，同第 11 页选择扩增微卫星（SAM）法中的步骤。

第二步：DNA 片段化处理

本研究采用超声机械破碎和酶切消化两种方法来获得两套短的 DNA 片

段，分别构建 SSR 富集文库。

DNA 片段超声处理：

①取 1μg 铁谷 10 号基因组 DNA，用灭菌超纯水稀释至 100μL。

②用探头型超声处理仪连续处理 DNA 三次，每次输出功率为 20W，处理时间为 3s。

③取 5μL 处理过的 DNA 样品加 1μL 溴酚蓝加样缓冲液于 1%的琼脂糖凝胶中电泳以确定 DNA 片段大小范围，DNA 片段应集中在 200～1 000bp 的范围内。

④1μg 经超声处理的 DNA 片段加入 5 个单位的 *Klenow* 大片段，10mmol dNTPs，于 37℃温育 1h，随后 65℃ 15min 使酶失活。

⑤加入 10 个单位 T4 多核苷酸激酶，37℃保温 30min，65℃ 15min 使酶失活。

DNA 片段的酶切消化处理：

①取 1μg 生铁棒基因组 DNA，用灭菌超纯水稀释至 10μL。

②建立酶切反应体系（表 2－6）：

表 2－6　酶切反应体系

组分	体积
DNA 溶液	10μL
Rsa Ⅰ	5U
10×酶切缓冲液	2μL
灭菌超纯水	补足至 20μL

③上述混合液于 37℃温育 1h，随后 65℃ 15min 使酶失活。

④取 2μL 酶切反应液于 1%的琼脂糖凝胶中电泳，确定酶切片段大小范围。

第三步：DNA 片段选择回收

①经超声、酶切处理的 DNA 各约 1μg 于 1%的低熔点琼脂糖凝胶中电泳 30min。

②在紫外透射仪中用手术刀切下 200～1 000bp 范围内含有 DNA 的凝胶块。

③用天根生化科技（北京）有限公司生产的胶回收试剂盒回收目的片段。

④回收片段用 3mol 乙酸钠、2 倍体积无水乙醇沉淀，沉淀溶于 10μL 灭菌超纯水中保存。

第四步：接头序列的连接及预扩增

①建立连接反应体系（表 2－7）：

表 2-7　连接反应体系

组分	体积
DNA 片段	500ng
Mlu Ⅰ接头	1μg
10×T4 DNA 连接酶缓冲液（NEB）	2μL
T4 DNA 连接酶（NEB）	10U
灭菌超纯水	补足至 20μL

Mlu Ⅰ接头：
P21：5′-CTCTTGCTTACGCGTGGACTA-3′
P25：5′-pTAGTCCACGCGTAAGCAAGAGCACA-3′

反应混合液在 16℃保温 12h，随后 65℃15min 使酶失活。连接液保存于－20℃备用。

②连接产物预扩增：

反应体系（表 2-8）：

表 2-8　反应体系

组分	体积
DNA 模板	1μL 连接液
10×PCR Buffer	2.5μL
dNTPs	200μmol
Taq 酶	1U
P21 引物	200ng
超纯水	补足至 25μL

扩增循环参数：

95℃　1min

94℃　40s
60℃　1min　}25 个循环
72℃　2min

72℃　5min

第五步：微卫星富集文库构建

基因组 DNA 与微卫星探针的杂交：

①分别将 2μg $(GA)_{15}$和 $(AC)_{15}$溶于 160μL 的 3×SSC 缓冲液中，每种探针再分成 2 等份，每份 80μL，含 1μg 探针，共 4 等份。

②将溶解的探针分别点到 4 张 0.5cm^2 的尼龙膜上，室温干燥 1h。

③干燥的尼龙膜将点有探针的面朝上，用紫外交联仪交联 30s。

④将 4 张膜放入 20mL 杂交缓冲液［50%甲酰胺＋3×SSC＋25mmol/L 磷酸钠（pH＝7.0）＋0.5% SDS］中，45℃预杂交 48h，预杂交完毕的膜置于

－20℃保存备用。

⑤将 4 份预扩增产物（每份 200ng，2 份来自酶切，2 份来自超声处理）95℃变性 5min，随后置于冰中冷却 10min。

⑥分别将 4 张点有探针的膜放入 4 个含有 500μL 杂交缓冲液、1μg P21 引物的离心管中，随后每管加入 200ng 已变性的预扩增产物充分混匀。

⑦将 4 个离心管置于 37℃恒温摇床以 20r/min 的转速杂交 18h。

⑧从杂交管取出杂交膜，先后用 2×SSC＋1％SDS、2×SSC＋0.5％SDS、2×SSC 洗膜，每种溶液洗 5 次，每次 5min，洗脱温度分别为 45℃、50℃、65℃。洗过的膜分别转入含有 200μL 灭菌超纯水的离心管中，100℃煮沸 5min，将结合到膜上的微卫星片段洗脱到超纯水中，迅速插入冰中冷却 10min。

微卫星片段富集扩增：

①建立扩增体系（表 2－9）：

表 2－9　扩增体系

组分	体积
DNA 模板	5μL 洗脱液
10×PCR Buffer	5μL
dNTPs	200μmol
Taq 酶	2U
P21 引物	400ng
超纯水	补足至 50μL

②扩增循环程序：基本同预扩增循环程序，循环数增加为 30 个循环。

富集片段的克隆、转化：

①将 5 管富集扩增产物合并，用 3mol 乙酸钠、2 倍体积预冷无水乙醇沉淀富集片段，干燥的沉淀用 20μL 灭菌超纯水溶解，保存于－20℃。

②建立连接反应体系（表 2－10）：

表 2－10　连接反应体系

组分	体积
富集片段	3μL（约 50ng）
pMD-18 载体	1μL（50ng）
T4 DNA 连接酶	1μL（3U）
10×T4 DNA 连接酶缓冲液	1μL
灭菌超纯水	补足至 10μL

上述体系于 16℃过夜连接。

③将 10μL 连接产物热激转化 100μL 大肠杆菌感受态细胞 TOP10，37℃复苏培养 1h，转化菌液涂 8 个 LB＋Amp 平板，每板涂 150μL 菌液，37℃过

夜培养 12h。

④将过夜培养的长满菌落的平板于 4℃冰箱倒置保存。

第六步：微卫星富集文库的筛选

本研究借鉴了 Hayden 和 Sharp[20] 分离微卫星所采用的锚定 PCR 技术，稍作修改用来筛选微卫星文库。

①用灭菌牙签随机挑取单克隆转化菌，移入装有 300μL LB+Amp 液体培养基的 96 孔深孔板，37℃180r/min 恒温振荡培养 12h。

②建立微卫星筛选菌液扩增体系（表 2－11）：

表 2－11　筛选菌液扩增体系

组分	体积
DNA 模板	1μL 菌液
10×PCR Buffer	1μL
dNTPs	200μmol/L
Taq 酶	0.75U
pMD-18 载体引物（正向或反向）	5pmol
微卫星锚定引物	5pmol
灭菌超纯水	补足至 10μL

微卫星锚定引物：

PCT6：KKVRVRV $(CT)_6$　K=G/T，V=G/C/A，R=G/A

PCA6：KKYRYRY $(CA)_6$　K=G/T，Y=C/T，R=G/A

pMD-18 载体引物：

正向：GAGCGGATAACAATTTCACACAGG

反向：CGCCAGGGTTTTCCCAGTCACGAC

扩增循环程序：

94℃　3min

92℃ 1min，65～60℃ 1min，72℃ 30s（5 个循环，−1℃/循环）→ 92℃ 1min，59℃ 1min，72℃ 30s（5 个循环）→ 92℃ 30s，57℃ 30s，72℃ 30s（25 个循环）

③建立插入片段大小检测扩增体系（表 2－12）：

表 2－12　扩增体系

组分	体积
DNA 模板	1μL 菌液
10×PCR Buffer	1μL
dNTPs（10mmol/L）	0.2μL
Taq 酶	0.5U
pMD-18 正向引物	10pmol
pMD-18 反向引物	10pmol
灭菌超纯水	补足至 10μL

扩增程序：

95℃　1min

94℃　40s
60℃　1min　}20 个循环
72℃　1.5min

72℃　2min

④挑选 PCR 鉴定出的阳性克隆，送中国农业科学院重大工程楼测序部测序。

⑤获得的序列用 NCBI（http：//www.ncbi.nlm.nih.gov/）的 VecScreen 软件去除载体序列，再用 BLAST 软件去除冗余序列，获得 uni 基因组序列。

（6）结果与分析

基因组 DNA 提取：采用 CTAB 法提取铁谷 10 号、生铁棒基因组 DNA，经 1%的琼脂糖凝胶电泳检测，电泳检测结果见图 2-9。由图可知提取的基因组 DNA 的纯度高，无明显降解，完全达到酶切及超声处理的要求。

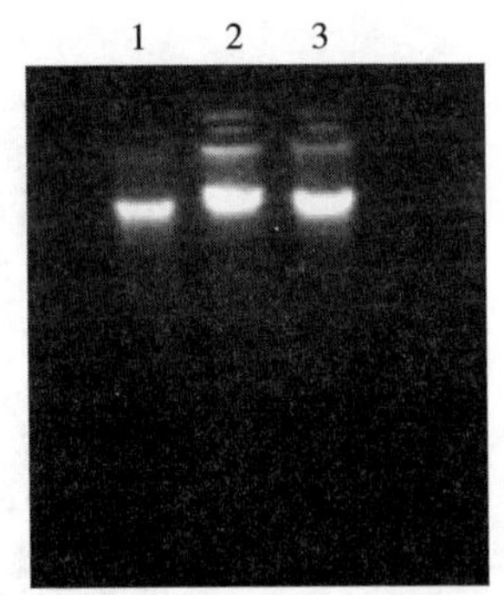

图 2-9　基因组 DNA 电泳检测
1. 铁谷 10 号　2、3. 生铁棒

基因组 DNA 片段化处理：本研究采用机械切割和酶切两种方法对基因组 DNA 进行片段化处理，目的是获得能够覆盖整个谷子基因组的小片段 DNA，使开发的 SSR 标记能代表基因组的各个部分。片段化后 DNA 电泳检测见图 2-10。从图中可以发现经酶切消化的基因组 DNA 带型均一、分布广，范围主要集中在 500bp～2 000bp 之间，而经超声波剪切的 DNA 带型呈不均匀分布，主要集中分布在 750bp 左右，往两侧浓度逐渐降低。这两种方法各有利弊，酶切方法容易控制，产生的片段均匀分布，而且消化后片段末端规则，或为黏性末端，或为平末端（本研究所用的 *Rsa* Ⅰ，产生平末端 DNA），不需要进行磷酸化处理，因此容易与接头分子连接。但一般认为用酶切方法处理 DNA 容易产生高比例的冗余 SSR。超声波剪切法随机性强，因此获得的 DNA 片段不容易产生冗余，但超声处理过的 DNA 末端极不规则，产生各种类型的缺口，需要补平这些缺口，并且进行磷酸化处理后，才能与接头分子连接，因此连接效率比较低，影响后续 SSR 标记开发效率。

经酶切、超声处理后的 DNA 片段用低熔点琼脂糖回收，酶切处理的 DNA 回收 500bp～1kb 片段，超声处理的 DNA 回收 250～750bp 片段，回收片段电泳图见图 2-11。由于 *Rsa* Ⅰ酶切产生的片段为平末端，回收后可直接进行接头连接及预扩增，而超声处理的片段需要先经过末端补平、磷酸化两步

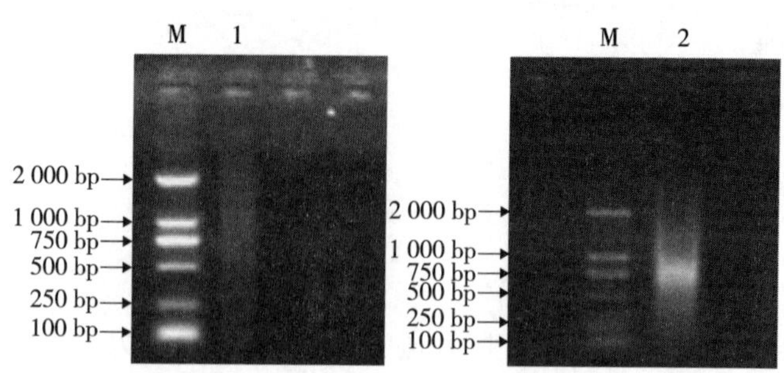

图 2-10　基因组 DNA 酶切和超声处理后电泳检测

M. Marker D2000（下同）　1. 生铁棒（酶切处理）　2. 铁谷 10 号（超声波处理）

处理，回收后才能进行接头连接。

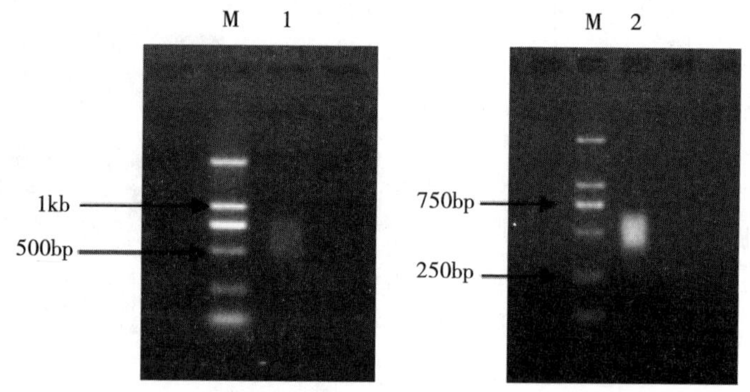

图 2-11　回收片段电泳

1. 酶切产物回收片段　2. 超声波处理产物回收片段

回收片段预扩增及杂交后洗脱片段富集扩增：经选择回收的 DNA 片段，首先连上 *Mlu* Ⅰ接头，由于能够连上接头的 DNA 分子数目比较少，连接产物首先要用接头引物 P21 进行预扩增，以使连有接头的 DNA 分子得到有效富集，这样才能保证与微卫星探针充分杂交。预扩增产物经琼脂糖凝胶电泳检测，发现片段分布范围和回收时相比发生了明显变化，酶切片段预扩增后范围由回收后的 500bp～1kb 变成 250bp～2kb，但主带仍集中在 500bp 左右。而超声处理片段预扩增后虽然仍在 250～750bp 之间，但主带明显下移，集中在 250～500bp 之间（图 2-12），说明超声处理后的片段连接效率低，特别是对较大的 DNA 分子更难有效连接。

预扩增产物与固定微卫星探针的尼龙膜充分杂交，使含有微卫星的基因组片段吸附到膜上，经三种不同浓度梯度杂交液充分洗脱，除掉结合在尼龙膜上的非特异片段，随后用灭菌双蒸水煮沸将含有微卫星的片段洗脱下来，再次用接头引物 P21 扩增。这次扩增主要是富集含有微卫星的基因组片段，便于随后的克隆、转化。杂交洗脱片段富集扩增产物电泳图见图 2-13，从图中可以

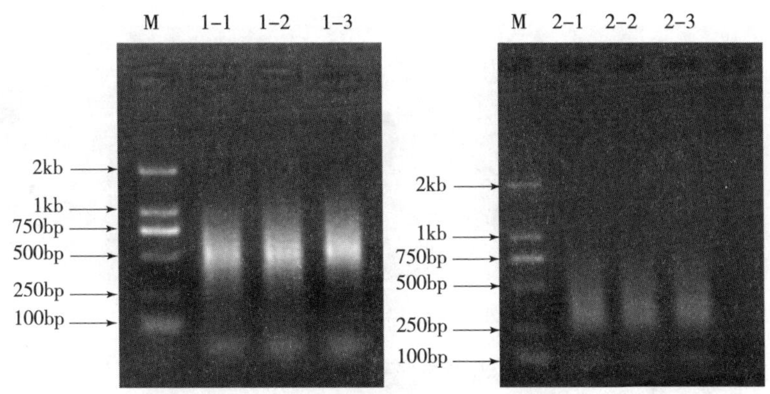

图 2-12 回收片段预扩增产物电泳

1-1、1-2、1-3. 酶切片段预扩增产物 2-1、2-2、2-3. 超声波处理片段预扩增产物

发现来源于酶切的片段富集扩增后范围仍然较大，约在 200～750bp 之间，且分布比较均匀，而来源于超声处理的片段富集扩增后虽然仍在 250～500bp 之间，但主带又略微向下移动，进一步说明酶切片段不论大小都能有效与接头连接，而超声处理片段则只有小于 500bp 的小片段才能有效连接，导致富集片段分布范围狭窄。

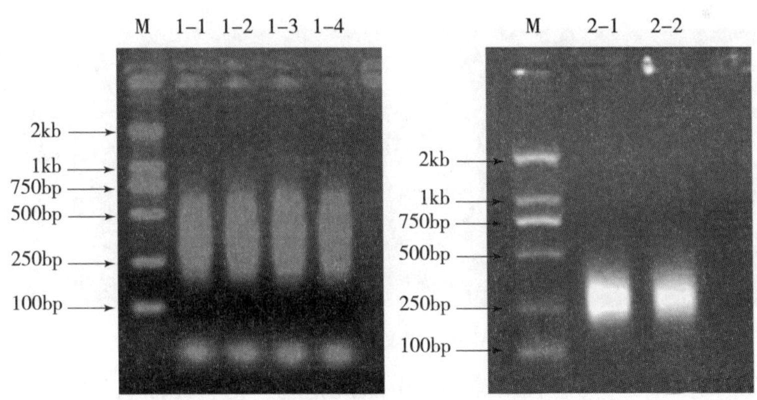

图 2-13 第二次富集扩增片段电泳

左图. 酶切片段富集 右图. 超声打断片段富集

富集片段克隆、转化、筛选、测序：富集片段首先连入 pMD-18 克隆载体，转化大肠杆菌 TOP10 建成微卫星富集文库。为了获得更高的开发效率，我们没有直接随机挑选克隆测序，而是通过两次 PCR 扩增对富集文库进行筛选，即用含有微卫星的锚定引物结合 pMD-18 载体引物对菌液进行锚定 PCR 扩增，以确定含有微卫星的克隆（图 2-14）；单独用 pMD-18 载体正向、反向引物进行阳性克隆菌液扩增，以确定插入片段大小范围（图 2-15，图 2-16）。

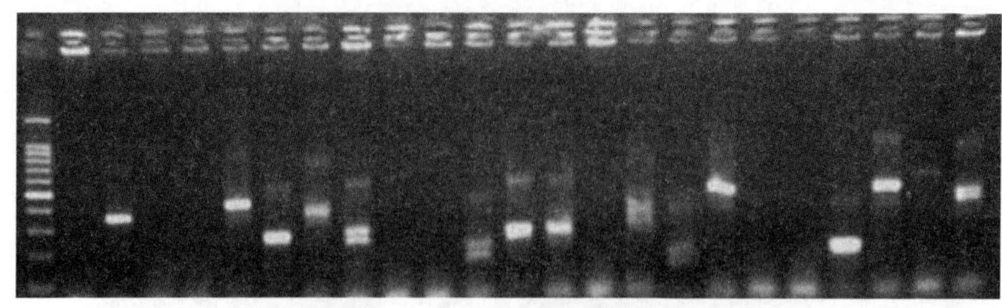

图 2-14　锚定 PCR 筛选富集文库

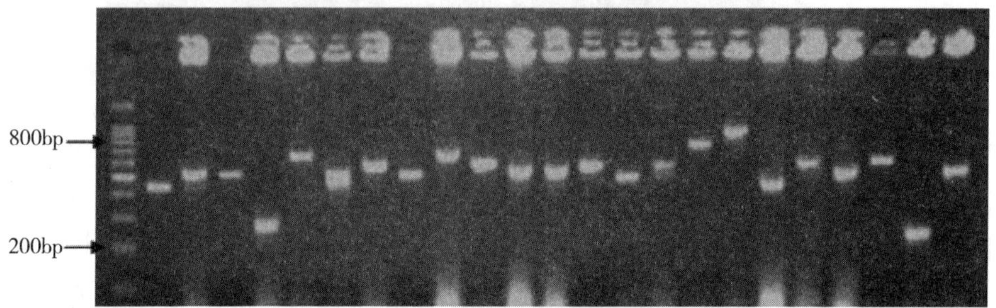

图 2-15　酶切富集文库插入片段大小检测

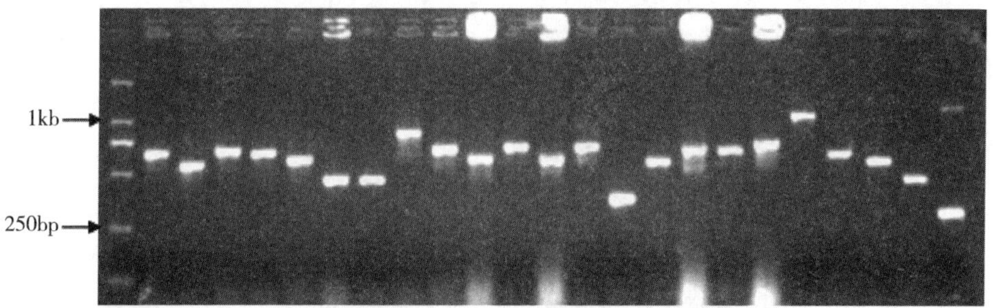

图 2-16　超声富集文库插入片段大小检测

综合两次扩增结果，我们可以确定一个随机克隆：①有无插入片段；②插入片段有无微卫星；③如有微卫星它的位置是否恰当，是否有利于两端引物的设计。通过这样筛选可以最大程度淘汰无插入片段的空载体克隆、不含微卫星的插入克隆以及虽含微卫星却无法设计引物的克隆。图 2-14 中凡是扩增出清晰带型的克隆都可能是含有微卫星的阳性克隆，挑选这些克隆用 pMD-18 载体引物检测插入片段大小，如果无插入片段或者插入片段大小小于图 2-14 中锚定 PCR 扩增的阳性片段大小，则证明锚定 PCR 扩增条带为假阳性，淘汰这样的克隆；如果插入片段大于锚定 PCR 扩增的阳性条带，则确定这样的克隆是阳性克隆，可以送去测序。

微卫星开发效率：从超声富集文库随机挑选了 1 220 个克隆进行锚定 PCR

检测，742 个呈阳性，这些阳性克隆经 pMD-18 载体引物扩增检测插入片段大小，综合两次扩增结果从中挑选 430 个阳性克隆进行测序，346 个克隆含有微卫星序列，微卫星筛选效率为 80.5%。这些含有微卫星的克隆当中 98 个虽含有微卫星但侧翼太短无法设计引物，148 个为冗余序列（34.4%），100 个为能够设计引物的 uni SSR 序列，从测序到引物设计 SSR 开发效率为 23.3%。

从酶切文库中随机挑选了 2 015 个克隆进行检测，共有 1 513 个克隆呈阳性，这些阳性克隆经插入片段大小检测后从中挑选 570 个克隆进行测序，其中 500 个克隆含有微卫星序列，微卫星筛选效率为 87.0%。这 500 个克隆中 150 个侧翼太短无法设计引物，181 个为冗余序列（31.8%），169 个为能够设计引物的 uni SSR 序列，从测序到引物设计 SSR 开发效率为 29.6%。从超声、酶切文库中共获得 269 个可设计引物的 uni SSR 序列，设计了 269 对 SSR 引物。

谷子基因组中微卫星的分布：已有研究结果表明，在许多植物基因组中，分布最多的二核苷酸微卫星类型是 GA/CT 重复，其次是 CA/GT 重复，但这些研究都是基于杂交技术来分离 SSR。通过数据库调查植物基因组中微卫星的分布发现 AT/TA 重复是分布最广的二核苷酸类型，其次才是 GA/CT 或 CA/GT 类型[38]。本研究同样采用杂交技术来分离 SSR，所用的微卫星探针只有 GA 和 CA 两种，因此没有发现大量 AT/TA 重复。两个富集文库分离的微卫星类型及所占比例见表 2-13，综合两个富集文库，发现获得最多的二核苷酸微卫星是 CA/GT 重复（51.3%），其次才是 GA/CT 重复（37.5%），而且这两种微卫星绝大多数为完整型 SSR，极少数为存在插入、缺失或突变的不完整 SSR。余下的复合型 SSR 占 11.2%（图 2-17）。这些复合型 SSR 多数由两个重复单元组成，少数由三个重复单元组成，其中一个三重复单元组成的复合型 SSR（b125）包括一个四核苷酸重复类型：$(CT)_{19}$ $(CA)_{13}$ $(CACG)_{11}$。这些复合型 SSR 除 CA/GT 与 GA/CT 之间组合最多外（20 个），其次就是这两种重复类型与 AT/TA 重复的组合（7 个），少数是与 GC/CG 的组合（3 个），这从侧面印证了 AT/TA 重复在基因组中丰度还是较高的，而且一部分是以复合型 SSR 的形式存在的。而 GC/CG 重复类型被认为在基因编码区内广泛存在，从一些植物的 EST 序列开发的 SSR 中发现很多是由 GC/CG 重复构成的，但是由于这类 SSR 多位于基因编码区内，变异小，多态性一般较低。

表 2-13　各类微卫星可设计引物的数量及百分比

	微卫星类型	可设计引物个数	占所设计引物的百分比（%）
超声富集文库	GA/CT	2	0.7
	CA/GT	86	32.0
	复合型	12	4.5

（续）

	微卫星类型	可设计引物个数	占所设计引物的百分比（%）
酶切富集文库	GA/CT	99	36.8
	CA/GT	52	19.3
	复合型	18	6.7

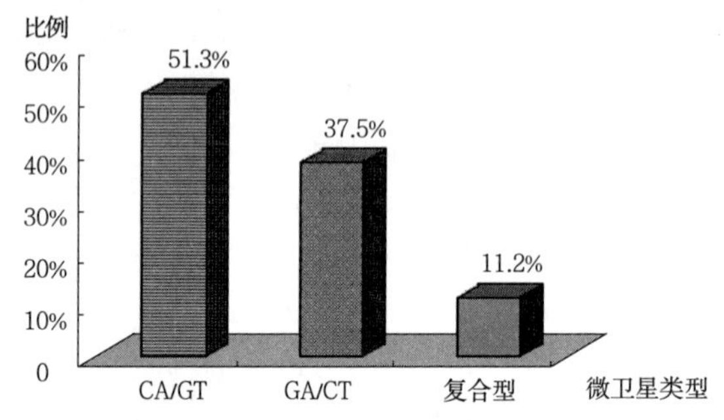

图 2-17　谷子基因组中微卫星分布

本研究从超声富集文库中只获得 2 个可设计引物的 GA/CT 重复，绝大多数为 CA/GT 重复类型（86 个），而在其他许多植物微卫星开发的研究中获得这两种微卫星的数量相差不多。本研究超声文库中这两种微卫星开发效率相差如此悬殊，可能的原因是一方面经超声处理后的 DNA 要经过末端补平、磷酸化处理等步骤，才能与接头连接，这些步骤要损失部分 DNA，而与接头连接反应也要损失部分 DNA，这些损失的 DNA 中可能含有大量 GA/CT 重复；另外经超声波处理后的 DNA 片段分布是不均匀的，可能胶回收选择的片段正好富含 CA/GT 重复型微卫星，而富含 GA/CT 重复的 DNA 片段则在所选择的范围之外，因此导致 GA/CT 型微卫星富集效率低。但具体原因还需深入研究才能确定。

谷子 SSR 引物多态性检测：所设计的 269 对 SSR 引物首先在 4 个谷子栽培品种白流沙、九根青、鲁谷 10 号、豫谷 8 号和 1 个野生近缘种 *S. viridis* A10 中进行筛选扩增，共有 193 对引物产生预期的可读带谱，因此作为功能引物进行后续遗传图谱构建及多样性研究。这些功能引物中 72 对来自超声富集文库（表 2-14），121 对来自酶切富集文库（表 2-15）。剩余的 75 对引物或者无扩增产物或者扩增出非预期条带而被淘汰。

表 2-14　超声富集文库开发的 72 对谷子 SSR 标记

标记名	重复类型	引物序列	退火温度（Tm）（℃）	片段大小（bp）
p2	$(GT)_{33}$	F：GCCGAAACCCTTGTCTCTAC R：CGCCACCAGCAACAATATC	57	183
p3	$(GT)_{34}$	F：GCAGAAAGCATGCCGTAGTC R：GCTTGGAGTCCACATGGATAG	57	198
p4	$(GT)_{28}$	F：CGCTAGCTGTAGCAGCCTTC R：ATTCGCAGCAGCTGAAACTC	59	203

（续）

标记名	重复类型	引物序列	退火温度（Tm）（℃）	片段大小（bp）
p5	$(CA)_{27}$	F：CTTCCCTCCCTCCCTGAC R：CTGAGCTGAGCTGCCTTTG	55	182
p6	$(GT)_{14}$	F：AAGGATGGAATTTGCCACTG R：TTTCGACGATTTGCTTCAAC	58	188
p8	$(AC)_{26}$	F：CGATCGAATGATCGATGAAC R：CCCTTTGTCCGATCACGTC	55	203
p9	$(GT)_{26}$	F：AGGCTGAAGTGAGCAAGCAG R：TGCCGTACCTCCCAGTTTAG	59	198
p10	$(GT)_{21}$	F：CAATCACATCCGAGCATTTC R：CACCCACCGTGTTGATCTG	55	198
p11	$(GT)_{19}$	F：AGAGTGAAGGGAGGCAGTTG R：GAAATAGCAGGAGCAAACAGC	57	210
p12X	$(AC)_{29}$	F：ACGAGTCACAAATCACAGCAC R：ATGCCTGAGCGGAACGGAA	59	224
p14	$(CT)_6$ $(GT)_{12}$	F：TCGTTCAGGCTCAGGACATC R：GAACAAGAAAGAACATCCTGTGG	59	210
p15	$(GT)_{21}$	F：CGCGGTAGATGGATTGAAC R：GGGTGTAGCCAGGATCAGC	57	200
p16	$(AC)_{16}$	F：TTTCTCCCTCTCTCGATTCC R：AAATTGGCGTGCTAACAACC	55	213
p17X	$(AC)_{10}$… $(AC)_9$	F：CGGACACCTGAAAGACGAA R：GTCACTTGTTGTTGTTGCG	55	213
p18X	$(GT)_{15}$	F：TGCCGCAACACAGTCACTT R：ACAATACCCGCCGCAACAA	55	208
p20	$(CA)_{33}$ $(GA)_{11}$	F：GTGCCCGCTTAGCTTTAATC R：ATGCACGTGGGACCCATAC	57	216
p21	$(GT)_{13}$ $(GC)_9$	F：CGGAGGCCATAGGGATAGAC R：CCGACAGGTACTCCAAGGTG	59	217
p22	$(AC)_{20}$	F：GTCAGCAAGATGCAAACGTC R：AGCTGATAACGCTCCTGTGG	58	222
p23	$(GT)_{20}$	F：CTATCTGGGTAGCCGTGTCC R：TGATCCTACACAAAGGATCCAAG	55	223
p24	$(CA)_{24}$	F：TAACGCTCCTGTTCCTGGTC R：AAAGCATAGGTGGGTGTGG	59	188
p25	$(CA)_{54}$	F：CCACTTTCTCTCGCTCATTTC R：GAGAACAACCAGCAGCAAAC	51	191
p29	$(GT)_{42}$	F：GATGAGCACACGTTGATTGG R：GGACTTCACCACCGAGATG	57	208

（续）

标记名	重复类型	引物序列	退火温度（Tm）（℃）	片段大小（bp）
p31X	$(CA)_{54}$	F：TGTGTGTGTGATTCTGGCAAG R：TTTCGCAGGCACGAGTGTT	59	289
p32	$(CA)_{23}$	F：TTCAGGGATACACGAGCATTAC R：CATCCATCCATGATCACCAG	55	192
p33	$(AC)_{24}$	F：CTCCAACCTCACCACTCCAC R：CATGCCTCCTCGTCTCCTC	59	189
p34	$(GT)_{17}$	F：GAGTCTCTTCCCCGTCTCTG R：TTTGCCAAGCCTTCATAACC	57	148
p36	$(GT)_{26}$	F：TACATTGGCTACACGGCTTG R：TGACATGACGACATGGGTTAG	55	192
p37	$(CA)_{20}$	F：CGGGAAGCAAATGTTCAGAC R：GCATGAAGCTCGTCGTCTAC	55	201
p38	$(GT)_{22}$	F：GTCGTCCCACGTATGAAACC R：TGATTTCACCTACCGATTTGC	55	169
p39	$(GT)_{22}$	F：GAACACAAAACCTGGGAACG R：TTCGCAGTAAACGTGCAAAC	57	195
p40X	$(GT)_{23}$ $(GA)_{10}$	F：ATCTCAGTTGGTAAGTCTCCT R：TCTGCTTGCTCGTCGTAG	55	284
p41	$(GT)_{25}$	F：CGTGCGTTATGTGATCCTAGC R：ACGTTTGCCTCTGCTTCTTG	59	202
p42	$(AC)_{15}$	F：GCGACTTTCCCCTTCCAATC R：TTCCTTTTGTTGGCTTCTCC	57	188
p44	$(CA)_{22}$	F：TTCCCGGAACAGACAAGAAC R：GCGTTGGAAGCCATGGAG	59	190
p45	$(AC)_{21}$	F：CATGCATCGTGAGGGAATC R：AATTGCTCCCATGCTACTGTG	57	192
p46	$(GT)_{26}$	F：ACATGCCAATAAACGGATCG R：CAATGATGAATAATGGTGCTCTG	55	177
p47X	$(CA)_{33}$	F：CAACACCATAAAGAGCCACAAG R：TGAAGAGATGCCCAGCCTGA	55	296
p48	$(CA)_{20}$	F：AGACCTATCTTGTAAGAGCACACA R：CGTACGTCTAATTCCGCATACT	57	174
p49	$(CA)_{30}$	F：GGGATTTGAACAAATAAACACG R：TTAAGCTTTGGAGCCACTGT	55	205
p50	$(AC)_{30}$	F：GGGGATACACCGAGATAGAGG R：CCCCACATACCAGCAGTTG	55	197
p51	$(CT)_{12}$ $(CA)_{26}$	F：AACGGACTATAATCATGTGAATGC R：AAAATTGTTCAGAGGGTGATAAGC	55	293

（续）

标记名	重复类型	引物序列	退火温度（Tm）（℃）	片段大小（bp）
p52	$(CA)_{29}$	F：TCACGACCGAGAACATCAAG R：CCTGTGGTACACGATCAACG	55	141
p53	$(GT)_{11}$	F：CCACGCGGGATCTGTAGTAG R：CATCGGGCTCATCTGTAACC	59	200
p54	$(GT)_{24}$	F：GCTCTTGGGCTTGTAGCAG R：CCACGAACATGAGAGCAGAC	55	192
p56	$(CA)_{24}$	F：GATGTGTACGGGTTGCATTG R：TGGGTTTCAGGGCTCTCTC	55	199
p58	$(AC)_{19}$	F：CCTGAGCTCATCCACACAAC R：CAGCCTGGAGGAAAGGAATAG	55	177
p59	$(AC)_{22}$	F：TAATTTTGTGGCGTGGGATG R：GCACTGGTTTTGTTGAATGG	57	176
p61	$(CA)_{17}$	F：CATCCGCGTCATCTGAATC R：ACCTGCTGCTATCCATCACC	56	200
p62	$(CA)_{23}$ $(GA)_{17}$	F：CCCACACACATAAGAACAGAGC R：TGTGGGTCAGATGTGTGAAAC	55	190
p63X	$(GT)_{36}$ $(GC)_{7}$	F：TTTGAAGACCCAGAAGAGC R：AGACTCAGAAGTAGCCGAT	55	214
p67	$(CA)_{21}$	F：AGAGCCACCAATTACATCAGC R：TCTGGGCATTAGGTGTGGAC	59	193
p68	$(CA)_{17}$… $(CA)_{9}$	F：CATGCGTTGATCGTTTGTG R：ACCACGCATTTACATGATCG	57	218
p71	$(CA)_{24}$	F：AGGCACGCTCACAACACAAG R：TGTCCTCCTAAACGCGAATG	59	199
p74	$(AC)_{14}$	F：CAACCTAGTTTGCCTCAGTTATTC R：AGTCACGTACATGGGTGCAG	55	198
p75	$(CA)_{30}$	F：ATGCCATGGGAATTTGAACC R：GTTTGATGCAGGACGAGAGG	55	217
p78	$(CA)_{26}$	F：CGCCCCTGTGTTACCATTC R：CGTTGTCGAAAACCATTCAAG	57	203
p80	$(CA)_{26}$ $(GA)_{17}$	F：GCCGTTGGATTTGATTATGG R：TGTGGTTAGTTTATGTGGCTTG	55	202
p81	$(CA)_{33}$	F：TTTTCTCGAAAACGCAGGAG R：CCTTGTGCTGTTTTGTCTCG	54	210
p83	$(CA)_{28}$	F：TTTTGATCGCACCTACATCG R：AAGAAATTCATGAGGGAGTTGG	56	196
p85	$(CA)_{26}$	F：GAATTAGGCCGATGCACAAC R：ATCCTAACTGCATGGCAAGG	57	202

（续）

标记名	重复类型	引物序列	退火温度（Tm）（℃）	片段大小（bp）
p87	$(GA)_{21}$	F：ACCTTTGACAAACGAGACACG R：GTTCGACTTGCATTGACTGG	57	208
p88	$(AC)_5$ $(GT)_{22}$	F：CAAGCCACCCAGTCTAGAGG R：TTCATCAGAACTGCGCAAAC	57	199
p89	$(GT)_{31}$	F：GCCTGTCTGAAAATTCTCAATG R：AGACGTGACATTAGCGCTTG	57	218
p90	$(CA)_{21}$ $(AT)_7$	F：CGGTTGCGTTAATGCTCTG R：GCATGGCCCAAGTAGTCTTC	57	198
p91	$(GT)_{23}$	F：AGCTGTGCTCCTCTGATCTTG R：TAACGTGGGGATGCACTAGC	57	181
p92	$(TG)_{12}$	F：TGGAATTGGAACCCTTTCG R：GCCATGCAAACAGTACCATC	55	163
p93X	$(CA)_{25}$ $(CG)_8$	F：CGGCACCGTGAGATAGC R：CATCGCAGTCCAACCCA	55	160
p95X	$(GA)_{29}$	F：GTCTCTGATAGTGCTTGAGCG R：ACAGGGATGAAGGGCGATG	58	218
p96X	$(CA)_{13}$	F：GCTCACCTTCCTACGGCTAT R：TTTCTGCCTGCTCTTGTGCC	58	183
p97	$(CT)_{15}$ $(CA)_{23}$	F：TCCACCAATCCACTCC R：GTCTCCGTCATACCAC	47	276
p98	$(GT)_{13}$	F：ATTCATCAGTAGCACAGC R：TGGAACTAAGAACAGGAAAC	55	155
p100	$(CA)_{20}$	F：AGTTGACACCACACATAACAA R：AGAATACTCCTACCTGCCAC	57	248

表 2－15　酶切富集文库开发的 121 对 SSR 标记

标记名	重复类型	引物序列	退火温度（Tm）（℃）	片段大小（bp）
b101	$(CT)_{33}$	F：ATCTAGGTGCCGATGCGT R：TGTGGGAAGAAGCTAGGGAA	57	264
b102	$(CT)_{31}$	F：CCGTGAAACCCACCACTATT R：GCACACACAAACCCGTCA	57	237
b103	$(CT)_{30}$	F：CTACACCTCGCTTCCAGTCC R：CTTCCATTTGCAGGATTGCT	57	202
b105	$(CT)_{39}$ $(AC)_6$	F：ACTTGCATTGGTCGCCTTTA R：ACGCGCATTCAATCAGACTA	57	199

（续）

标记名	重复类型	引物序列	退火温度（Tm）（℃）	片段大小（bp）
b106	$(CT)_{27}$	F：TGCTTTGCTCTCTTCTCTCA R：ACGGACGATGAGGAATTGT	57	347
b107	$(CT)_{25}$	F：AGAACGAGGTGGTGTGTGG R：GGGTCTCACGCTCTCATCA	57	253
b109	$(CT)_{33}$	F：TGTAGAGTGGCTAGGACCAT R：GTTTCTTCCATCATGCCTTCTT	56	175
b110	$(CA)_{15}$ $(GA)_{8}$	F：CGGCACTAACCGAAGGAAC R：ATACGGAGGTGGCAGCA	55	262
b111	$(GT)_{18}$ $(GA)_{23}$	F：AGGATGGTTTGTGTAGCCTG R：TTAGTAGTTATGTGTATCGCCG	55	181
b112	$(CA)_{16}$ $(TA)_{6}$	F：CCACCCATTTCAGGTTCTGC R：TTGTGGTCAGATTAGGTTGGTC	57	181
b113	$(CA)_{30}$	F：GTCCTTGGAACATCATT R：TGAACACACTTACACTG	43	186
b114	$(AC)_{15}$	F：TTCTGTCCTTTCGGGAGATG R：CTCGTCGTCACTACACATGGA	54	180
b115	$(CA)_{18}$	F：GGTAGCGACGGATCTACAGC R：GCTAGCAAATGCTGTCATGG	57	191
b116	$(GT)_{25}$	F：GCAAGCGTGATGTCAGATTAT R：ATAGGATGGTGGAAGCCCA	55	332
b117	$(GT)_{24}$	F：TGCCCTCCAGTCAATGTGC R：TCCGTTGCGTTTCTTCCTCT	59	314
b118	$(GT)_{19}$ $(AT)_{15}$	F：CAAGAACGAACCCTAAGCCTC R：CACGGAAGACCCAGAAGACT	58	306
b119	$(GT)_{19}$	F：TCGGTGCGGATTCAGGTG R：TGTCTTGGTTTGTAGGAGCCT	59	346
b122	$(GT)_{31}$	F：ACTTCTTCCTTCCTTGCGG R：TGTGGGATTAAGGTGCATCG	55	256
b123	$(AC)_{19}$	F：GGTGTTCTCCTGTGTGC R：AGAGTTATTTCCAGCATTAGTG	58	130
b124	$(CA)_{13}$	F：GCTTGTGCACGGGATGCACC R：CAAGGCTTATGCCTGCGTCAAC	59	247
b125	$(CT)_{19}$ $(CA)_{13}$ $(CACG)_{11}$	F：GCCATGAAACAGGTACAAAAGG R：GCATCCCCTTAATTTGTCAATG	57	349
b126	$(CT)_{18}$ $(CA)_{28}$	F：TCGCTCCTTATTAGCTTACCACA R：ATGATTTGCATTTGCTTTGC	56	190

（续）

标记名	重复类型	引物序列	退火温度（Tm）（℃）	片段大小（bp）
b127	$(CA)_{24}$	F：CCTCAAGTCAGTGAGATGCAA R：CAGAGCTGTTTAATCCTTGTTCA	55	267
b128	$(CA)_{25}$ $(GA)_{18}$ $(CT)_{6}$	F：GGGTCTGTGTTCACAAGCTCT R：GCAGCTCAATGGGGATCG	58	178
b129	$(CA)_{24}$	F：CACACTCTTCTCCCCTTTTCC R：ACGGTAACGGAGGATGGCTA	59	149
b130	$(CA)_{39}$	F：GTCTACAACGGCGTCTACGG R：AGCGGCCACGAAGGAC	57	272
b131	$(CA)_{12}$	F：CACAAGCAGGCAAGCAGCATA R：GGAAGTTGGACGAGCCCGT	56	207
b132	$(CA)_{13}$	F：GCCGGACCCATGATTAGCA R：GCAGCGTAACGTCCTCG	57	238
b135	$(CA)_{11}$	F：TGTCATCTAACCGGGTGCT R：ACATACTTTCTGCCGCTTTCA	57	194
b138	$(CT)_{5}$ $(GT)_{16}$	F：TCAGTGAGTGGAGAGGGTGA R：GGCTGGCTTTGTAGGAGTTTG	59	188
b142	$(CA)_{29}$ $(TA)_{4}$	F：TGGTAAAACTCCCATATTGAGC R：GCCCCATCCTTGATAACAGA	57	232
b144	$(CA)_{17}$	F：CGACGGCACTCCTAACCTT R：TAGCCTGCTTTGCATCTTGA	54	194
b145	$(CA)_{19}$	F：CGCCTCTATGGGTCTAACA R：AGGTTTCTTTGGTCCGTTTC	54	102
b147	$(CT)_{35}$	F：CTACTGCCTTCTGGCCTCC R：GGGCATTCTTGCTTCAGTCA	57	216
b151	$(GT)_{15}$	F：TCATCTAGGTAGGCACCAAC R：TTGCTTTCTCTGTTATATGCGT	55	151
b152	$(CA)_{34}$ $(TA)_{11}$	F：AATTTCTCCAAGAGGACAACAA R：TCCTCGACATATAACCCTCACC	54	301
b153	$(GT)_{30}$	F：ACCCAACACATTCTCCTGAA R：TGCTATCAAAATAGTGCTAGAAT	56	209
b155	$(CA)_{18}$	F：CCCGAGGATTAGCAAGGACA R：ACACATCACCTACCAAGCCG	59	207
b156	$(AT)_{5}$ $(GT)_{19}$	F：ATCCGACACTGGAGGAAGTG R：GGTATCGGCCTAAATGGACA	57	329
b157	$(CA)_{18}$	F：ATTCGTTTGTGTTCTGGCAAT R：GTGTCTCTTGCCCTCGTTTC	57	222

（续）

标记名	重复类型	引物序列	退火温度（Tm）（℃）	片段大小（bp）
b158	$(GT)_{14}$	F：GATGAGGAAAAGGTAGGTTGGA R：CTGCAACGTGCAGAACTACG	57	206
b159	$(CT)_{24}$	F：GCCAGTCCGAGATGGTTAAG R：AGCTCTAGCAGTTGGGGACA	57	185
b161	$(GA)_{21}$	F：GGCATAAAAGTAAAAACCAACCA R：ACCTGGCTTCTGTCAGTGAA	57	240
b163	$(CT)_{23}$	F：CTCGGAAGCTCAGATTCTCC R：CACTTCCTGCAGCTCTCACA	57	194
b165	$(CT)_{36}$	F：GCTTTGGTTTGGTTTGGTTGG R：CCATTAGTCTCTGCCCTTGTT	57	273
b166	$(CT)_{24}$	F：CGCCCATACTACCCAACAG R：ACCTCACCTTCCACTCCTC	57	198
b169	$(CT)_{22}$	F：CCAGCCCAAACTGACCAAATC R：AGCAATCACACACACCAGG	57	108
b170	$(GA)_{21}$	F：AACGCACCCGAGAAATCAAA R：CTCCTCCTCATCTTGGGTTTC	52	252
b171	$(CT)_{26}$	F：CACCACCACCCCGTTATATT R：GGAGGAAGTTTGGAGGGAAG	57	221
b172	$(CT)_{33}$	F：CAAAAGTCAGCTCTTGTTTCCTG R：AGCTCTCCTTGGTGAACAGC	57	345
b174	$(GA)_{30}$	F：TTTCGGGTAAGAATTGAGATGG R：GGTAGCAAGGTGACAAAGTT	55	168
b177	$(GA)_{56}$	F：GCACCTTTCTCCTTGTTCCTG R：TGTTACTCTCTCTCAACTTGCAG	57	240
b180	$(GT)_{14}$	F：AGTCTCTCTTCCTTTCCGCC R：CCCTCTCACTGTTCTCTCGTC	59	286
b181	$(GT)_{18}$	F：TTTTGCTACCATTTTCCTATGC R：CAGTGATAAATGTGATGGGCATT	54	173
b182	$(GT)_{26}$	F：CCGATCAAATAATGCGAACA R：TGCATCTTGCACGGATACAC	55	199
b183	$(CA)_{23}$	F：AGCAGCAACCCTTAAAATTG R：GCAATGCAATCGAAGAACAG	55	349
b184	$(CA)_{13}$	F：GAACAACCCCTTTTCTTCCTG R：TGAGTCCAAATTGGTTGCTG	55	302
b185	$(CT)_{30}$	F：GCACGTGTGACTTTCCACAT R：GTGAATGGCACACGAAACTG	55	167

（续）

标记名	重复类型	引物序列	退火温度（Tm）（℃）	片段大小（bp）
b186	$(GA)_{40}$	F：CCCGTATAAATGTCATCATCCC R：GCACCTGGCTTCCCTTT	55	191
b187	$(CT)_{36}$	F：TTGGACAAATGACGCTATGC R：CTGCATCAAATCAGGACCAC	55	195
b188	$(CT)_{21}$	F：AGCTGGTGGCCTTGTGTG R：GGGAGAAGTTTTGGAGCGTA	57	197
b189	$(GA)_{46}$	F：GCTGCACGGCTATGCTCT R：GTGGTCAATGATCGGAAACC	57	222
b190	$(GA)_{25}$	F：GAAATTTCACAAGTGTTGGTG R：TGATCGGAGCAGAGTGTTGA	55	302
b192	$(GA)_{25}$	F：CACAATTCTCACCACGCCT R：ACTATTCAGCTCGCCGTCA	57	115
b193	$(CT)_{21}$	F：TCCGGCTTTGGATCTGAGAG R：ATTCACCTGCCGCGTCT	57	165
b194	$(CT)_{24}$	F：CTGGGTTCCGTCTACCGTA R：CACACCCGAAGAGGCAAAG	57	256
b195	$(GT)_{30}$	F：GGAATAGCTCGTCATCCTGTTC R：GCAGTGTTCATTGGTTGCTG	57	360
b196	$(CT)_{7}$	F：AATGTTTGCTTGCTACTTTGAG R：CGTTTGTGTGGCAGATTGG	55	168
b198	$(CT)_{27}$	F：AGGGGACATGATCTCCAAAG R：CTGCCCAAAGTTGAGCTGTT	59	242
b200	$(GA)_{24}$	F：CATCGATCTCAACCTGTCCTT R：ATGAGCCGTCATGTCACAAA	57	350
b201	$(GT)_{14}$	F：CTTCACTGGCTCCAACTCC R：TGTCGGTTCCAGCTCTTGT	57	305
b202	$(CA)_{14}$	F：AGAGCCCACGTCAAACC R：AAACTGGACTAGAAGAAGCATAG	55	212
b203	$(GT)_{18}$	F：GGCAGTGTTTCGACTTGAGAT R：ATCAATCAGAGAGGAGCAACAA	57	346
b208	$(CT)_{30}$	F：CGCACGTCTCTCGATTCC R：AACTTTCAGCTCAACCTATTCA	55	178
b209	$(CT)_{30}$	F：GTGCGCACGCACCTATG R：TAGTGGTGGTGGGAGGAGGA	57	138
b210	$(CT)_{24}$	F：ACTCCTATCCAAGACCCAATCT R：ACAGCCAACCAACCGGC	55	192

（续）

标记名	重复类型	引物序列	退火温度（Tm）（℃）	片段大小（bp）
b211	$(AT)_6$ $(GT)_{14}$	F：GCCATCCCCTCTAATTGTTC R：ACGCGCTTTGAGGAATTG	55	337
b212	$(CA)_{14}$	F：GTATGCAGGAACGCGTTGAA R：AGGGCATGATTGGTGGTG	53	158
b214	$(CT)_{39}$	F：CCCTTCTGTCCATGTCGC R：CGCAGGTGGCTGGTAGA	53	119
b215	$(CA)_{17}$	F：TGGCCAAATCTTGCACTACC R：TCGTGCTTTCGTTATGTGTCC	57	242
b216	$(CT)_{17}$ $(CA)_{22}$	F：CTGCGCGTCATTTCATTAAG R：AGGGAGGTTGCTGGTCG	55	183
b217	$(GA)_{29}$	F：TGCAGCAGCTAGGGAGG R：CCGAATGCACGGTGATGA	55	286
b218	$(GA)_{24}$	F：CCTAGCTTCTCCTTCCTCACC R：AGTGCATCAGCACAGCATCT	55	324
b222	$(CT)_{23}$	F：GGCATGCATGGAACAAAA R：AGACGAGCTGAACTTGAGG	50	131
b223	$(GA)_{34}$	F：GGCATTAACTACATTGACAGTGG R：AAAACCAACAGTTCCCTCGT	55	146
b224	$(GA)_{33}$	F：AGCAGTCCAAATCAAATTAAGC R：GTCGTCTTCCTTGTTCCTTC	55	144
b225	$(GA)_{28}$	F：ACCAAGAACTGCCTGCAC R：TGCTTAGAACCCACTTGATCG	55	131
b226	$(GA)_{10}$	F：TACCTCCCGTTCCGTTTTGT R：CGCATTGATGGCTTACAGTT	55	258
b227	$(GA)_{26}$	F：TGATCTGGCAGAACGAACA R：CAATTCCTGGACCAATATGC	55	156
b233	$(GA)_{41}$	F：GCCACGCACACCAACTT R：CTCCCGCAGAACACGCA	55	226
b234	$(CT)_{26}$	F：GCCGCAACGAACAACCG R：CCTGTCCCTATCCCTGTCG	55	290
b235	$(CT)_{20}$	F：GGTGTGCTCTCTCTTCCAAC R：AAAAGATACAAGAGCCATACCC	50	173
b236	$(CT)_{45}$	F：TCTGGACCAGCATTCTGTCTT R：GGTAACTCTGCTTGGACGAG	55	156
b237	$(CT)_{20}$	F：TGTCAGCTGGTCATGCTTTG R：GGAGGCCAACCGCTATACTT	55	249

（续）

标记名	重复类型	引物序列	退火温度（Tm）（℃）	片段大小（bp）
b239	$(GA)_{42}$	F：ATCCGTGGAGAGACCGACCT R：ACGCCAGGTTCACCAGCA	55	178
b241	$(GA)_{35}$	F：CACGCACGTAGTATTGCTAT R：GTTCTGGGCTTCTGGCTG	55	140
b242	$(GA)_{37}$	F：CACTACCACTGTTCCAGATCG R：CAGGGACCTTGCTTGCATAC	55	168
b243	$(GA)_{25}$	F：GATCAAGTCGGAGGCTATGG R：ACAAGTTCTCCACCCAAGG	55	167
b246	$(GA)_{29}$	F：CACGCACGTAGTATTGCTAT R：GTTCTGGGCTTCTGGCTG	55	128
b247	$(GA)_{26}$	F：GATTGCTCTCTCACACACACG R：GCCCGATGGCTGCTAGT	55	116
b248	$(GA)_{51}$	F：GTGCGTGCCTCCCTTTAT R：GTTCCACCCGTCCAACC	55	187
b249	$(GA)_{32}$	F：ACCTGGTCTTCGTTTTGG R：AAAATTCTGCACCCAATGAA	47	131
b250	$(GA)_{23}$	F：ACCTTCTCTCTCCTGTCTCT R：CCCTCTACTCTACCCTAAGGA	51	186
b251	$(GA)_{22}$	F：ACTCGAGATCTGCTCAAACC R：TGGCTTTTGTTTTATGACTCAC	55	272
b253	$(GA)_{29}$	F：CAAACCTAATATAGAGAGCCCG R：CCACACAAGTTGGCCTCT	55	194
b254	$(GA)_{20}$	F：TCTGTTTTCGGTGGAATATGA R：CCTGTTGCGAGAATGGCTA	55	143
b255	$(GA)_{30}$	F：GAGGACAGCGGCCATT R：CCTCCCTCCATTTACTTTGG	55	195
b256	$(GA)_{20}$	F：GCAAGTGGAGATCAAGAAGTT R：GATCAGATGAAAGAAATGGGCT	55	190
b257	$(GA)_{29}$	F：TGTAGTTCGCCGAGTAGTTG R：CCGTTTTCTCTCCAGCTGAT	55	422
b258	$(CA)_{9}$ $(GA)_{35}$	F：GGGCCAATAATGGTTGCATA R：TTGCACATCCAAATCTTTCC	55	267
m2	$(CT)_{10}$	F：ATCGGAAAGCAGCGCAC R：TCGTTCCTCCACCACTGC	55	151
m14	$(CA)_{7}$	F：GAGAGGGAGAAGGAGAGCC R：CTGAGACTACAGGACTACACCT	55	265

（续）

标记名	重复类型	引物序列	退火温度（Tm）（℃）	片段大小（bp）
b260	$(GA)_{24}$	F：GAAGAGAGAAGCAGCGTTC R：AAACCACACTTGCCCTGA	55	159
b263	$(GA)_{19}$	F：GCCGCAACCATTCTCAAA R：CGCGTTGTCGATCCTCT	55	251
b264	$(GA)_{33}$	F：GCGAATTCAGCTTAAACAGTTC R：AACGGCTCTTTATCCGTGTA	55	145
b265	$(GA)_{28}$	F：AATAATGGAGAGGCAGCATCC R：CGAATCAAGGTGTGCGTG	55	262
b266	$(GA)_{16}$	F：AAGGAACAGATGGAGGCAT R：AACACAAGACCACCAGAGA	55	245
b267	$(GA)_{11}$	F：CCAACGAGCAACGAGAGAC R：AGCACAGCACAGCAACAG	55	227
b269	$(GA)_{45}$	F：GTGCGTGCCTCCCTTTA R：CCAGATGCTTCCACGGT	55	189
p64X	$(CA)_{13}$	F：CAAGATCACCGGCATGGC R：GGAAGTATCTCTGGCCTCAAG	57	264
b104X	$(CT)_{35}$	F：TGAGCTTAAAGAGTGGAAATGC R：TGCCATCACACCCACAC	57	230

分析这 193 个微卫星重复单元出现次数，发现接近一半（48.19%）重复单元出现次数在 21～30 之间，其次是重复单元出现次数在 11～20 之间（30.57%），分布最少的是重复单元出现次数在 1～10 之间及 50～60 之间，均为 2.07%（图 2-18）。

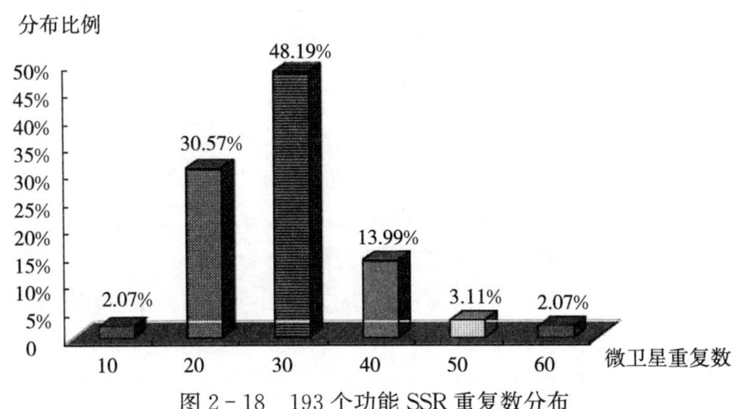

图 2-18 193 个功能 SSR 重复数分布

而重复单元出现次数在许多研究中认为与 SSR 多态性水平存在正相关[39]，对于二核苷酸重复类型微卫星，一般认为重复次数小于 6 次基本没有多态性，本研究获得的微卫星重复次数最少为 7 次，而且 90%以上重复单元出现次数都大于 11，因此开发是比较成功的。在 193 对功能引物中，有 14 对引物在这 5 个谷子材料中未表现出多态性，剩余的 179 对引物均表现出不同程度的多态性，约 90%的 SSR 位点等位变异数集中在 2～3 之间（图 2 - 19 A，B），余下的 10%每个位点能够扩增出 4 个等位变异（图 2 - 19 C）。

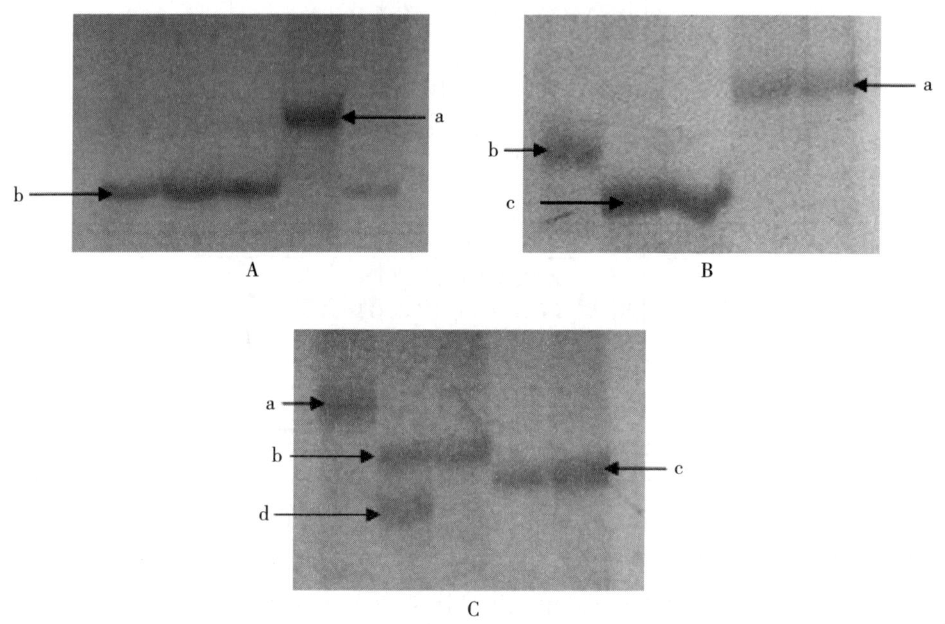

图 2 - 19　微卫星多态性检测（6%PAGE 胶）

A. 位点 p63X 等位变异　B. 位点 p48 等位变异　C. 为位点 p59 等位变异

（7）尼龙膜固定选择杂交富集法评价

技术特点：尽管 SSR 具有多态性高、呈共显性遗传、操作简单等优点，但开发过程相当耗费财力、人力、时间，仅测序和引物设计合成两项必不可少的费用就是一般研究机构难以承担的，因此提高开发效率减少成本一直是研究者孜孜以求的目标。最初的传统文库筛选法直接用微卫星探针与基因组文库杂交，随后挑选阳性克隆测序，这类方法分离效率极低，一般阳性克隆获得率为 0.04%～12%。随后发展起来的微卫星富集法迅速替代了这种原始的分离方法，目前采用的微卫星分离方法几乎都是富集法。实质上富集法就是进行两次筛选，或进行两次杂交选择，或一次杂交、一次 PCR 选择，典型的基于杂交技术的富集法是 Armour 等[40]和 Edwards 等[23]建立起来的膜固相杂交技术及 Kandpal 等[24]建立起来的生物素标记液相杂交技术。从成本和技术难度考虑无疑固相杂交技术是首选，但是有人认为液相杂交会得到更高的开发效率，原因是在液体里生物素标记的微卫星探针能够与基因组 DNA 充分接触，杂交易于成功。从现有文献来看，这两种方法均获得了很好的结果，生物素标记液相杂交法报道得相对多一些。基于这两种方法发展而来的富集技术微卫星阳性获得率平均为 50%～60%。这类方法通常首先也是将基因组 DNA 片段化，或者用酶切或者用超声波处理，超声波处理产生的片段大小不依赖基因组碱基组成，获得片段随机性好，但需要对末端进行修补，形成平末端。用限制性内切酶消化产生的片段大小则依赖基因组的碱基组成及限制酶的识别序列，而基因组的不同区域碱基组成存在差异，因此通过酶切消化获得的片段可能具有偏向性，酶切位点少的区域可能会丢掉。解决这种问题的方法一般是用多种限制酶消化基因组 DNA，或者将不同酶混合在一起消化，或者先单独消化再混在一起。但这些酶如果产生的不是平末端，则仍然需要额外修补，随后才能和接头进行平端连接反应。

本研究同时使用酶切消化和超声处理两种方法来获得小片段 DNA，所用的限制酶为 *Rsa* Ⅰ。通过比较发现超声波处理的 DNA 片段修补后与接头连接效率远低于酶切片段，特别是大于 500bp 的片段更难连接成功，这样直接导致后续预扩增及微卫星富集扩增后超声波处理来源的 DNA 片段范围越来越小，集中在 250bp 左右，最终所建富集文库覆盖面窄，从超声富集文库只获得两个 GA/CT 重复类型 SSR，而且测序数目达到 100 后冗余克隆数量迅速上升就说明了这一点。本研究开发成功的 193 个 SSR 标记 121 个来自酶切文库，72 个来自超声文库，说明酶切方法构建的富集文库开发效率高于超声方法。

获得高的微卫星开发效率除构建富集文库每个步骤成功率要高，保证文库质量外，随后富集文库筛选（第二次富集）也很重要。通常文库筛选包括杂交筛选和 PCR 筛选两种方法，PCR 检测的优点是技术简单，不受时间限制，而且可以确定微卫星大致位置，而杂交筛选考虑到同位素半衰期及操作人员安全问题时间上受到制约，另外技术要求也高，容易产生假阳性，而且无法确定微卫星位置。本研究采用固相杂交技术进行第一次富集，建立微卫星富集文库，但首次将 Hayden 和 Sharp[20] 的锚定 PCR 技术和降落扩增程序用于文库筛选，这种 PCR 技术和普通 PCR 相比较有两个优点：①选用微卫星锚定引物比普通微卫星序列引物更能精确判定微卫星位置，因为锚定引物从微卫星一端开始扩增，不像普通微卫星序列引物容易在扩增过程中产生滑动；②采用更为严谨的降落扩增程序，退火温度从 65℃降到 57℃，提高了含有微卫星阳性克隆获得率，再结合插入片段大小检测，使假阳性克隆最大程度地排除掉。实验结果也支持了这种看法。本研究超声富集文库微卫星筛选效率为 80.5%，酶切富集文库微卫星筛选效率为 87.7%，均高于其他报道通过杂交筛选或普通 PCR 筛选获得的筛选效率。

冗余序列产生原因：冗余序列的产生一直是SSR分离过程中难以避免的问题，本研究超声文库和酶切文库冗余序列所占的百分比分别为34.4%和31.8%，高于一些研究报道的冗余度。冗余在实验的几个步骤中容易发生，一是预扩增，基因组DNA与接头分子完成连接反应后，连上接头的DNA片段数量是比较少的，如果不经预扩增来增加连上接头的DNA的量，随后和微卫星探针杂交成功的DNA分子数就会减少，最后影响富集效果。但是预扩增循环数一定要适度，因为PCR优先扩增小片段DNA分子，循环数太多会使扩增产物分布不均，小片段分子所占比例过大。二是杂交时这些小片段DNA会有更多机会与微卫星探针杂交，从而产生冗余。本研究发现产生冗余的多数是200～300bp的小片段，500bp以上的大片段分子冗余比较少，可能与这种不均衡扩增有关。三是杂交之后富集扩增同样原因也会产生冗余，因此优化扩增条件，尽可能保持DNA片段均匀分布，在一定程度上能够减少冗余。

冗余产生的多少与测序克隆数也存在明显关系，通过与他人的研究结果比较，发现凡是冗余度低的研究总的测序克隆数都比较少，一般挑选30～60个阳性克隆测序，根据测序结果计算冗余度，范围一般在0～10%[41-42]。而一些测序克隆数达到100以上的研究报道冗余度达到16%～22%[43-44]。本研究共测序了1 000个克隆，因此冗余度相应也比较高。冗余的产生也和基因组DNA的片段化方式有关，分析超声富集文库和酶切富集文库产生的冗余，发现来源于超声富集文库的冗余克隆往往是同一个序列，而来源于酶切富集文库的冗余克隆往往是部分序列高度同源，但却不是同一个序列，这两种不同类型的冗余形成机制是不同的，超声富集文库DNA片段随机化程度高，片段之间同源的概率小，冗余主要来源于预扩增、富集扩增两步PCR，使某些片段过度扩增，因此冗余序列之间往往100%同源。酶切富集文库冗余主要来源于酶切消化过程产生的一些在基因组中存在多个拷贝的微卫星，因此基因组中一些SSR序列存在多个拷贝也是造成冗余的原因之一。

SSR多态性水平与重复单元出现次数之间的关系：微卫星多态性水平会随着检测样本数目、种类的不同而不同，相同的微卫星在不同材料中揭示的变异水平是不同的。一些学者认为微卫星重复数目与其多态性水平存在正相关，即重复数目越多多态性水平就越高，但是在一些植物微卫星研究中却得到了相反的结果[45]。本研究用1个谷子野生近缘种和4个栽培种检测所开发的193个SSR标记的多态性，有14个标记表现为单态扩增，这些单态扩增的微卫星重复单元出现次数最少的是12次，最多的是54次，没有发现重复单元出现次数为7的微卫星。不同重复区间的微卫星表现单态扩增的比例分别是重复次数1～10之间：0（0/4）；11～20之间：0.08%（5/59）；21～30之间：0.04%

(4/93)；31～40 之间：0 (0/27)；41～50 之间：0 (0/6)；51～60 之间：25％ (1/4)。4 个表现单态扩增的复合型 SSR 没有包括在内。这些数据表明单态扩增微卫星比例最高的是重复次数在 51～60 之间的微卫星，其次是重复次数在 11～20 之间的微卫星，再次是重复次数在 21～30 之间的微卫星，最后其余各区间没有发现单态扩增的微卫星。综合所有重复区间，没有发现微卫星重复次数越多，表现单态扩增的 SSR 比例越小这一规律。

剩余的 179 个表现多态扩增的 SSR 中 90％以上观察到的等位变异数是 2 或 3，观察到 4 个等位变异的不到 10％。分析不同重复区间微卫星等位变异数目平均值，同样发现等位变异数目的多少与微卫星重复次数多少没有明显相关性。产生这种结果的原因一方面是不同重复区间 SSR 标记数目存在较大差别，因此不可能反映真实变化趋势；另一方面可能是我们选择的检测材料太少，5 个材料不足以充分反映出 SSR 位点的多态性水平，也许增加检测材料的数量，不同重复区间选择数目接近的 SSR 标记，才能得到更有统计意义的结论。

三、生物信息学开发法

1. 基于转录组序列开发谷子 EST-SSR 标记

早期谷子基因组序列没有测定，但是数据库公布了少量 EST 序列，利用这些序列成功开发了 EST-SSR 标记，如贾小平通过 SSRIT 软件 (https://archive.gramene.org/db/markers/ssrtool) 从 1 213 条 EST 序列中共检索到 30 个 SSR (2.5％)，所获得的 30 个 SSR 中有 26 个侧翼序列足够长，适合设计特异引物，因此一共设计了 26 对 SSR 引物。这 26 对引物用铁谷 10 号进行扩增检测，有 18 对 (69.2％) 引物能够扩增出预期大小的条带，用 12 个谷子栽培种和 1 个野生近缘种检测所开发的 18 对 EST-SSR 引物多态性，其中有 4 对引物表现出多态性，扩增出的等位变异数为 2～3 个；选择水稻、高粱、珍珠粟、薏苡、食用稗、黍稷、龙爪稷、燕麦、苔麸等 9 个禾本科植物研究所开发标记的通用性，结果有 10 个 EST-SSR 表现出不同程度的转移性扩增，最少可以在 1 种作物中转移，如 P1、P6、P19；最多可以在 7 种作物中进行转移，如 P13、P24。在这 10 个 EST-SSR 中，可以在高粱和珍珠粟中转移扩增的引物都达到 7 对，而只有 1 对可以在水稻中进行转移扩增，说明了谷子与高粱、珍珠粟的亲缘关系比水稻近[46]。Kumari 等从 24 828 个非冗余 EST 中检索到 495 个包含 SSR 的 EST 序列，这些序列含有 534 个 eSSR。总共成功设计了 447 对引物，其中 327 个可以定位在谷子 9 条染色体上。选择代表谷子基因组的 106 对引物在 8 个谷子和 4 个非谷子物种中进行扩增，扩增率约为 88％[47]。Ali 等从 NCBI 数据库下载了 66 027 条谷子 EST 序列，通过搜索微卫星序列，成功设计了 324 对 EST-SSR 引物，有 22 对引物在 621 个谷子品种间表现出多态性[48]。

2. 基于基因组测序数据开发谷子 SSR 标记

近 10 多年随着谷子全基因组测序的不断报道，在公共数据库中储存了大量基因组序列，这为利用生物信息学方法大规模开发谷子 SSR 标记提供了条件。王永芳等选择谷子和狗尾草属其他种的 24 个材料，利用谷子基因组测序数据设计了 474 对 SSR 引物进行多态性鉴定。结果显示，有 96 对引物在各材料之间表现出了丰富的多态性，多态性率 20.25%[49]。Pandey 等从谷子基因组序列检索到 28 342 个微卫星重复域，覆盖谷子基因组 405.3Mb，其中成功设计了 21 294（75%）对引物，15 573 个标记定位到谷子 9 条染色体。159 个标记在 8 个谷子品种间进行了检测，67%表现出多态性[50]。Zhang 等利用豫谷 1 号基因组测序数据检索到 5 020 个微卫星序列，成功设计了 788 对 SSR 引物，其中 733 对引物在 24 个谷子材料中可以稳定扩增并表现出多态性[51]。Fang 等利用豫谷 1 号参考基因组序列开发了 10 598 个 SSR 标记，其中 1 013 个在作图亲本豫谷 1 号和陇谷 7 号间表现出多态性，成功用于遗传图谱构建和 QTL 定位研究[52]。

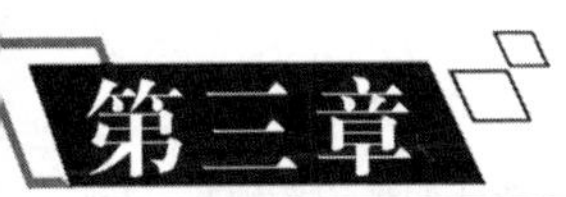

第三章

谷子 SNP、InDel、CAPS 标记开发

第一节　SNP、InDel、CAPS 标记概述

一、SNP、InDel、CAPS 标记的概念及原理

SNP 即单核苷酸多态性（single nucleotide polymorphism），指 DNA 序列中由于单个核苷酸碱基的改变而产生的序列多态性。SNP 碱基突变包括转换（同型碱基间替换，如嘌呤碱基替换嘌呤碱基）和颠换（不同型碱基间替换，如嘌呤碱基替换嘧啶碱基）。美国学者 Lander 于 1996 年正式提出单核苷酸多态性（SNP）为第三代分子标记，到目前为止广泛应用于关联作图、遗传连锁图谱构建、主要性状的基因组选择等遗传育种研究。InDel 标记是指不同品种间基因组在某个区域发生碱基的插入或缺失，从而产生的序列长度多态性。根据基因组中插入/缺失位点，在两侧设计特异引物，对这些插入/缺失位点进行 PCR 扩增，形成 InDel 标记。CAPS 标记也称为酶切扩增多态性序列（cleaved amplified polymorphic sequences），是基于 SNP 的 PCR 技术与 RFLP 技术结合的分子标记技术。CAPS 标记的基本原理是某 SNP 恰好位于酶切位点上，通过设计引物对该 SNP 位点进行扩增，获得的相应产物片段经酶切、电泳等步骤，最终通过观察酶切片段的差异判断样本的多态性。

二、SNP、InDel、CAPS 标记的特点

SNP 在植物基因组中分布密度高，多态性丰富，遗传稳定，便于实现自动化分析（只有两种等位基因）。但是 SNP 基因型判定（基因分型）技术存在费用高或操作复杂的缺点。InDel 标记与 SNP 标记一样，在基因组中分布广泛，密度高，水稻基因组中平均每 953bp 包含 1 个 InDel[53]；准确性和稳定性好；由于基于 PCR 技术，InDel 标记检测比 SNP 简单，借助普通电泳技术就可实现。随着测序技术不断发展，基因组结构变异的概念被提出，目前将插入/缺失片段在 50bp 以内的归为 InDel 标记，而大于 50bp 的插入/缺失归为结构变异。

CAPS标记基于PCR技术和电泳技术，特别是许多CAPS标记用琼脂糖凝胶电泳就可以分辨，因此操作简单，易于掌握；另外CAPS标记属于共显性标记，能够区分纯合基因型和杂合基因型；鉴于PCR技术的灵敏性，检测CAPS标记所用的模板DNA量少；CAPS标记的稳定性和准确度也较高。但是由于真核生物基因组中发生突变的酶切位点较少，限制了CAPS标记的大量开发。

第二节　谷子SNP、InDel、CAPS标记的开发

一、基于全基因组测序技术开发SNP、InDel标记

2012年深圳华大基因科技有限公司与张家口市农业科学院赵治海团队合作首次完成了对张谷的全基因组测序，并对光温敏不育系A2进行重测序开发SNP、InDel标记，鉴定出542 322个SNPs和33 587个InDels，成功用于遗传图谱构建和烯禾啶抗性基因的定位[54]。同一年，美国能源部首次完成了对豫谷1号的全基因组序列测定，同时对谷子野生近缘种狗尾草A10和栽培品种B100杂交产生的48个重组自交系混合测序，与豫谷1号参考基因组比对鉴定出290 317个高质量SNP标记，其中992个成功用于遗传图谱构建[55]。在此之后不同研究者纷纷开展谷子重测序及SNP标记开发，如Jia等对916份谷子资源进行重测序，鉴定了258万个SNP，并且利用其中的80万个SNP构建了谷子首个单倍型图谱[56]；Zhang等对439个谷子重组自交系进行重测序构建高密度SNP连锁图谱，在不同光周期条件下对14个农艺性状进行了定位[57]；赵庆英等对晋谷21进行全基因组测序，通过与豫谷1号参考基因组比对检测到169 037个InDels和1 167 555个SNPs，并且对1个SNP和68个InDel标记在晋谷21和豫谷1号间进行了多态性验证[58]；贾小平等对98份谷子材料进行重测序，检测到400多万个SNP位点，并且在海南、河南、吉林3个不同光温环境下开展了株高性状的全基因组关联分析[59]；Tian等通过对豫谷5号×冀谷31产生的重组自交群体重测序获得35 065个SNP标记，用于遗传图谱的构建及抗病基因的定位[60]。

除了全基因组重测序，有学者利用一些新发展的测序技术成功开发谷子SNP标记，并用于亲缘关系鉴定及遗传作图等研究。Upadhyaya等、Hunt等利用genotyping-by-sequencing（GBS）技术在不同谷子资源间以及谷子资源和狗尾草品系间检测SNP位点，用于群体基因组结构及亲缘关系分析[61-62]；Wang等、Jaiswal等利用RAD、ddRAD测序技术开发SNP位点，成功用于遗传图谱构建和农艺性状定位，以及SNP标记与主要农艺性状的全基因组关联分析[63-64]。

二、功能基因内及上游调控区 SNP、InDel 标记的开发

在功能基因内部及上游调控区开发 SNP、InDel 标记可以与表型性状进行关联，揭示基因潜在功能。王亦学等从晋谷 20 中克隆得到谷子 *SiSAP8* 基因，再对该基因序列进行多态性分析，共发现 5 个 SNP 位点和 1 个 InDel 位点，其中编码区有 1 处核苷酸变异位点（G/T）为非同义突变，使得缬氨酸变成了苯丙氨酸，利用第 81 位的 SNP 位点（A/G）开发了 dCAPS 标记[65]；赵雄伟等通过候选基因关联分析和单倍型分析发现，位于谷子酸性磷酸酶 *SiACP1* 启动子的 SNP 与耐低磷相关性状显著关联，并初步鉴定到一个与谷子耐低磷性状相关的有利单倍型 ACPHap2[66]；张耀元等分析了 8 个谷子品种 β-胡萝卜素合成基因 *SiLCYB* 序列多态性，发现只有米色深黄品种 JG21 中出现序列变异，有两个 SNP 位点，且第二处单核苷酸变异使相应氨基酸由谷氨酰胺变为精氨酸[67]；Lata 等分析了 45 个谷子核心种质 *SiDREB2* 基因序列变异，发现第 558 个碱基发生同义突变（A/G 转换）与脱水耐受性相关，并设计了 3 对引物来鉴定谷子品种脱水耐受性[68]；孙宇燕等以引进的 15 份春谷子为材料，研究了 *Waxy* 基因序列单核苷酸多态性，结果发现非糯、低直链淀粉含量和糯质类型在外显子上的 SNP 分别为 17、22 和 8 个[69]。李燕研究了与谷子籽粒多种性状相关的基因 *PT2*（*Panicle Traits 2*），发现该基因在谷子和狗尾草中的序列基本一致，只有一个导致氨基酸改变（T190A）的 SNP 位点[70]。

三、谷子 CAPS 标记的开发

谷子中开发的多数 CAPS 标记位于功能基因内部，用以鉴定不同基因型间表型性状的差异。王智兰等对不同基因型谷子 *SiARGOS1* 序列分析发现，*SiARGOS1* 编码区 151bp（起始密码子开始 83bp）处存在 1 个 SNP（C/G），导致该基因第 28 个氨基酸发生突变（Ala/Gly），据此设计了 1 个 CAPS-Acc Ⅱ标记，但并未发现该标记不同基因型材料间穗重、穗粒重和千粒重差异达到显著水平[71]；李雪垠等开发了 1 对与谷子株高紧密连锁的 CAPS 标记，该标记在高秆谷子品种中扩增片段长度为 482bp，经 *Nci* Ⅰ酶切后可以切成 61bp、117bp 和 304bp 三个片段；在矮秆谷子品种中扩增片段长度为 481bp，经 *Nci* Ⅰ酶切后可以切成 117bp 和 364bp 两个片段[72]。Fukunaga 等分析了 11 份谷子品种 *HD1* 基因序列变异，在推定的内含子 1 剪接位点发现了核苷酸取代，并将具有核苷酸取代的材料指定为携带可变剪切体，通过 dCAPS 调查了来自欧洲和亚洲不同地区以及非洲部分地区的 480 份谷子材料中可变剪切体的地理分布，发现可变剪切体广泛分布于欧洲和亚洲，*HD1* 基因野生型等位基因与可变剪切体等位基因的种质间抽穗时间差异不能清楚区分[73]。

第四章 谷子分子标记的应用

第一节 谷子遗传多样性研究

一、RAPD、AFLP 标记在谷子遗传多样性研究的应用

早期谷子资源遗传多样性研究所用标记为 AFLP 和 RAPD，如 Li 等、杨天育等应用 RAPD 标记对不同生态区谷子品种的遗传多态性进行了研究，结果表明分子水平上，不同生态区的谷子品种存在一定的遗传差异，但遗传差异程度并不高，基于 RAPD 标记分析的遗传聚类群与生态类型有很大的一致性[2,4]；Schontz 等利用 4 条 RAPD 引物分析了 37 个谷子品系的遗传多样性，将这些谷子品系聚为 3 个遗传类群，聚类群与地理来源紧密相关，来自西欧的品系表现出较强的遗传变异[3]；Kumari 等利用 16 对 RAPD 和 4 对 ISSR 引物分析了来自印度不同农业生态区的 125 份谷子资源的遗传多样性，结果将 125 份谷子资源聚为 2 个群，但没有观察到明显的地理差异，不同地区种质间存在明显的基因交流[74]。Le Thierry d' Ennequin 等应用 AFLP 标记对谷子品种遗传多样性进行了研究，认为中国谷子的遗传多样性丰富，东欧和非洲谷子的遗传基础狭窄，因此肯定了中国是栽培谷子起源中心的观点[7]；Kim 等利用 9 个 AFLP 引物组合分析了来自朝鲜的 26 个谷子材料的遗传多样性，聚类分析将 26 份谷子材料聚为 2 组[75]。

二、SSR 标记在谷子遗传多样性研究的应用

近 10 多年利用 SSR 标记开展谷子遗传多样性研究的报道不断增多，且多数集中于探究分子聚类群与地理起源的关系，但与 RAPD、AFLP 研究结果一样，不同学者得出的结论存在差异。

Liu 等利用 79 对 SSR 标记分析了 128 份来自华北、西北、东北 3 个生态区的谷子材料的遗传多样性，聚类分析将这些谷子资源聚为 6 个群，聚类群与系谱信息相一致，而不是地理来源[76]；Chander 等用 31 对 SSR 引物分析了 223 份印度谷子核心种质的遗传多样性，将这些核心种质聚为 2 个群和 4 个亚

群，但是并不与生态地理来源相一致[77]；Jia 等（2013）用 77 个 SSR 标记分析了来自中国各地理区域的 288 份绿狗尾草种质，形成的 2 个聚类群与地理分布并不一致，而来自中国北方的种质形成的亚群表现出较高的遗传多样性水平，绿狗尾草基因组存在较低的连锁不平衡，对绿狗尾草和谷子农家品种组合分析发现谷子起源和进化位置在中国北方[78]。杨慧卿等（2017）选用了来自国外及国内的 68 份分蘖型谷子进行表型及遗传多样性分析，表型分析表明除出谷率外，其他性状均表现出了丰富的遗传变异；遗传多样性分析结果表明，77 对 SSR 引物多态性信息含量（PIC）在 0.028 3～0.697 4 之间，平均多态性信息含量（PIC）为 0.416 9，聚类分析将 68 份谷子分蘖材料划分为 4 个类群，Ⅰ类群主要来自西北地区谷子分蘖种质，Ⅱ类群主要来自国外谷子分蘖种质，与地理来源相一致，而Ⅲ类群包括华北、华东和东北的谷子分蘖种质，地理来源复杂，Ⅳ类群仅包括 1 个种质[79]。

也有相当多的学者研究认为分子聚类群与地理来源具有一致性，如贾小平等利用所开发的 37 对 SSR 标记分析了 40 个谷子品种的遗传多样性，结果发现农家品种聚类群与地理来源有很好的一致性，而育成品种聚类群与地理来源没有明确的对应关系[80]；朱学海等用贾小平开发的 21 对 SSR 标记对 120 份来自核心种质的谷子材料进行遗传多样性研究，基于 21 对标记等位变异数据进行 UPGMA 聚类，将 120 份材料划分为 4 个类群，分类结果与这些谷子来源地生态类型总体上表现一致，分别为西北内陆类群、黄土高原内蒙古高原类群、华北平原类群以及华北平原近年育成种类群[81]；Wang 等利用 77 对 SSR 标记分析了 250 份谷子农家品种的遗传多样性，遗传聚类分析将这些品种聚为 3 组，总体上聚类群与生态地理分布有较好的一致性，谷子农家品种基因组连锁不平衡衰退距离小于 20cM[82]；丁银灯等对国内外 124 份谷子种质资源进行表型及 SSR 遗传多样性分析，表型性状聚类将所有品种划分为 6 大类群，各类群性状差异明显；52 对 SSR 引物在 124 份材料中共扩增出特异性条带 52 条，平均遗传相似系数 0.834，聚类分析将 124 份材料分为 4 大类群，表型性状及 SSR 聚类分析均存在明显的地理聚类特征[83]。王蓉等利用 46 对 SSR 标记对四大名米及其同名品种共 179 份材料的遗传差异进行分析，结果表明，材料间遗传距离为 0.043 5～0.630 4，基于 UPGMA 将 179 份资源聚为 10 个群组，聚类与其来源有一定相关性[84]。

综合上述研究发现，谷子农家品种发生遗传交流的机会少，保持的纯度高，分子聚类结果往往与地理来源保持了较好的一致性；而育成品种是由不同来源的种质发生遗传重组选育而来，遗传背景复杂，导致分子聚类结果与地理来源之间没有明显的一致性。

遗传多样性分析也证明谷子农家品种多样性水平普遍高于育成品种。杨天育等选用 60 对谷子 SSR 分子标记对中国北部高原生态区 6 个谷子农家品种和 14 个谷子育成品种的遗传差异进行分析，聚类分析将 20 个品种归为 4 大类，其中 6 个农家品种分别归属于 3 大类中，农家品种遗传变异较育成品种大[85]；秦岭等用 49 对 SSR 引物对 20 个具有代表性的华北夏谷区主栽谷子品种进行遗传多样性分析，将 20 个品种分成 3 个类群，其中谷丰 1 号自成 1 类，表明谷丰 1 号的遗传距离较其他品种大，各年代品种之间的平均遗传距离由大到小依次是 1980s＞1990s＞2000s＞2010s，表明随着年代的递进，育成品种的遗传差异减小，亲缘关系更近[86]。

也有研究发现谷子分子聚类群与表型性状聚类群具有一定相关性。如王节之等利用小麦 5 对 SSR 引物转移扩增谷子，对 96 个谷子种质资源材料进行 DNA 多态性分析，聚类形成 5 个组群，每个组群和品种的熟期、上籽好坏关系密切[87]；李国营对 400 份谷子初级核心种质进行了粗蛋白、粗脂肪、维生素 E 的测定与评价，并进行了品质性状及分子标记的遗传多样性研究，通过营养品质测定筛选出粗蛋白、粗脂肪、维生素 E 含量等综合性状较优异的种质 20 份；西北内陆种质的粗蛋白和粗脂肪含量均高于其他生态区，淮河以南种质的维生素 E 和（β+γ）-T 含量高于其他生态区，东北平原种质的 α-T 含量高于其他生态区。20 对 SSR 引物共检测到 215 个多态性位点，多态性信息含量（PIC）的平均值为 0.774，聚类分析将 400 份谷子初级核心种质划分为 7 个组群，品质性状在 7 个组群中的分布具有一定的特点[88]。

第二节　谷子品种鉴定

一、RFLP、RAPD 标记在谷子品种鉴定中的应用

分子标记在作物品种纯度鉴定、品种注册、良种质量监测等方面具有广阔的应用前景。谷子最早用于品种鉴定的分子标记是 RFLP，王志民等用高度多态性探针 gFM31 对 59 个谷子品种进行 DNA 指纹分析，共鉴定出 58 种类型，而黑谷和黑粒 1516 出现了完全相同的带型，说明两者可能是同一材料，但与禾谷类的其他物种的 DNA 杂交信号微弱，表现出较强的谷子基因组特异性[89]。后来，相金英等用高度多态性探针 xPSF31 做了同样的实验，结果 59 个品种共鉴定出 57 种类型，发现黑谷与黑粒 1516 带型相同，与王志民的结果一致[90]。Schontz 等利用 4 条 RAPD 引物从 37 个谷子基因型中扩增出 25 条多态性条带，这些条带能够将其中 33 个基因型区分开[3]。

二、SSR 标记在谷子品种鉴定中的应用

谷子 SSR 标记丰富的遗传变异为品种鉴定、指纹图谱绘制提供了有力工

具。王珊珊等利用 28 对 SSR 标记对辽西地区 8 个推广面积较大的优质高产谷子品种进行遗传多样性研究，聚类分析发现 8 个品种可分为两大类，农家种与育成品种朝谷 14 聚为一类，其他 6 个育成品种聚为另外一类，SSR 标记的指纹图谱表明运用 4 对引物可将 8 份地方谷子品种成功区分开[91]。有些 SSR 标记已经成功申请专利用于种子纯度鉴定，如李伟等基于谷子 DUS 测试标准品种开发 SSR 引物，用 20 对引物扩增 32 个 DUS 标准品种的 DNA 并进行电泳后得到 SSR 指纹图谱，提供了 SSR 指纹图谱在谷子品种鉴定中的应用，该指纹图谱能够对谷子品种权属纠纷提供可靠的证据[92]。刁现民等公开了一组区分谷子品种的 SSR 标记及其应用。由引物对 1、引物对 2、引物对 3、引物对 4、引物对 5、引物对 6、引物对 7、引物对 8、引物对 9 和引物对 10 组成。经多次在我国不同地区来源的农家品种和育成品种中验证，这 10 对引物可以准确有效区分谷子品种[93]。

第三节　谷子比较基因组研究

利用分子标记在不同物种间的保守性可以开展比较基因组学研究，揭示谷子与其他物种基因组间对应关系，有利于通过水稻、小麦等其他物种的基因组研究成果推定谷子一些关键的分子调控途径。

一、比较基因组研究揭示谷子与其他作物基因组进化关系

Moore 等对水稻、小麦、玉米、谷子、甘蔗及高粱 6 种重要禾本科物种进行比较基因组研究，结果表明，基因组较小的水稻居于中枢的位置，即这些禾本科植物基因组的保守性可归结到水稻基因组的 19 个连锁区段上，有这 19 个区段可实现对所研究的禾谷类作物染色体的重建，并可构成一个禾谷类作物祖先种的染色体骨架[94]。郑康乐对水稻、小麦、玉米、高粱、谷子和甘蔗进行比较基因组研究，结果表明：小麦、玉米、高粱、谷子和甘蔗的基因组均可由水稻染色体区段重新排列而成，这些区段上 DNA 标记的排列顺序在各个种之间保留。各种作物基因组大小的差异可能是由于各个区段内基因间重复序列扩增的程度不同所致。研究结果为深入研究禾谷类作物的进化遗传提出了全新的思路，同时也为利用禾谷类作物基因组之间的共线性克隆同源基因提供了依据，使生物技术在作物育种中发挥更大的作用[95]。Gale 等利用玉米的第 3 号染色体的一个片段和第 10 号染色体长臂上的重复，成功地将禾本科谷类基因组形成了一个统一的环，为禾谷类统一基因组图谱的建立奠定了基础，也说明 1 万多种禾本科植物来自一个共同的祖先[96]。Devos 等用位点已知的水稻探针和在水稻中位置已知的小麦基因组和 cDNA 克隆，通过构建水稻-谷子比较图

谱，发现 2 个基因组间存在高度的保守性，5 条完整的谷子染色体与 5 条完整的水稻染色体呈线性关系，剩余 4 条谷子染色体，每条与水稻的 2 条染色体片段表现出线性关系，水稻的第 3 和第 10 号染色体构成了谷子的第 9 号染色体，水稻的第 7 和第 9 号染色体构成了谷子的第 2 号染色体，与构成玉米第 1 和第 7 号染色体及高粱 C 和 B 连锁群的情况相似[97]。随后，Devos 等对珍珠粟和谷子基因组进行了比较研究，认为珍珠粟与谷子许多染色体片段是同源的。珍珠粟第 1 连锁群与谷子第 8 连锁群以及第 2 连锁群与第 11、4、1 连锁群，第 3 连锁群与第 1、7 连锁群，第 4 连锁群与第 3、4、7、8 连锁群，第 5 连锁群与第 7 连锁群，第 6 连锁群与第 5 连锁群，第 7 连锁群与谷子第 2 连锁群均有程度不同的同源片段[98]。

二、比较基因组研究揭示谷子关键代谢途径及调控基因

Zhang 等首次完成了张谷全基因组序列的测定，通过与水稻、高粱比较基因组学研究发现了一些关键染色体重组事件，两个重组事件将水稻 7 号和 9 号染色体融合为谷子 2 号染色体，将水稻 3 号和 10 号染色体融合为谷子 9 号染色体，它们发生在谷子和水稻分化之后；还有唯一的重组事件将水稻 5 号和 12 号染色体融合为谷子 3 号染色体，该重组事件发生在谷子和高粱分化之后，并确定了 C4 光合作用途径中的重排事件[54]。Tavares de Oliveira Melo 利用几个公共数据库中可用的基因组序列进行水稻、玉米、拟南芥、高粱、谷子、甘蔗间比较基因组学研究，揭示不同物种间的核苷酸同源性，揭示结构、组成以及核苷酸和氨基酸的功能。根据水稻、玉米和拟南芥描述的 28 个磷酸盐转运蛋白 1（*Pht1*）基因 CDS 成功鉴定出高粱和谷子中的 9 个同源序列，再以高粱同源序列作参考鉴定甘蔗属中的 *Pht1* 同源序列。在推定的 SNP 和微卫星位点发现了甘蔗 *Pht1* 基因，其中 3 个似乎处于正选择压力下。系统发育树证实了甘蔗、水稻和玉米之间基因的直系同源关系，说明了禾本科家族的同源性水平。该研究表明比较基因组研究可以作为基因发现和注释最有用的工具之一[99]。Yang 等使用多种植物物种包括景天酸代谢（CAM）植物龙舌兰、长寿花、长春花，C3 植物拟南芥、水稻、杨树，C4 植物谷子、高粱和玉米，非维管植物立球菌、卷柏进行了比较基因组学分析，了解 CAM 的分子基础和进化机制。研究结果不仅揭示了 CAM 和非 CAM 物种之间共享的直系同源基因组，而且还确定了 CAM 物种特有的基因。此外，与非 CAM 物种相比，在 CAM 物种中鉴定出扩展的基因家族。这项研究为 CAM 比较基因组学研究建立了一个框架，为水分利用效率（WUE）的遗传改进和作物植物在限水条件下的光合效率提供了信息[100]。

第四节　谷子遗传图谱的构建及 QTL 定位

一、谷子分子遗传图谱的构建

谷子首张分子遗传图谱由王志民构建，该图谱基于 RFLP 标记，包含 160 个位点，覆盖了谷子 9 条染色体，总长度为 964cM[1]。随后 Jia 等利用王志民种间作图群体构建了谷子首张基于 SSR 标记的分子图谱，该图谱包含 81 个 SSR 标记和 20 个 RFLP 锚定标记，覆盖谷子基因组 1 654cM，标记间平均距离为 16.4cM，能够满足 QTL 初级定位的要求[37]。杨坤构建了包含 46 个 SSR 标记的谷子连锁图，该图谱包含 10 个连锁群[101]。为了增加标记数量，王智兰等以分布于 9 条染色体上的 81 个 SSR 标记为主要参考标记，采用来自谷子、水稻、珍珠粟和高羊茅的 1 733 个 SSR、STS、SNP、SV 和 ACGM 标记构建连锁图，结果构建了一张包含 192 个不同类型分子标记的谷子遗传图谱，该图谱新定位标记 33 个，其中 32 个来自谷子，另 1 个来自珍珠粟。遗传图谱包含 9 个连锁群，覆盖基因组全长 2 082.5cM，标记间平均距离 10.85cM[102]。

二、基于 SSR 标记遗传作图定位谷子 QTL 位点

Wang 等利用 SSR 标记定位谷子高度雄性不育系高 146A 不育基因，结果将该基因定位于谷子 6 号染色体与标记 b234 遗传距离为 16.7cM 的位置[103]。王晓宇等以表型差异较大的沈 3 和晋谷 20 杂交产生的 F_2 作图群体为材料，构建 SSR 连锁图谱，并进行株高、穗长等性状 QTL 定位。结果将 54 个 SSR 标记构建 10 个连锁群，QTL 分析检测到与株高相关的主效 QTL 2 个，穗长主效 QTL 1 个，与穗重、粒重相关的主效 QTL 为同一位点[104]。Fang 等将 1 035个 SSR 位点分别定位到谷子的 9 条染色体上，构建了一张覆盖 1 318.8cM 的谷子遗传图谱，相邻标记间的平均间隔为 1.27cM。利用所构建的遗传图谱检测到 29 个与谷子产量及农艺性状相关的 QTL[52]。

三、基于 SNP 标记遗传作图定位谷子 QTL 位点

随着测序成本不断降低，SNP 标记已经成为近 15 年谷子 QTL 定位的主流标记。谢丽莉以王志民种间作图亲本（栽培品种 B100 和野生狗尾草 A10）及杂交产生的 188 个 F_8 代重组自交系为材料，利用 325 个 SNP 分子标记构建的高密度遗传连锁图谱，对开花时间、叶片数、株高、叶长、叶宽和叶面积 6 个光周期敏感相关性状进行 QTL 定位分析，构建了覆盖谷子全基因组、总长度为 1 410.696cM、标记平均间距 4.341cM 的遗传图谱，QTL 分析发现第 4 染色体的 $10_S67_904_V2$ 至 $10_S68_935_V2$ 和 $10_S69_938_V2$ 至 $10_S69_958_V2$ 标记区间是

短日照环境下光周期敏感相关 6 个性状 QTL 分布的聚集区，第 3 染色体的 $9_S63_857_V2$ 至 $9_S63_84_V2$ 标记区间是长日照环境下开花时间、叶片数、叶面积 3 个性状 QTL 分布的聚集区，第 9 染色体的 $1_S2_25_V2$ 至 $1_S2_30_V2$ 标记区间是长日照条件下株高、叶长、叶宽和叶面积 4 个性状 QTL 分布的聚集区[105]。Mauro-Herrera 等利用王志民种间作图亲本杂交产生的 F_7 代重组自交系群体构建连锁图谱定位开花、株高和分枝数性状 QTL 位点，所用标记包括 48 个重组自交系测序产生的 SNP 以及已发表的 SSR、STS 标记，最终构建了包含 684 个标记的遗传图谱，长度为 1 125.4cM，在 8 个实验点共检测到 16 个开花 QTL 位点，并在温室环境和田间环境对不同发育时期的株高、分枝数等性状进行了 QTL 定位[106-107]。Ni 等通过对谷子重组自交系群体重测序开发 SNP 标记，并基于该群体构建了长度为 1 927.8cM、bin 标记间平均间距为 0.56cM 的高密度连锁图谱，对 9 个农艺性状进行 QTL 定位[108]。Zhang 等对谷子 439 个重组自交系重测序，构建高密度 SNP 标记的 bin 图，在长、短日照条件下共鉴定出 14 个农艺性状的 59 个 QTL 位点[57]。Tian 等对豫谷 5 号和冀谷 31 杂交产生的 F_6 重组自交系群体重测序开发 SNP 标记，用 35 065 个 SNP 标记构建超高密度图谱，在 1、2、8 号染色体定位了 3 个抗叶瘟病的 QTL 位点[60]。

除了重测序，一些研究者还利用简化基因组测序（RRGS）、基于酶切的简化基因组测序（RAD-seq）技术开发 SNP 标记用于 QTL 定位研究。Wang 等用 RAD-seq 技术构建高密度 SNP 遗传图谱，通过对 124 个 F_2 代个体基因型鉴定构建了长度为 1 648.8cM 的遗传图谱，标记间平均距离为 0.17cM，定位了 8 个农艺性状的 11 个 QTL 位点[63]。杜晓芬等分别对 2 个 F_2 群体的 543 个和 131 个单株及其亲本进行 RAD-seq，开发 SNP 标记进行遗传图谱构建和 QTL 分析，结果共鉴定出 8 个控制分蘖相关的 QTL[109]。Wang 等用 RAD-seq 技术开发 SNP 构建连锁图谱，该图谱包含 3 129 个 bin 标记，全长 1 460.996cM，鉴定到 11 个农艺性状的 57 个 QTL 位点[110]。代小冬等以山西 2010 和 K359×M4-1 为亲本构建 F_2 群体，利用 2b-RAD 测序技术构建遗传连锁图谱对谷子萌芽期抗旱性 QTL 进行定位，结果构建了包含 583 个 SNP 标记的连锁图谱，该图谱覆盖谷子基因组 9 条染色体，标记间平均间隔为 0.97cM。在第 5 和第 6 染色体上共检测到 3 个谷子萌芽期抗旱性相关 QTL[111]。

四、谷子相关基因的精细定位、图位克隆

除了进行主要性状的 QTL 粗定位，已经有研究者利用分子标记将一些性状进行了精细定位甚至图位克隆。赵美丞利用 84133×张矮 10 号构建的重组自交系群体定位 84133 矮秆性状，利用 SSR、SNP 标记将半显性矮秆基因定

位于标记 Si332 和 Si188 之间 72kb 的范围内，定位区域候选基因分析发现 *Si039400m. g* 编码 DELLA 蛋白，为矮秆控制基因，并通过对水稻、谷子遗传转化进行了验证[112]。相吉山用谷子稀码突变体 *siaux1* 和 SSR41 杂交产生的 F_2 代隐性纯合突变株定位突变基因，通过 SSR、InDel 标记对亲本、混池筛选及隐性群体基因型鉴定和连锁分析将突变基因定位在标记In5-4153和 In5-42140 之间 602kb 的范围内，再经 MutMap 测序确定 *Seita. 5G387200* 为目标基因，并通过对水稻同源基因进行编辑缺失得到验证[113]。薛红丽等用谷子穗顶端败育突变体 *sipaa1* 与 SSR41 杂交产生 F_2 代隐性纯合株定位突变基因，再用 180 个 InDel 标记筛选亲本及隐性突变混合池，最终将突变基因定位在 In1-9. 23 与 In1-9. 322 之间约 100kb 范围内，结合基因功能注释、候选基因在谷子不同组织部位表达量以及转录组分析发现 *Seita. 1G106700* 和 *Seita. 1G107200* 为主要候选基因[114]。

第五节　基于全基因组关联分析鉴定谷子 QTL 位点

一、基于 SSR 标记的全基因组关联分析定位谷子 QTL 位点

除了基于杂交分离群体的定位研究，谷子基于自然群体的关联分析研究也不断增多。Gupta 等用 50 对 SSR 标记对 184 份谷子材料进行了基因型鉴定，并且连续 3 年对 20 个产量构成性状进行田间鉴定，关联分析鉴定到 8 个 SSR 标记与 9 个性状显著关联[115]。李剑峰等用 70 对多态性 SSR 标记鉴定 102 份谷子材料基因型，并在 4 个不同地理环境连续 2 年鉴定了这些谷子材料的 10 个农艺性状，关联分析获得了 5 个在吉林市、公主岭市稳定表达的标记位点 b115、MPGC13、b227、b194 和 p56，2 个在洛阳市稳定表达的标记位点 sigms9034、b125，2 个在乐东县稳定表达的位点 p18 和 p59，1 个在洛阳市和吉林市、公主岭市同时稳定表达的标记位点 p6[116]。

二、基于 SNP 标记的全基因组关联分析定位谷子 QTL 位点

谷子基因组测序的完成为利用重测序技术开发 SNP 标记开展关联分析奠定了基础。Jia 等首次对 916 份谷子材料重测序，并利用开发的 SNP 标记在 5 个不同环境对 47 个农艺性状进行关联分析，获得了 512 个关联位点[56]。贾小平等对 98 份谷子品种进行重测序，开发了 400 多万个 SNP 标记，并与抗倒伏性、株高、穗部性状进行关联分析，获得了与株高、抗倒伏性及穗重、穗长、穗粗等性状关联的 SNP 位点[117-119]。Jaiswal 等利用 GBS-ddRAD 技术对 142 份谷子资源测序开发 10k SNP 芯片，与 10 个主要农艺性状进行关联，鉴定了 81 个标记-性状关联（MTAs）[120]。Li 等对 888 份谷子材料进行谷瘟病鉴定，

利用72万个SNP标记开展全基因组关联分析，结果发现位于2号、9号染色体的两个基因组区域与谷瘟病抗性相关[121]。

第六节 谷子主要性状控制基因连锁标记的鉴定

一、谷子抗性、育性基因连锁标记鉴定研究

王志民最早把绿狗尾草抗氟乐灵除草剂基因定位到第9号染色体上，其最紧密的连锁标记为Xpsm176[1]。牛玉红等对由1对显性核基因控制的谷子抗除草剂烯禾啶种质抗性进行了分子标记，结果找到了与谷子抗除草剂基因连锁的两个AFLP标记AP1（M55/15）和AP2（M55/14），它们与该基因的遗传距离为6.3cM和2.9cM，可用于分子标记辅助选择[122]。袁进成等构建了Ms^{ch}不育/可育近等基因系（NILs），通过对400对AFLP引物组合进行筛选，找到了与不育基因紧密连锁的两个AFLP标记（P17/M37224和P35/M52208），与不育基因的遗传距离分别是2.1cM和1.4cM，而且位于不育基因的同一侧，标记间相距0.7cM，这两个AFLP标记可有效用于分子标记辅助选择育种[8]。

二、谷子重要性状连锁标记相关专利技术介绍

目前谷子一些重要性状紧密连锁标记被大量开发，并成功申请专利。如蔡伟等公开了一种与谷子叶片颜色基因紧密连锁的分子标记，将基因组DNA序列与谷子叶片颜色基因联系起来，有利于谷子分子标记辅助育种体系的建立，分子标记与谷子叶片颜色基因紧密连锁，遗传距离为1.5cM，可以简便、快速、高通量地应用于谷子育种实践和资源及品种鉴定[123]。张美萍等公开了一种谷子高叶酸的分子标记，该发明专利基于RNA转录组测序，分析谷子中与叶酸合成相关的差异基因表达，结合生物信息学分析方法，开发高叶酸谷子分子标记，在鉴定和选育高叶酸含量谷子品种中具有良好的应用前景[124]。表4-1归纳了近些年已申请专利的主要性状连锁分子标记，这些标记为开展谷子分子辅助选择育种提供了基础。

表4-1 已成功申请专利的谷子主要性状连锁标记

性状	连锁标记	专利公开号	发明人	发明单位
叶色	SIsv0704	CN108660236A	蔡伟等	深圳华大小米产业股份有限公司
叶色	SIsv0686	CN108660235A	袁国保等	深圳华大小米产业股份有限公司
叶色	SIsv0362	CN108660234A	邹洪锋等	深圳华大小米产业股份有限公司

（续）

性状	连锁标记	专利公开号	发明人	发明单位
叶色	SIsv0737	CN102154285B	张耕耘等	深圳华大基因科技有限公司
叶色	SIsv1363	CN102690811B	张耕耘等	深圳华大基因科技有限公司
叶色	SIsv0151	CN102154282B	张耕耘等	深圳华大基因科技有限公司
叶色	SIsv0690	CN102690810A	张耕耘等	深圳华大基因科技有限公司
刚毛颜色	SIsv0491	CN102690814A	张耕耘等	深圳华大基因科技有限公司
刚毛颜色	SIsv0235	CN102690815A	张耕耘等	深圳华大基因科技有限公司
刚毛颜色	SIsv0046	CN102154283A	张耕耘等	深圳华大基因科技有限公司
刚毛颜色	SIsv0701	CN102690813B	张耕耘等	深圳华大基因科技有限公司
叶鞘色	PL-07-106	CN107365873A	刘思辰等	山西省农业科学院农作物品种资源研究所
抗除草剂	SIsv0372	CN101974521B	张耕耘等	深圳华大基因科技有限公司
抗除草剂	SIsv1223	CN101985620A	张耕耘等	深圳华大基因科技有限公司
抗除草剂	SIsv0188	CN101985621B	张耕耘等	深圳华大基因科技有限公司
抗除草剂	SIsv0204	CN102115744A	张耕耘等	深圳华大基因科技有限公司
米粒颜色	SVmc3	CN106811508A	倪雪梅等	深圳华大农业与循环经济科技有限公司；深圳华大基因研究院
米粒颜色	SVmc4	CN106811465A	全志武等	深圳华大农业与循环经济科技有限公司；深圳华大基因研究院
米粒颜色	SVmc2	CN106811509A	全志武等	深圳华大农业与循环经济科技有限公司；深圳华大基因研究院
米粒颜色	SVmc1	CN106811464A	张耕耘等	深圳华大农业与循环经济科技有限公司；深圳华大基因研究院
株高	SIsv1099	CN108660237A	邹洪锋等	深圳华大小米产业股份有限公司
株高	SIsv0338	CN108660232A	杜国华等	深圳华大小米产业股份有限公司
株高	SIsv0053	CN101982545A	张耕耘等	深圳华大基因科技有限公司
株高	SIsv1118	CN101974520A	张耕耘等	深圳华大基因科技有限公司
株高	SIsv0641	CN102031259A	张耕耘等	深圳华大基因科技有限公司
株高	SIsv0115	CN102002497A	张耕耘等	深圳华大基因科技有限公司
株高	CAPS	CN113151551A	李雪垠等	山西农业大学
株高	Si5G271900C	CN114134247A	刁现民等	中国农业科学院作物科学研究所

（续）

性状	连锁标记	专利公开号	发明人	发明单位
茎粗	SNP	CN108642203A	赵治海等	张家口市农业科学院
码数	SNP	CN108774645A	赵治海等	张家口市农业科学院
穗重	SNP	CN108715900A	赵治海等	张家口市农业科学院
旗叶长	SNP	CN108642199A	赵治海等	张家口市农业科学院
旗叶宽	SNP	CN108728567A	赵治海等	张家口市农业科学院
穗长	SNP	CN108707683A	赵治海等	张家口市农业科学院
生育期	SVhd4	CN106916876A	全志武等	深圳华大农业与循环经济科技有限公司；深圳华大基因研究院
生育期	SVhd2	CN106916878A	全志武等	深圳华大农业与循环经济科技有限公司；深圳华大基因研究院
生育期	SVhd1	CN106916880A	张耕耘等	深圳华大农业与循环经济科技有限公司；深圳华大基因研究院
生育期	SVhd3	CN106916813A	倪雪梅等	深圳华大农业与循环经济科技有限公司；深圳华大基因研究院
抽穗期	SIsv0067	CN102690812B	张耕耘等	深圳华大基因科技有限公司
抽穗期	SIsv0832	CN102690818B	张耕耘等	深圳华大基因科技有限公司
抽穗期	SIsv0010	CN102154281A	张耕耘等	深圳华大基因科技有限公司
育性	SIsv1083	CN102807983B	张耕耘等	深圳华大基因科技有限公司；深圳华大基因研究院
育性	SIsv0377	CN102807982B	张耕耘等	深圳华大基因科技有限公司；深圳华大基因研究院
育性	SIsv0503	CN102807981B	张耕耘等	深圳华大基因科技有限公司；深圳华大基因研究院
育性	SIsv0057	CN102220321A	张耕耘等	深圳华大基因科技有限公司
抗拿捕净	SIsv1208	CN108660231A	邹洪锋等	深圳华大小米产业股份有限公司
抗咪唑乙烟酸	SIsv0456	CN108660233A	杜国华等	深圳华大小米产业股份有限公司
抗咪唑乙烟酸	SIsv0163	CN108660233A	邹洪锋等	深圳华大小米产业股份有限公司
抗咪唑乙烟酸	SV9、SV13	CN113584218A	汪杰等	重庆大学
抗咪唑乙烟酸	CAPS	CN106191081A	师志刚等	河北省农林科学院谷子研究所
颖壳颜色	MRI325	CN107385105A	王军等	山西省农业科学院谷子研究所；深圳华大小米产业股份有限公司

（续）

性状	连锁标记	专利公开号	发明人	发明单位
分蘖	MRI381	CN107475418A	王军等	山西省农业科学院谷子研究所；深圳华大小米产业股份有限公司
米色	HC06436、HC06250	CN106939342A	王军等	山西省农业科学院谷子研究所；深圳华大小米产业股份有限公司
花粉颜色	SIsv0553	CN102690819B	张耕耘等	深圳华大基因科技有限公司
花粉颜色	SIsv1241	CN102690816B	张耕耘等	深圳华大基因科技有限公司
花粉颜色	SIsv0659	CN102690817A	张耕耘等	深圳华大基因科技有限公司
花粉颜色	SIsv0408	CN102154284A	张耕耘等	深圳华大基因科技有限公司
糯质	InDel	CN102747153B	白辉等	河北省农林科学院谷子研究所
抗锈病	SNP＋InDel/SLAF-75316	CN103382471A	白辉等	河北省农林科学院谷子研究所
糊化温度	CAAS3020 和 SI038	CN107723377A	王永芳等	河北省农林科学院谷子研究所
黄色素	SNPPpsy11697	CN113403416A	刁现民等	中国农业科学院作物科学研究所
叶酸	SNP、KASP	CN114317810A	侯思宇等	山西农业大学
叶夹角	SIsv0523	CN113278719A	邹洪锋等	深圳市华大农业应用研究院
春谷/夏谷	InDel34	CN106868189A	刁现民等	中国农业科学院作物科学研究所

第七节　基于SNP标记单倍型分析研究基因表型效应

一、单倍型的概念

是单倍体基因型的简称，单倍型（haplotype）是重要的遗传学概念，是指共存于单条染色体上的一系列遗传变异位点的组合。每一条染色体都有自己独特的单倍型，在减数分裂过程中，同源染色体非姐妹染色单体之间的重组可以产生新的单倍型[125]。

二、单倍型分析特点

全基因组基因型分析技术能在全基因组水平上获得较好的基因组信息，却无法区分同源染色体等位基因的差异，忽略了等位基因间差异对基因表达、功能及其表型的影响[126]。而单倍型可以区分不同亲本染色体的遗传信息，深入了解单条染色体或特定单染色体区域不同遗传位点的组合及遗传，有助于杂种优势的探索及特定基因变异类型功能效应的揭示。

三、表达分析结合单倍型分析揭示谷子 *SiCCT* 基因光温响应特性及表型效应

（一）CCT 基因家族研究概述

植物通过调控开花时间来对环境做出自我适应，对谷类作物而言开花时间也是产量的主要决定因素。研究表明有许多基因家族一起参与植物开花调控过程，其中 CCT 结构域基因家族是在拟南芥中最早被报道的，CCT 结构域是由 CONSTANS（CO）蛋白、CO-LIKE 蛋白和 TIMING OF CAB1（TOC1）蛋白 C 末端的 43 个同源保守氨基酸序列组成[127-128]。根据 CCT 结构域基因中结构域的数量和类别，可划分为 CMF、COL 和 PRR 3 个亚家族，其中 COL 亚家族含有 B-box 锌指结构域和 1 个 CCT 结构域；PRR 亚家族含有 PRR 结构域和 1 个 CCT 结构域；而 CMF 亚家族只有 1 个 CCT 结构域[129]。Cockram 等通过对禾本科植物不同物种的 CCT 基因家族的 *CCT* 基因序列进行比对和系统发育分析，表明 CMF 亚家族是在单子叶植物/双子叶植物进化分支后，从 *COL* 基因的共同祖先进化演变而成的，推测 *COL* 基因的持续进化导致 B-box 结构域消失[130]。

虽然 CCT 基因家族参与对开花时间的调节，但是不同基因之间或相同基因在不同物种之间的功能存在差异。如水稻首先被克隆出来的 CCT 基因 *Hd1* 是拟南芥 *CO* 的同源基因，长日照（LD）处理可以推迟水稻抽穗开花，而在短日照（SD）处理促进水稻抽穗开花，与拟南芥 *CO* 基因有着截然相反的功能[131]。另外，不管是在 LD 条件下还是在 SD 条件下，*Hd1* 都节律性在夜间达到 1 个表达峰值，还可以通过影响每穗的小穗数（粒数）来控制水稻产量[132]。Wu 等克隆了 1 个 CCT 基因 *DTH2*，属于 COL 家族，在 LD 条件下通过上调成花素基因 *Hd3a* 和 *RFT1* 的表达来促进水稻提前开花[133]。2008 年薛为亚博士克隆的一因多效基因 *Ghd7*，属于 CMF 家族，其蛋白只有 1 个 CCT 结构域，LD 条件下，*Ghd7* 通过在 *Ehd1* 和 *Hd3a* 的上游起作用，并抑制 *Ehd1* 和 *Hd3a* 的表达，抑制水稻生殖发育，从而影响抽穗期、株高和产量[134]。刘海洋成功克隆一因多效基因 *Ghd7.1*，也称为 *OsPRR37* 或 *DTH7*，在叶片和幼穗中的相对表达比较高，影响着水稻发育情况，在 LD 条件下 *Ghd7.1* 不影响 *Hd1* 的表达，而对 *EHd1* 和 *Hd3a* 有显著的抑制作用[135]。谭俊杰发现 1 个定位在细胞核的 CCT 基因 *OsCOL10*，在 LD 和 SD 条件下均抑制水稻开花，还受到 *Ghd7* 的调控，表明 *OsCOL10* 是水稻中的开花抑制子[136]。

高粱、玉米和大麦中也有 CCT 基因的研究报道。Campoli 等对大麦中

Hd1 的同源基因 *HvCO1* 的研究中发现，不管长短日照，*HvCO1* 的过表达都上调了 *HvFT1* 的表达，影响花序的发育和茎的伸长，加速了开花进程，使大麦提前开花，然而却会使 SD 条件下野生型大麦开花推迟[137]。Hung 等人通过全基因组关联分析和靶向高分辨率连锁作图分析发现玉米的 *ZmCCT* 基因是水稻 *Ghd7* 的同源基因，与光周期密切相关，影响着昼夜表达模式[138]。Yang 等人的研究发现 *ZmCCT* 启动子中的 1 个 CACTA 转录元件可以抑制 *ZmCCT* 的表达，从而降低光周期敏感性，对促进开花有显著调控作用，使玉米在 LD 条件下可以传播种植[139]。在高粱中，*CO* 同源基因 *sbCO* 是 COL 亚家族 1 个成员，含有 B-box 锌指结构域和 1 个 CCT 结构域，在缺失 *sbGhd7* 和 *sbPRR37* 的背景下无论长日照还是短日照均能促进植株开花[140]。Murphy 等通过图位克隆得到 *Ma1* 基因，也就是 *SbPRR37*，该基因表达依赖于光，受生物钟的调控，在 LD 条件下促进开花抑制子 *CO* 的表达，进而抑制 *EHd1* 和 *FT* 的表达，减少了 *EHd1* 和 *FT* 的积累而推迟开花[141]。

上述研究表明，许多 CCT 基因都直接或者间接参与植物开花时间的调节，并起到关键的作用，在不同物种中具有一定保守性；同时也发现不同成员的具体功能与作用在物种间和物种内都发生了很大的分化[142]。本研究首先对谷子光周期相关基因 *SiCCT* 进行克隆以及生物信息学分析，并利用实时荧光定量 PCR 技术研究 *SiCCT* 基因的组织特异性表达和在不同光周期、不同光温组合条件下的表达模式；利用全基因组重测序技术，寻找候选基因的多态性位点，将多态性位点与株高、抽穗期、穗长、穗码数等性状之间进行关联分析，获得与性状显著相关的 SNP 位点，为进一步了解该基因在谷子光周期调控网络中的作用机理奠定基础。

（二）*SiCCT* 基因的克隆与生物信息学分析

1. 材料与方法

（1）实验材料　供试材料为谷子农家品种黄毛谷，来自中国河北，具有对光周期非常敏感的特性。

（2）主要实验器材　高速冷冻离心机（SIGMA 3K15，德国 Sigma 离心机公司），磁力加热搅拌器（常州金坛良友仪器有限公司），烘箱（天津泰斯特仪器有限公司），分析天平（北京永昌仪器仪表有限公司），气浴恒温振荡器（常州金坛良友仪器有限公司），液氮罐，半自动高压蒸汽灭菌器，数显恒温水浴锅（深圳市江承仪器有限公司），光照培养箱（青岛精诚仪器仪表有限公司），MG96＋型基因扩增仪（杭州晶格科学仪器有限公司），－20℃海尔冰箱，漩涡混合器（北京鼎国昌盛生物技术有限责任公司），微量取液器（德国 Eppendorf 公司），DYY-6C 型双稳定时电泳仪（北京市六一仪器厂），制冰机（日本三洋公司），超净工作台（江苏金坛仪器公司），电泳槽（北京君意东方电泳设备有限公司），WD-9403C型紫外仪（北京市六一仪器厂），凝胶成像系统（上海金鹏分析仪器有限公司），－80℃超低温冰箱（日本三洋公司），NanoDrop™ One微量紫外-可见光分光光度计［赛默飞世尔科技（中国）有限公司］，托盘天平。

（3）相关试剂　RNA提取试剂采用康为世纪有限公司的OmniPlant RNA Kit（DNase Ⅰ）；反转录采用宝生物（TaKaRa）公司的PrimeScript™ Ⅱ 1st Strand cDNA Synthesis Kit；PCR扩增采用宝生物（TaKaRa）公司的LA-*Taq*酶；DL2000 DNA Marker、Amp、DNA凝胶回收试剂盒购自北京全式金生物技术有限公司；Tris、$Na_2EDTA \cdot 2H_2O$、异戊醇、无水乙醇、胰蛋白胨、甘油、异丙醇、氯仿、酵母提取物、NaCl等购自北京索莱宝科技有限公司；克隆载体pBM16A、大肠杆菌感受态细胞DH5α均购自北京博迈德生物技术有限公司；质粒提取试剂盒购自北京康为世纪生物科技有限公司；基因特异性引物由北京鼎国昌盛生物技术有限责任公司合成；0.1% DEPC处理水、50×TAE由本实验室配制；基因测序由生工生物工程（上海）股份有限公司完成。

（4）常用溶液配制

①LB液体培养基：称取10g Tryptone，5g Yeast Extract和10g NaCl置于1L的玻璃烧杯中，然后加入800mL左右ddH_2O，充分溶解后再用2mol/L的NaOH溶液调节pH至7.0，加ddH_2O定容至1L。高温高压灭菌15min后，可放置在4℃储存备用。

②LB固体培养基：按照（1）中试剂配方称取试剂配制液体培养基100mL，再添加1.5～2.0g的琼脂粉，高温高压灭菌15min后需室温冷却，待温度降至约55℃时加入50mg/mL的氨苄青霉素溶液，缓慢摇匀后倒在灭菌后的培养皿中，等待琼脂凝固后使用，或经封口膜封装好后，放于4℃储存备用。

③50倍TAE缓冲液：分别称取242g Tris和37.2g $Na_2EDTA \cdot 2H_2O$于烧杯中，然后加入800mL的灭菌ddH_2O，混匀后加冰乙酸57.1mL，加ddH_2O定容至1 000mL，室温保存。需要使用的时候，稀释为1倍。

（5）谷子的种植及样品的处理与采集　选取同一个谷穗的种子均匀散播在营养土中，覆盖一层土，然后置于光照培养箱，昼夜温度25℃，光周期14h光照/10h黑暗，待萌发后长至2叶期，采用长日照处理（16h光照/8h黑暗）；长日照处理2周后，用无菌干净的剪刀剪取谷苗完全展开的功能叶片，所有取材均用液氮速冻后于－70℃保存。

（6）RNA的提取与纯化　实验前将超净工作台用75%酒精擦拭干净，紫外线杀菌30min；所用研钵及其他器械进行严格灭菌，防止RNase污染，戴好手套及口罩，实验过程少说话。RNA 提取的具体操作步骤如下：

①样品处理：从超低温冰箱中取黄毛谷的新鲜叶片若干，放于预冷后的研钵中加入液氮迅速研磨，研磨期间需要不断加入液氮，直至叶片成粉末状态，取 50～100mg 叶片粉末加入含有 500μL Buffer RLS 的 1.5mL 离心管中，然后立即置于漩涡混合仪剧烈振荡混匀。

②然后将离心管置于高速冷冻离心机中，在 4℃下 12 000r/min(～13 400×g)离心 3min。

③待离心机停止转动，小心取出离心管，将上清液转移至装有收集管的过滤柱（Spin Columns FS）中，枪头尽量不要取到中间层杂质；在 4℃下 12 000r/min（～13 400×g）离心 1min，然后用无 RNA 酶枪头吸取收集管中的溶液，并转移进新的离心管。

④在离心管中加入 0.5 倍溶液体积的无水乙醇，轻轻混匀后将得到的溶液与沉淀一起转入已装入收集管的吸附柱（Spin Columns RM）中，4℃ 12 000r/min（～13 400×g）离心 1min，倒掉收集管中的废液。

⑤向吸附柱 RM 中加入 350μL Buffer RW1 溶液，4℃12 000r/min(～13 400×g)离心 1min，再次倒掉废液，吸附柱重新归位。

⑥准备配制 DNase Ⅰ反应液：将 52μL RNase-free 水与 8μL 10×Reaction Buffer 以及 20μL DNase Ⅰ（1U/μL）加到同一个离心管中，用手指轻弹混匀，瞬时离心后备用。

⑦向吸附柱 RM 正中心直接加入 80μL DNase Ⅰ混合反应液，20～30℃保温孵育 15min，以充分去除基因组 DNA。

⑧向吸附柱 RM 中加入 350μL 的 Buffer RW1 溶液，4℃ 12 000r/min(～13 400×g)离心 1min，倒掉废液，将吸附柱再一次放回收集管中。

⑨向吸附柱 RM 中加入已经添加无水乙醇的 500μL Buffer RW2 溶液，4℃12 000r/min（～13 400×g）离心 1min，倒掉废弃液，将吸附柱再一次重新放回收集管中。该步骤重复一次。

⑩将吸附柱 RM 放入离心机，4℃ 12 000r/min（～13 400×g）离心 3min。以去除残留的乙醇，避免影响后续实验。

⑪将吸附柱 RM 装入新的 1.5mL 无 RNA 酶的离心管中，向吸附膜的中间部位悬空滴加 40μL 左右的 RNase-Free 水，室温放置 3～5min，4℃ 12 000r/min（～13 400×g）离心 1min，然后将收集到的 RNA 溶液保存在－80℃超低温冰箱，防止降解，并做好标记。

（7）cDNA 合成　反转录采用宝生物（TaKaRa）PrimeScript™ Ⅱ 1st Strand cDNA Synthesis Kit，将 RNA 反转录为 cDNA，反应体系为 20μL，具体操作步骤如下：

①按照表 4 - 2 中的体系在冰上配置反转录的混合液，混匀后瞬时离心，置于 PCR 仪中，65℃孵育保温 5min，然后置于冰上快速冷却。

表 4 - 2　反转录混合液

组分	体积
Oligo dT Primer（50μmol/L）	1μL
dNTP Mixture（10mmol/L each）	1μL
Total RNA	3（1 000ng）
RNase-Free dH_2O	补足至 10μL

②按照表 4 - 3 中反转录的体系配制混合液。

表 4 - 3　反转录反应体系

组分	体积
①中变性后反应液	10μL
5×PrimeScript™ Ⅱ Buffer	4μL
RNase Inhibitor（40U/μL）	0. 5μL
PrimeScript™ Ⅱ RTase（200U/μL）RNase-Free	1μL
ddH_2O	补足至 20μL

③轻弹缓慢混匀，瞬时离心。

④放入 PCR 仪中，42℃保温孵育 50～60min。

⑤95℃保温 5min 使酶失活之后，放于冰上冷却，得到的 cDNA 可直接使用或－20℃低温保存用于后续实验。

（8）引物设计　通过生物信息学方法以薛为亚报道的水稻 *Ghd7* 基因序列为参照[134]，在谷子基因组数据库网站 Phytozome（http：//phytozome-next. jgi. doe. gov）通过 Tools→BLAST 同源搜索，获得谷子中同源性最高的转录序列，根据此序列采用软件 Primer Premier 5. 0 设计基因引物，获得 *SiCCT* 基因特异性引物序列，引物信息见表 4 - 4。

表 4 - 4　*SiCCT* PCR 引物序列

基因	引物序列（5′—3′）	退火温度（℃）	预期片段大小（bp）
SiCCT	F：TGGGAGGAGGAAGAGAGGAG R：CTTCTTCAGGTCCGTGGCTA	58	1 160

（9）PCR 扩增及电泳检测　PCR 反应体系及循环程序如下。

①扩增体系（25μL）（表 4 - 5）：

表 4-5　扩增体系

组分	体积
模板 cDNA	1.0μL
2×GC Buffer Ⅰ	12.5μL
dNTP（2.5mmol/L）	2.0μL
引物 F	1.0μL
引物 R	1.0μL
LA-*Taq*	0.25μL
ddH_2O	补足至 25μL

②PCR 扩增程序：

94℃	4min	
94℃	30sec	34 个循环
58℃	30sec	
72℃	30sec	
72℃	5min	

③电泳检测：配制 1.2%琼脂糖凝胶，电泳检测有无扩增目的条带，并于凝胶成像仪上拍照记录。

（10）PCR 产物回收纯化　将含有目标片段的 PCR 产物在 1%的琼脂糖凝胶中电泳，回收纯化目标片段，具体操作步骤参考全式金 DNA 琼脂糖凝胶回收试剂盒。

连接转化：将纯化后的目的片段，采用 pBM16A Toposmart 克隆试剂盒进行连接，转化 DH5α 大肠杆菌感受态细胞，连接体系如表 4-6 所示。

表 4-6　连接体系

组分	体积
目的片段	8μL
pBM16A Vector	1μL
10×Toposmart	1μL
ddH_2O	补足至 10μL

（11）阳性克隆的筛选

①使用无菌牙签挑取单菌落，将菌落加入到 1mL 含有 50mg/L Amp 的 LB 液体培养基中，37℃、200r/min 振荡培养 8h 后，取 1μL 菌液作为模板，用 M13 引物进行菌落 PCR 检测。

②菌落 PCR 扩增体系为 20μL，含 2μL 10×Buffer、1.6μL 2.5mmol/L dNTPs、1.6μL 25mmol/L $MgCl_2$、0.6μL 10pmol/μL 正反向引物、1μL 菌液、0.4μL *Taq* 酶、12.2μL ddH_2O。

③PCR 扩增程序：95℃预变性 4min；随后 94℃变性 30s、56℃退火 30s、72℃延伸 90s，共 34 个循环；72℃再延伸 5min。1%琼脂糖凝胶电泳检测 PCR 扩增产物，选择阳性菌液送往生工生物工程（上海）股份有限公司测序。

SiCCT 基因生物信息学分析：利用 Scan Prosite 软件分析蛋白保守结构域；利用 DISPHOS 软件预测蛋白的磷酸化位点；通过 SOPMA 和 SWISS-MODEL 软件来完成蛋白质的二级和三级结构预测；从 NCBI（https://blast.ncbi.nlm.nih.gov/Blast.cgi）和 Phytozome 数据库（https://phytozome-next.jgi.doe.gov）下载不同物种同源基因蛋白序列，使用 MEGA 7.0 软件构建系统发育进化树。

利用在线软件 Expasy 分析 *SiCCT* 基因编码蛋白的亲/疏水性；通过 ProtParam 在线工具对蛋白理化性质进行分析；用 TMHMM Server v. 2.0 预测蛋白是否含有跨膜结构；使用 SignalP 4.0 和 Cell-PLoc 在线工具进行信号肽和亚细胞定位预测。

2. 结果与分析

黄毛谷总 RNA 的提取：以长日照条件下处理的黄毛谷叶片为材料，提取总 RNA，经琼脂糖凝胶电泳检测，可以看到 28S rRNA 和 18S rRNA 条带清晰，且 28S rRNA 条带的亮度大约是 18S rRNA 条带的 1～2 倍（图 4-1）。经过超微量分光光度计检测，$OD_{260/280}$ 均在 1.97～2.10 之间，说明总 RNA 完整性比较好，基本没有降解，可以进行后续实验。

SiCCT 基因的克隆及测序：以黄毛谷叶片总 RNA 反转录得到的 cDNA 为模板，使用特异性引物 SiCCT-F/R 进行 PCR 扩增，扩增产物经电泳检测得到一条清晰、明亮的特异性条带（图 4-2），大小在 1 000～1 500bp 之间，与

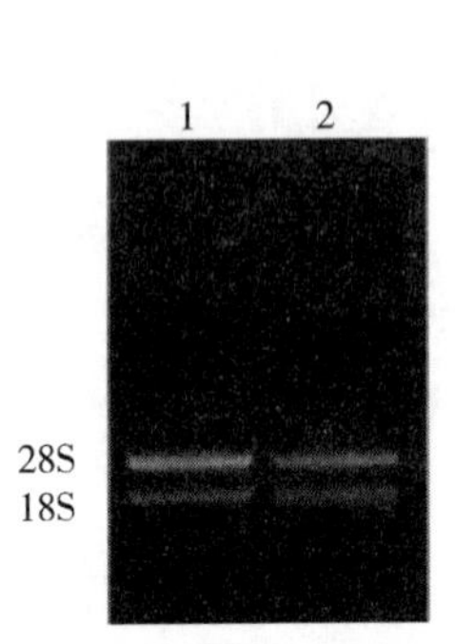

图 4-1　黄毛谷叶片总 RNA 电泳结果

1、2. 所提取的两管 RNA

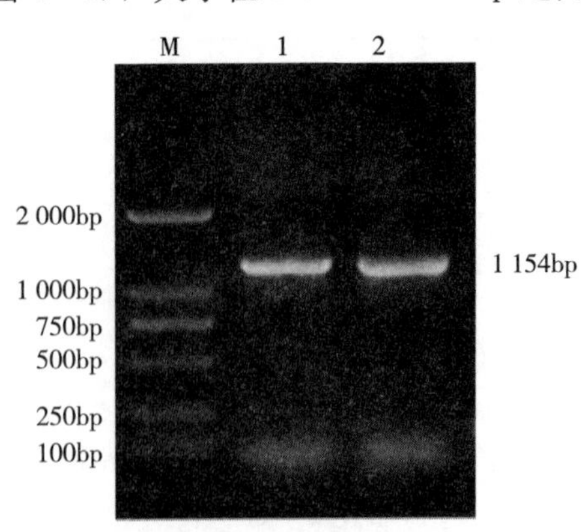

图 4-2　*SiCCT* 的基因 RT-PCR 产物电泳结果

M. Marker DL2000

1、2. 两管 RT-PCR 产物

预期目的片段 1 160bp 相接近。

将 RT-PCR 扩增产物经纯化后连接到 pBM16A 克隆载体上，再转化大肠杆菌 DH5α 感受态细胞，挑选阳性菌液送往生工生物工程（上海）股份有限公司进行测序，获得大小为 1 154bp 的 cDNA 序列，该序列的 CDS 全长 861bp（图 4-3），编码 286 个氨基酸（图 4-4）。

5′-TGGGAGGAGGAAGAGAGGAGCCGCCAAGAGAGAGCGAGCTCT
TTCCATCAAGAGAGAGAGAGAGAGAGAGAGAGAGAGAGAGAGAG
AGAGAGAGAGAGAGAGCTCATAGGTGCGTGCGCACGGCGACGTCGTCG
TACGTAGG**ATG**TCGGCGTCGGCGTCGGGCGCCGCGTGCCGCGTGTGCG
GTGGCGTCGGGGAGTGCGCATGCCATGGCTACGGGCACGGGATCGGC
GGCGCGCGGTGCGGCGGGGTCGCTGTTGCCGACCTCAGCCGCGGGTTC
CCCGGGATGTGGCACCAGGCGGAGGAGGAGCCTGGCGTCGTCGTCGGC
GGAGGCGCGGCGGCGGCAGCGGGGCTGCAGGAGTTCCAGTTCTTTGGC
CACGACGAGGATCACGAGAGCGTGACGTGGCTGTTCAACGACCCAGC
GCCCCACCTGCACCGCGGCCCGGCGCCGGCCGCGGTCGGGAACGGGGTG
GCCGACGCCGAGCAGCGGAGGGCGCCGCCGTTATTCGACGGGTACGCG
CACGCGCAGTACGGCCAGACGTTGCCGGGCCATGGGCTCACGTTCGAC
GTGCCGCTGAGCCGGGGAGGTGAGGTGGCCGCCGCGGCGGTCCTGGAG
GCCGGGCTGGGGCTCGGCGGCGGCGGCAGCAACCCGGCGACGTCCAGC
GCCAAAATCATGTCCTTCTGCGGGAGCACGTTCACTGACGCGGCGAGC
TCCGTTCCGGGCGAGGTCGTCGCGGCGGCGGCCAACGGGAGCTCCGGC
GGCGGCGTCGTGGACCCGACGATGGACCGGGAGGCGAAGGTGATGCG
GTACAAGGAGAAGCGGAAGCGGAGGCGCTACGAGAAGCAAATCCGC
TACGCCTCCCGCAAGGCCTACGCCGAGATGCGGCCGCGCGTCAAGGGC
CGATTCGCCAAGGTGCCTGACGGCGAGGCCCCGGCGCCACCGGCGGCC
GCCGCCGCCGCGGGCTATGAGCCCGGCCGGCTCGATCTCGGGTGGTTC
CGTTCA**TAG**CGAGGATGTACACGTAACGTACGTATATGCCGGCCGGC
CGGAGCAATTTAGCTAGCATAGGCCGTTGATGATTAATTTAAGGCA
CGTAGATAAATACGAACGGAAATGTATACGTGATCGACGCATGACT
AGCCACGGACCTGAAGAAG-3′

图 4-3　*SiCCT* 基因 cDNA 序列

注：长下划线为引物序列，粗体下划线分别为起始密码子和终止密码子

```
        10         20         30         40         50         60
MSASASGAAC RVCGGVGECA CHGYGHGIGG ARCGGVAVAD LSRGFPGMWH QAEEEPGVVV

        70         80         90        100        110        120
GGGAAAAAGL QEFQFFGHDE DHESVTWLFN DPAPHLHRGP APAAVGNGVA DAEQRRAPPL

       130        140        150        160        170        180
FDGYAHAQYG QTLPGHGLTF DVPLSRGGEV AAAAVLEAGL GLGGGGSNPA TSSAKIMSFC

       190        200        210        220        230        240
GSTFTDAASS VPGEVVAAAA NGSSGGGVVD PTMDREAKVM RYKEKRKRRR YEKQIRYASR

       250        260        270        280
KAYAEMRPRV KGRFAKVPDG EAPAPPAAAA AAGYEPGRLD LGWFRS
```

图 4-4　*SiCCT* 基因编码的氨基酸序列

SiCCT 基因编码蛋白结构域分析：通过在线软件对蛋白质保守结构域进行预测，只发现一个 CCT 功能结构域，位于 *SiCCT* 编码蛋白质第 215～257 个氨基酸序列之间，因此 *SiCCT* 基因是 CCT 基因家族中 CMF 亚家族一员（图 4-5）。

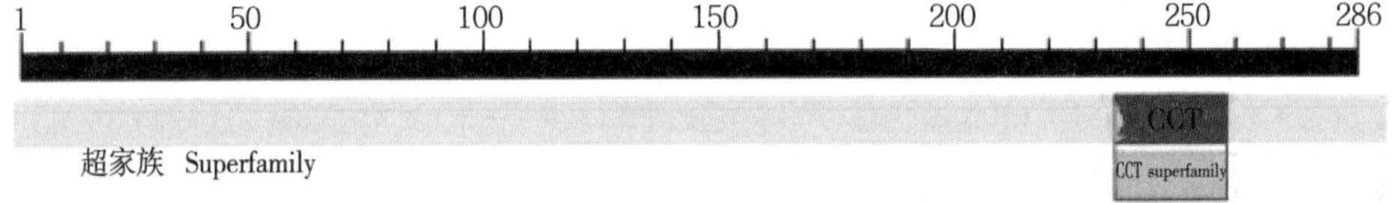

图 4-5　*SiCCT* 基因编码蛋白质的保守结构域预测

SiCCT 蛋白质磷酸化位点的预测与分析：利用 DisProt（https://dabi.temple.edu/external/disprot/predictor.php）预测 *SiCCT* 基因编码的蛋白质的磷酸化位点（图 4-6），在 SiCCT 蛋白的多肽链中丝氨酸（Ser）、苏氨酸（Thr）和酪氨酸（Tyr）都可能发生磷酸化，丝氨酸磷酸化修饰位点共有 17 个（分别在第 2、4、6、42、84、145、167、172、173、178、182、189、190、203、204、239、286 位的氨基酸），较易发生磷酸化的位点有 6 个，分别在 2、167、172、204、239、286 位氨基酸，其中在第 239 位氨基酸处预测的分值最高，达到 0.944；苏氨酸磷酸化修饰位点有 7 个（分别在第 86、132、139、171、183、185、212 位的氨基酸），较易发生磷酸化的位点有 3 个，分别在 171、183、212 位氨基酸，而且在 212 位的可能性最高，预测分数为 0.956；酪氨酸磷酸化修饰位点有 8 个（分别在第 24、124、129、222、231、237、243、274 位的氨基酸），较易发生磷酸化的位点有 5 个，分别在 124、129、237、243、274 位氨基酸，而且在 243 位的可能性最高，预测分数为 0.899。

SiCCT 基因编码蛋白空间结构预测分析：对 *SiCCT* 基因编码蛋白进行二级结构预测，结果发现 SiCCT 蛋白的二级结构组成与其他物种中的同源蛋白

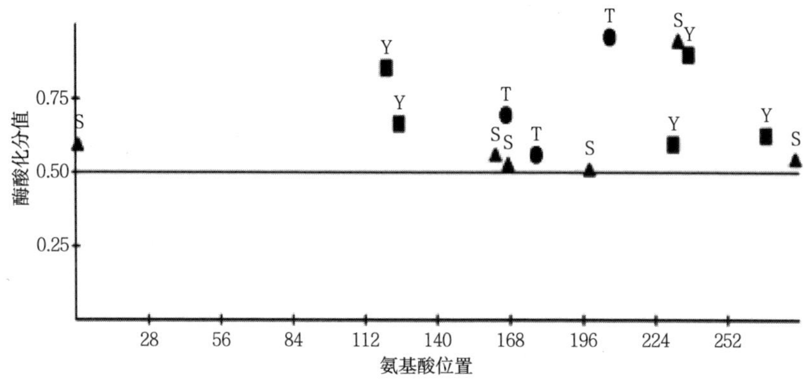

图 4-6　SiCCT 蛋白磷酸化位点的预测

类似，均以 α 螺旋和无规则卷曲为主，其中无规则卷曲 140 个，所占比例为 48.95%；α 螺旋有 92 个，所占比例为 32.17%；延伸链共有 36 个，所占比例为 12.59%；β 转角有 18 个，所占比例为 6.29%（图 4-7）。SiCCT 蛋白质三级结构模型如图 4-8。

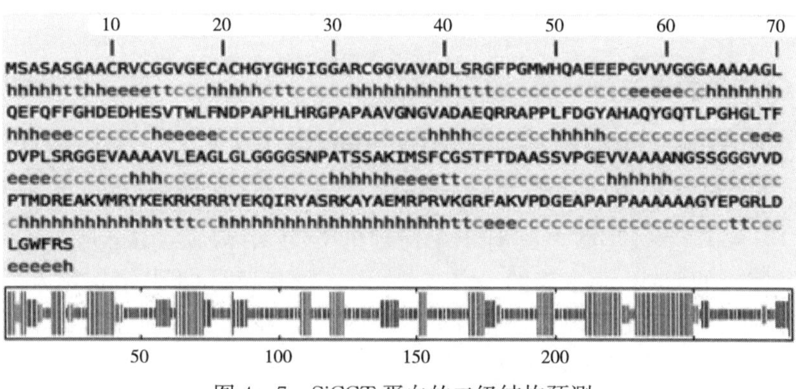

图 4-7　SiCCT 蛋白的二级结构预测

c. 无规则卷曲　e. 延伸链　h. α-螺旋；t：β-转角

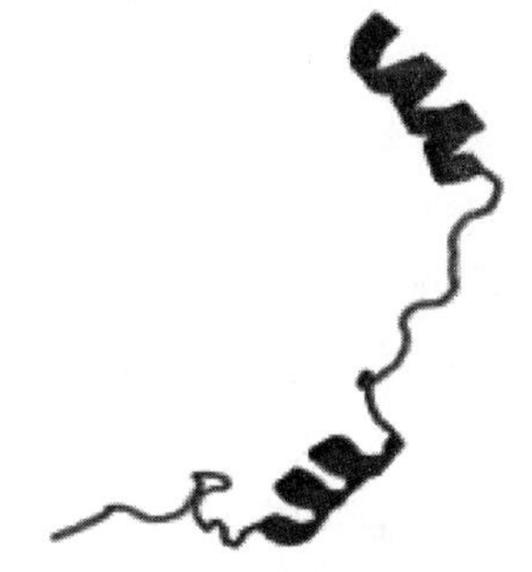

图 4-8　SiCCT 蛋白的三级结构预测

基于SiCCT蛋白序列的系统发育树构建：在NCBI数据库中下载水稻（XM _ 015757733.2）、玉米（XM _ 008660049.2）、高粱（XM _ 002464888. 2）、节节麦（XP _ 020151451.1）、海枣（XP _ 008796123.1）和二穗短柄草（XM _ 003574283.3）6个物种的*SiCCT*同源基因氨基酸序列构建系统发育进化树，结果显示，谷子与玉米和高粱的同源性最高，其次是水稻（图4-9）。

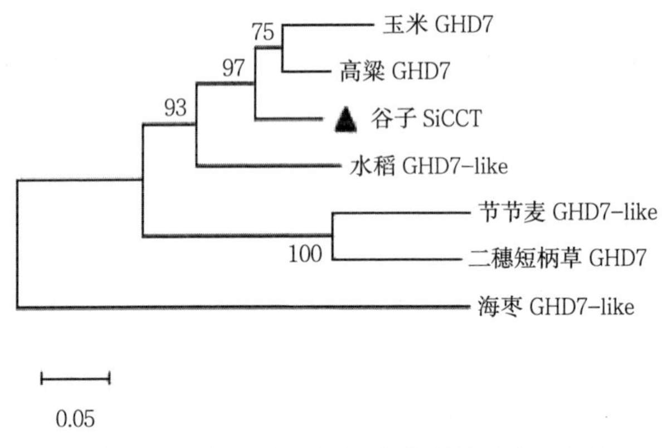

图4-9　基于SiCCT蛋白序列的系统发育树构建

3. 讨论

本研究以黄毛谷为实验材料，克隆获得一个大小为1 154bp的*SiCCT*基因片段，序列分析表明*SiCCT*的CDS区全长861bp，编码286个氨基酸，在第215～257个氨基酸之间有1个保守的CCT结构域，这表明*SiCCT*属于CCT家族的CMF亚家族的一名成员[129]。研究表明CCT结构域家族基因一般都与植物的开花调控密切相关，*SiCCT*与水稻中的多效性基因*Ghd7*同源，都属于CMF亚家族，推测*SiCCT*基因可能具有与其相同或者类似的功能，能够影响谷子的抽穗期、株高等相关性状，进而影响产量[143]。磷酸化位点的预测分析表明SiCCT蛋白存在多个丝氨酸、苏氨酸和酪氨酸位点，可能发生磷酸化，表明SiCCT可能在信号传导和基因表达调控方面发挥着一些比较重要的作用。系统发育树表明谷子与玉米和高粱以及水稻的CCT蛋白进化关系比较近，这些物种间的CCT基因保守性和同源性很高，很可能有着类似的功能。本研究对黄毛谷*SiCCT*基因的克隆以及生物信息学分析，将为进一步研究其在谷子中相对表达情况及其在光周期调控的作用机制提供基础。

（三）*SiCCT*基因的光周期响应特性

1. 材料与方法

（1）实验材料　黄毛谷。

（2）主要实验器材　高速冷冻离心机，烘箱，分析天平，气浴恒温振荡器，液氮罐，半自动高压蒸汽灭菌器，数显恒温水浴锅，光照培养箱，MG96＋型基因扩增仪（杭州晶格科学仪器有限公司），海尔冰箱，漩涡混合器（北京鼎国昌盛生物技术有限责任公司），微量移液枪，DYY-6C型双稳定时电泳仪（北京市六一仪器厂），制冰机，超净工作台，水平电泳槽（北京君意东方电泳设备有限公司），凝胶成像系统，－80℃超低温冰箱，Thermo Multiskan GO酶标仪（赛默飞世尔科技中国有限公司），掌上离心机，Roche Light Cycler 96实时定量PCR仪，托盘天平等。

（3）相关试剂　Ultrapure RNA Kit超纯RNA提取试剂盒购自北京康为世纪生物科技有限公司；PrimeScript™ RT reagent Kit with gDNA Eraser（Perfect Real Time）、TB Green® *Premix Ex Taq*™ Ⅱ（Tli RNaseH Plus）等购自宝生物（大连）有限公司。

（4）谷子材料的光周期处理　选取黄毛谷饱满单穗种子均匀散布在营养土中，于10cm×10cm塑料小方盆中种植，共种植40盆，每盆种有8～10粒种子，覆盖一层薄土，然后置于光照培养箱培养，昼夜温度25℃，光周期设置为12h光照/12h黑暗。待萌发长至2叶期，分别进行两种不同光周期处理：长日照处理（15h光照/9h黑暗），温度25℃；短日照处理（9h光照/15h黑暗），温度25℃。待3叶期对植株进行间苗，每盆留苗4株。

（5）样本的采集与保存

组织特异性表达分析材料的采集：长日照条件下取黄毛谷营养生长期的根、茎节、叶片、叶鞘、茎结和生殖生长期的幼穗、穗颈作为实验材料，每个样品取3个重复；用剪刀迅速剪下不同组织材料，放入2mL离心管中，然后迅速放进液氮中进行速冻，保存于－80℃冰箱中。

昼夜表达分析材料的采集：在不同光周期条件下处理的植株，待长至5～6叶期，剪取完全展开的顶叶和第二叶片为组织样品材料，昼夜24h内每隔3h取一次，每个时间点重复取样3次，连续48h取样。用剪刀迅速剪下叶片放入2mL离心管中，然后迅速放进液氮中速冻，保存于－80℃冰箱中。

不同叶期表达分析材料的采集：在不同光周期条件下处理后的植株，长至3叶期开始采样，每个叶期取一次样，采样时间在每天光照3h之后，采集完全展开的顶叶和第二片叶为实验材料，每个叶期取3个重复，直到抽穗。用剪刀迅速剪下叶片，装入2mL离心管中，然后迅速放进液氮中速冻，保存于－80℃冰箱中。

（6）黄毛谷总RNA提取　不同光周期处理后采集的各种植物材料总RNA提取具体步骤参考Ultrapure RNA Kit超纯RNA提取试剂盒说明。

（7）黄毛谷总RNA的检测　1％琼脂糖凝胶电泳检测RNA的完整性，用

Thermo Multiskan GO 酶标仪检测 RNA 的纯度和浓度，并记录数据。

（8）RNA 的反转录及内参基因扩增　反转录使用宝生物的 PrimeScript™ RT reagent Kit with gDNA Eraser (Perfect Real Time) 试剂盒，将 RNA 反转录为 cDNA。用 1 000ng 总 RNA，配制 20μL 体系。基因组 DNA 去除反应体系如表 4-7所示。

表 4-7　基因组 DNA 去除体系

组分	体积
5×gDNA Eraser Buffer	2.0μL
gDNA Eraser	1.0μL
Total RNA	—
RNase-Free dH_2O	补足至 10μL

①将表 4-7 体系溶液混匀后瞬时离心，置于 42℃加热 2min 后取出来放于冰上迅速冷却。

②按照表 4-8 中反转录体系配制预混合液。

表 4-8　反转录反应体系

组分	体积
步骤①中的反应液	10.0μL
PrimeScript™ RT Enzyme Mix Ⅰ	1.0μL
RT Primer Mix	4.0μL
5×PrimeScript™ Buffer 2 (for Real Time)	4.0μL
RNase-Free dH_2O	1.0μL
总体积	补足至 20μL

③用手轻弹充分混匀，放于 PCR 仪中，37℃孵育 15min。

④继续于 PCR 仪中 85℃加热 5s 使酶失活，立即放于冰上冷却，得到的 cDNA 可直接用于后续的实验。

⑤将④中反转录后的 cDNA 用内参基因引物 SiActin-F/SiActin-R 扩增，扩增后进行琼脂糖凝胶电泳检测。

（9）特异性引物设计　利用软件 Primer Premier 5.0，根据克隆的 *SiCCT* 基因 cDNA 序列的编码区来设计 *SiCCT* 基因的实时荧光定量特异性引物和谷子内参引物，各引物序列如表 4-9 所示，交由北京鼎国昌盛生物技术有限责任公司合成。

表 4-9　*SiCCT* 特异性引物及内参引物信息

基因	引物序列（5′-3′）
SiCCT-F-RT	CAGCGCCAAAATCATGTCC
SiCCT-R-RT	GTCAGGCACCTTGGCGAATC
SiActin-F	GGCAAACAGGGAGAAGATGA
SiActin-R	GAGGTTGTCGGTAAGGTCACG

（10）*SiCCT* 基因的实时荧光定量表达分析　将反转录好的 cDNA 作为 Real-time PCR 的模板，用引物 SiCCT-F-RT/SiCCT-R-RT 扩增 *SiCCT* 基因的特异保守片段，同时以引物 SiActin-F 和 SiActin-R 扩增产物作内参，每个样品做 3 个重复，方法参照 TB Green™ *Premix Ex Taq*™ Ⅱ（Tli RNaseH Plus）的试剂说明书，步骤如下：

①在 0.2mL 实时荧光定量专用离心管中配制以下反应液，总体积 10μL（注意：冰上避光操作），反应体系如表 4-10 所示：

表 4-10　qRT-PCR 反应体系

试剂	体积
cDNA	1.0μL
TB Green™ *Premix Ex Taq*™ Ⅱ（Tli RNaseH Plus）	5.0μL
Forward Primer（10μmol/L）	1.0μL
Reverse Primer（10μmol/L）	1.0μL
ddH_2O	2.0μL
总体积	10μL

②轻轻混匀，使用掌上离心机瞬时离心。

③使用 Roche Light Cycler 96 实时荧光定量 PCR 仪，采用两步法 PCR 反应程序，设置如下：

95℃　　30s

95℃　　5s
60℃　　30s　} 40 个循环

Melt Curve

④分析得到的扩增曲线、溶解曲线，并计算 ΔΔCT 值，采用 $2^{-\Delta\Delta CT}$ 计算相对表达量分析方法进行相对表达量分析。

2. 结果与分析

不同处理材料总 RNA 的提取：提取的不同处理材料的总 RNA，经 1%琼脂糖凝胶电泳检测后，28S rRNA 和 18S rRNA 条带清晰，加样孔干净无杂质，基本无拖尾（图 4-10），经过 Thermo Multiskan GO 酶标仪测定，所提取样本的总 RNA 的 $OD_{260/280}$ 均在 1.97～2.21 之间，说明 RNA 完整性好，基本无降解。以 RNA 反转录后合成的 cDNA 为模板，用内参基因特异引物扩增，均能扩增出预期条带（图 4－10），说明反转录合成的 cDNA 质量较高，能够满足后续荧光定量 PCR 实验要求。

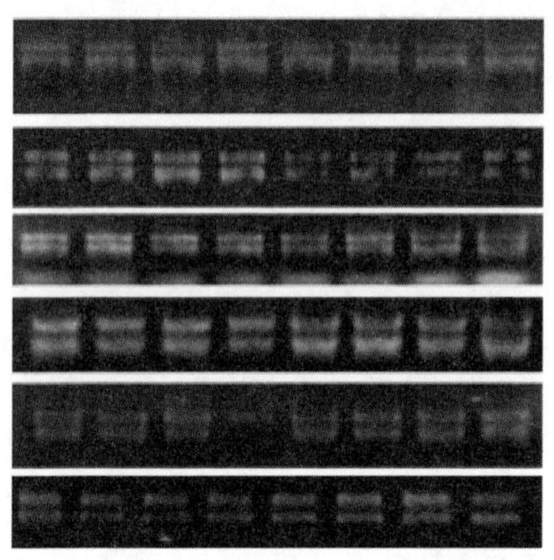
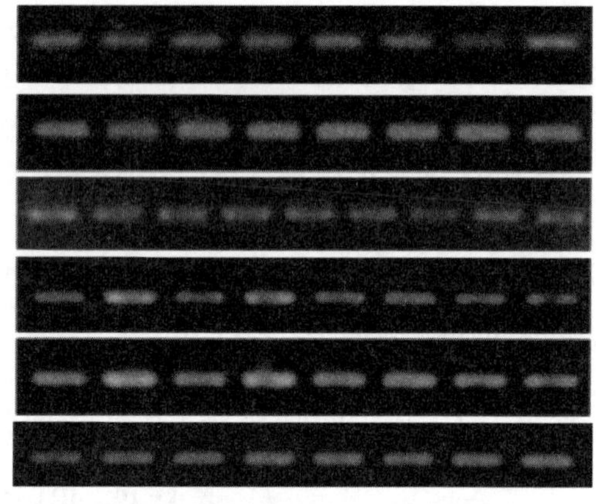

图 4－10　部分样本的总 RNA（左）及对应内参基因扩增产物（右）电泳结果

SiCCT 基因在不同组织中的表达分析：通过实时荧光定量 PCR 技术检测 *SiCCT* 基因在黄毛谷的根、茎节、叶片、茎结、叶鞘、穗和穗颈 7 个不同器官和组织部位的相对表达情况。如图 4－11 所示，*SiCCT* 基因在根、茎节、叶片、茎结、叶鞘、穗和穗颈 7 个不同器官和组织中都检测到有表达，而叶片中的相对表达量最高，其次是穗和叶鞘，在根部的相对表达量最低。

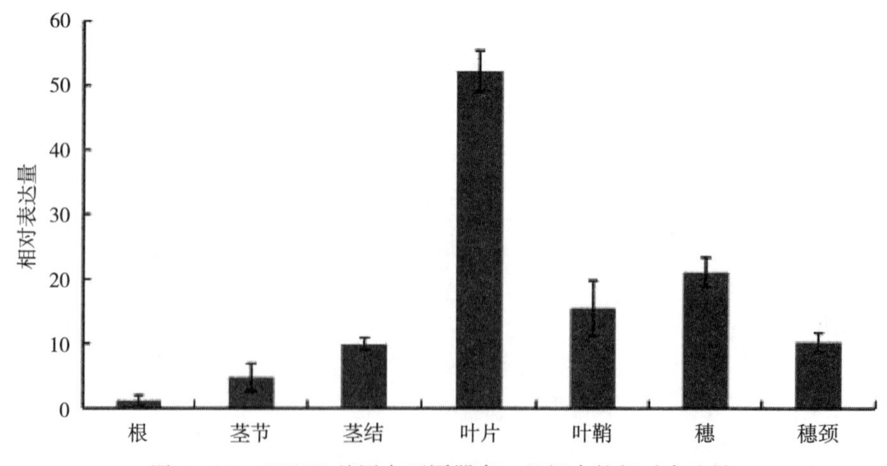

图 4－11　*SiCCT* 基因在不同器官、组织中的相对表达量

不同光周期条件下 *SiCCT* 基因昼夜表达分析：本研究通过设置长日照和短日照 2 个不同光周期条件，根据 *SiCCT* 基因在不同组织中的表达情况，

选择以人工温室培养条件下黄毛谷营养生长期的叶片为材料，24h 内每隔 3h 取一次样，连续取样 48h，以研究 *SiCCT* 在连续两天中昼夜表达的变化情况。

由图 4 - 12 中实时荧光定量 PCR 结果可以看出，在短日照条件下，*SiCCT* 基因在光周期敏感材料黄毛谷叶片中的相对表达呈现出 24h 昼夜节律性。黄毛谷叶片中 *SiCCT* 的表达在光照开始 3h 后有 1 个峰值，然后迅速下降，在光照结束后表达量降到最低，然后在黑暗 9h 的时候开始缓慢上升，再经历 3h 达到 1 个峰值，然后缓慢下降；当光照再次开始之后，*SiCCT* 基因在叶片中的表达呈现上升趋势，在见光 3h 后再一次达到高峰，随后又逐渐下降，在光照结束后达到一个较低的水平，直到黑暗结束前 3h 达到 1 个小高峰。*SiCCT* 的表达在一天之内有 2 个峰，不过白天 *SiCCT* 基因在黄毛谷叶片中的相对表达峰值是晚上峰值的 2 倍左右。

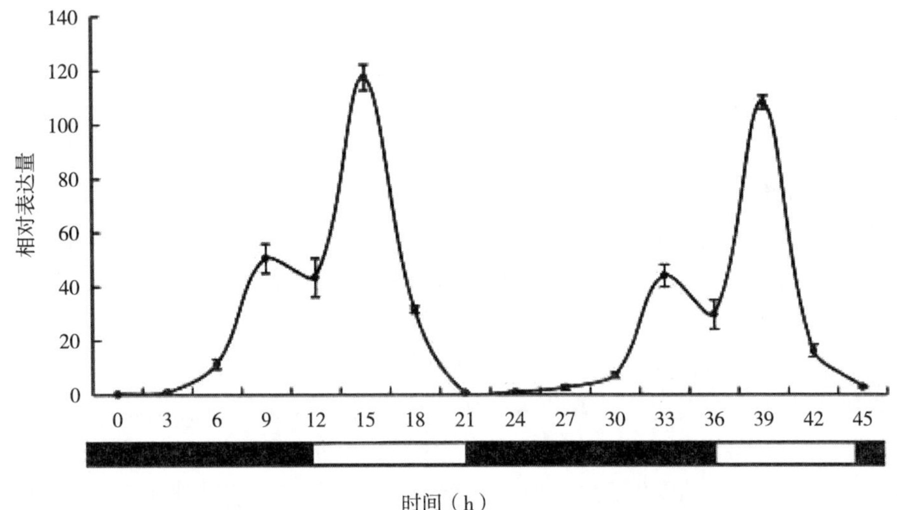

图 4 - 12　短日照条件下 *SiCCT* 基因的昼夜表达模式

由图 4 - 13 实时荧光定量 PCR 结果可以看出，在长日照条件下，黄毛谷叶片中 *SiCCT* 基因的相对表达也呈现出 24h 节律表达规律，与在短日照条件下相同的是在光照 3h 后达到峰值，但在长日照条件下，黄毛谷的叶片中 *SiCCT* 基因 24h 的节律表达中只出现了 1 个峰值。长日照条件下，*SiCCT* 基因的相对表达只在光照开始的 3h 后有 1 个峰值，随后逐渐下降，在见光 12h 后一直处于较低的水平，直到光照开始，*SiCCT* 基因的相对表达水平再次上升。

不同光周期条件下 *SiCCT* 基因在不同叶期的表达分析：前面的研究结果表明 *SiCCT* 基因的表达具有 24h 昼夜节律性，在光照 3h 后的叶片中的相

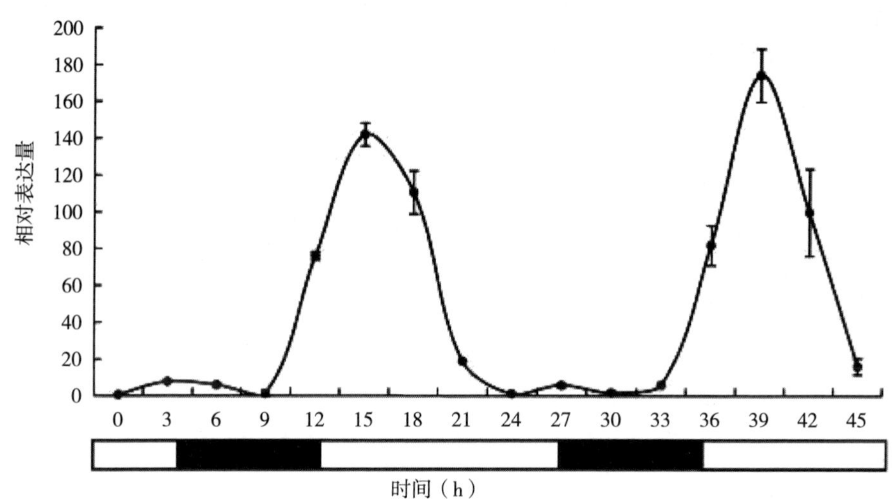

图 4-13 长日照条件下 *SiCCT* 基因的昼夜表达模式

对表达量最高，据此本研究设置长日照和短日照 2 个不同光周期条件，设置固定的取材部位和取材时间，以研究 *SiCCT* 基因在不同发育时期的表达情况。经光周期处理后的谷苗，从 3 叶期开始取样，每个叶期取最顶端完全展开 2 片叶片作为实验材料，一直取到 10 叶期。根据实际观察短日照条件下黄毛谷在 8 叶期的时候已经开始抽穗，后面继续取了 2 次样，这样与长日照保持一致，均取到 10 叶期，用来比较同叶期不同光周期处理下 *SiCCT* 基因的相对表达情况。

由图 4-14 可以看出，在长日照条件下，黄毛谷叶片中 *SiCCT* 基因从 3 叶期到 8 叶期均有表达，随着叶龄增加，其相对表达量也随之增加，3 叶期到 5 叶期 *SiCCT* 基因表达水平缓慢上升，到了 5 叶期迅速增加，8 叶期的时候达到峰值，8 叶期之后略有下降，但仍然维持在一个较高的表达水平，一直到 10 叶期 *SiCCT* 基因的表达量依然很高，此时谷子依然处于营养生长期，没有抽穗的迹象。

由图 4-15 可以看出，在短日照条件下，黄毛谷叶片中 *SiCCT* 基因的相对表达量从 3 叶期到 8 叶期均有表达，随着叶龄增加，表达量在 7 叶期前也逐步增加，3 叶期到 7 叶期 *SiCCT* 基因相对表达量增速缓慢，到 7 叶期达到峰值，整个过程谷子一直处于营养生长期。8 叶期谷子开始抽穗，*SiCCT* 基因的相对表达水平明显下降，穗后 7d 和穗后 15d 的表达水平也相对较低，说明从谷子抽穗开始，进入生殖生长期后 *SiCCT* 基因的相对表达量保持较低水平，而在前期进行的半定量预实验中，8 叶期及穗后 7d 和穗后 15d 几乎观察不到条带，与定量表达分析结果吻合，同样说明生殖生长期 *SiCCT* 基因的表

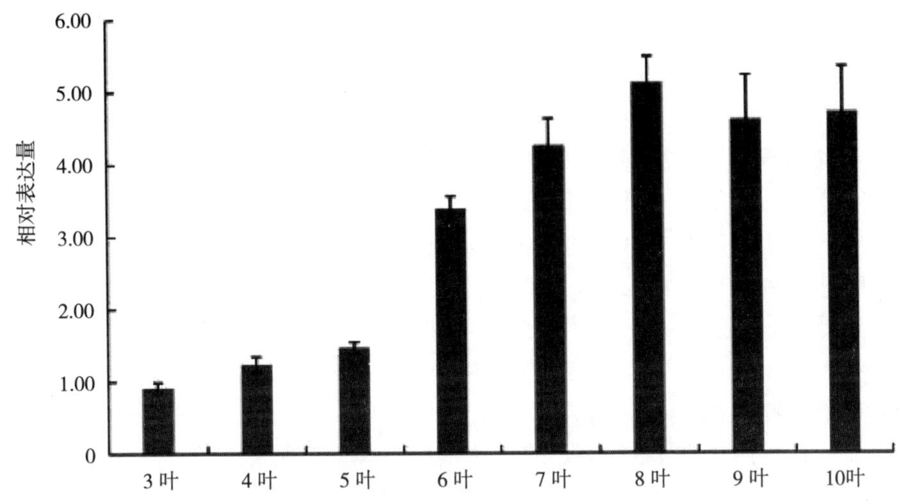

图 4-14 长日照条件下 *SiCCT* 基因在不同叶期的表达分析

达量非常少（结果未列）。

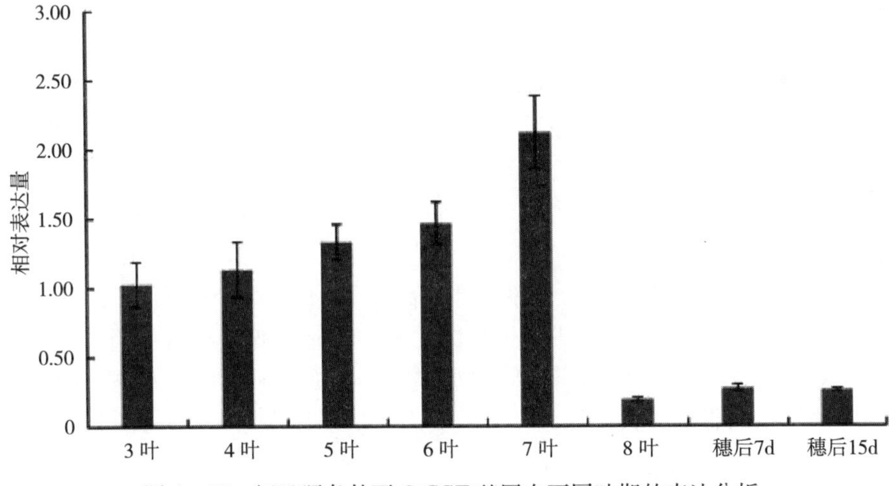

图 4-15 短日照条件下 *SiCCT* 基因在不同叶期的表达分析

3. 讨论

在薛为亚的研究中发现 CCT 结构域家族 CMF 亚家族基因 *Ghd7* 主要在叶片中表达，在其他组织部位表达量很低，*Ghd7* 基因控制水稻的株高、每穗粒数、生育期等性状[134]。谷子中有关 CCT 结构域家族基因研究还很少。本研究发现谷子 CMF 亚家族基因 *SiCCT* 在叶片、叶鞘、根、幼穗、茎节、茎结和穗颈 7 个不同器官和组织均检测到表达，而在叶片中相对表达量最高，远高于其他组织，其次是幼穗，与水稻 *Ghd7* 表达模式接近。*SiCCT* 与

Ghd7 同属 CMF 亚家族，而 *Ghd7* 控制穗的发育，*SiCCT* 幼穗相对较高的表达量可能参与调控每穗粒数等产量相关的穗部性状，与 *Ghd7* 具有类似的功能。

SiCCT 基因只含有一个 CCT 结构域，是 CCT 家族中 CMF 亚家族一员，在拟南芥中具有该结构域的基因在表达模式上都具有 24h 的节律性变化[144]；禾本科家族 *SiCCT* 的同源基因 *Ghd7*、*ZmCCT* 和 *SbGHD7* 的表达都受到光照长度的影响，而且模式上都具有 24h 的节律性变化[138,143]。同样 *SiCCT* 基因的表达受到光周期的影响，具有明显的 24h 昼夜节律。水稻中 *Ghd7* 基因的表达受到光照和昼夜节律共同调控，长日照下，白天上午的表达量最高，下午和夜晚表达量较低[134]。在本研究中长日照和短日照条件下 *SiCCT* 基因的表达最高峰也都出现在白天，都在光照开始 3h 左右，但两者的区别也比较明显，长日照条件下 *SiCCT* 的表达量要高于短日照条件下。Du 等研究表明长日照下，水稻的开花抑制因子 DTH8 与 Hd1 形成的复合体可以抑制 *Hd3a* 的表达，从而抑制开花；而当 DTH8 无功能时，Hd1 则促进 *Hd3a* 的转录，诱导开花。这些结果首次揭示了 *Hd1* 在长日照功能转换的分子机制[145]。在本研究中不管长日照还是短日照 *SiCCT* 在白天的表达模式相同，检测到了较高的表达，但最终观测到两种条件下植株的表型差异极显著，这可能是由于 *SiCCT* 在 mRNA 水平表达很高，但是受到其他基因的影响，蛋白的水平却很低，或者在长日照条件下 *SiCCT* 的表达只在 mRNA 水平，没有或者很少翻译成蛋白质。王燕等研究中高粱 *Ma1* 也是 CCT 家族一员，也是长日照条件下开花的抑制物，一天有两个峰值分别在清晨和夜晚[146]。在本研究中，短日照条件下，*SiCCT* 的表达在一天之内有 2 个峰值，分别在上午和午夜，与王燕的研究中长日照条件下高粱 *Ma1* 有两个峰值相反，这可能是因为 CCT 基因家族在种间进化过程中发生了功能改变，导致 CCT 结构域基因可能对不同作物的开花控制有着不同的作用。在水稻中，*Ghd7* 基因的表达受到光照长度的影响，长日照条件下，其表达量明显增加，能够抑制下游基因 *EHD1* 的表达，从而导致 *Hd3a* 表达量减少，推迟开花；而短日照条件下表达量很少，水稻能提前开花[147]。在本研究中，不管是在长日照条件还是在短日照条件下，整个营养生长期随着叶龄的增加，*SiCCT* 表达量也随之增加；但是短日照条件下 *SiCCT* 基因在 7 叶期的时候达到峰值，8 叶期抽穗及抽穗后的生殖生长期表达量降到极低水平，而长日照条件下 10 叶期仍然处于营养生长，*SiCCT* 一直保持较高的表达水平，暗示 *SiCCT* 基因的表达水平与营养生长的维持有关，推测和 *Ghd7* 基因一样，长日照促进了 *SiCCT* 基因表达，而 *SiCCT* 的高表达可能通过抑制下游开花促进基因的表达而使抽穗延迟。

（四）*SiCCT* 基因的光温响应特性

1. 材料与方法

（1）实验材料　同前面“（三）*SiCCT* 基因的光周期响应特性”部分。

（2）主要实验器材　同前面“（三）*SiCCT* 基因的光周期响应特性”部分。

（3）相关试剂　同前面“（三）*SiCCT* 基因的光周期响应特性”部分。

（4）植物材料的处理及表型性状调查　本研究设置了长日照（15h 光照/9h 黑暗）、短日照（9h 光照/15h 黑暗）2 个光周期处理方式；高温（27℃）、低温（22℃）2 种温度处理。形成短日照高温（SD，27℃）、短日照低温（SD，22℃）、长日照高温（LD，27℃）、长日照低温（LD，22℃）共 4 种不同的光温组合方式，除光照和温度外，其余环境条件保持一致，于人工气候室进行材料种植管理。

挑选大小一致，籽粒饱满的黄毛谷种子于 10cm×10cm 塑料小方盆中种植 80 盆，每盆 8～10 粒种子，萌发期间的光周期条件为 12h 光照/12h 黑暗，待幼苗长至 2 叶期分别进行 4 种不同光温组合处理，待 3 叶至 4 叶期的时候，对植株进行间苗，每盆保留长势一致的小苗 4 株，于设定的光温处理环境中培养，并调查抽穗期、株高、穗长及叶片数 4 个光温敏感指标性状。

（5）样本的采集与保存

①不同光温组合条件下 24h 昼夜表达分析材料的采集：将不同光温组合条件下处理的谷苗，待长至 5 叶至 6 叶期，取完全展开的顶叶和第二片叶为组织样品材料，每隔 3h 取一次，每个时间点重复取样 3 次，连续 48h 取样。用剪刀迅速剪下叶片，用锡纸包裹，然后迅速放进液氮中速冻，保存于－80℃冰箱中。各个样品及重复要标记清楚采样时间、样本编号、处理方式等。

②不同光温组合条件下不同叶期表达分析材料的采集：将在不同光温组合条件处理后的植株，从 3 叶期开始采样，取下完全展开的顶叶和第二片叶为组织样品材料，采样时间点为每天光照 3h 后，每个叶期取 1 次样，每个叶期取 3 个重复，直到抽穗。用剪刀迅速剪下叶片，用锡纸包裹，然后迅速放进液氮中速冻，保存于－80℃冰箱中。各个样品及重复要标记清楚采样时间、样本编号、处理方式等。

（6）总 RNA 提取、反转录及其内参基因扩增、*SiCCT* 基因的实时荧光定量表达分析　同前面“（三）*SiCCT* 基因的光周期响应特性”部分。

2. 结果与分析

四种不同光温组合条件下的表型调查：在四种不同光温组合条件下植株都能正常抽穗，但抽穗时间各不相同，短日照高温处理下黄毛谷的抽穗期平均为 32.8d；短日照低温条件下黄毛谷的抽穗期平均为 44.1d；长日照高温条件下黄毛谷的抽穗期平均为 93.1d；长日照低温条件下的黄毛谷的抽穗期平均为 65.5d（图 4-16a，b）。另外，在短日照条件下，低温处理的黄毛谷的抽穗时间与高温处理相比推迟了 11.3d，株高高了 11.2cm，叶片数多了 2.0 片，穗长短了 1.2cm；高温条件下，长日照处理的黄毛谷抽穗时间与短日照处理相比推迟了 60.3d，株高增加 30.4cm，叶片数增加 7.7 片，穗长长了 7.6cm；低温条件下，长日照处理的黄毛谷抽穗时间与短日照处理相比推迟了 21.4d，株高增加 7.5cm，叶片数几乎一样，穗长长了 4.7cm；长日照条件下，低温处理的黄毛谷抽穗时间与高温处理相比提前了 27.6d，株高减少了 18.8cm，叶片数减少了 5.6 片，穗长短了 2.1cm（图 4-16c，d）。

不管高温还是低温，长日照条件下的植株的株高高于短日照处理，说明光周期对株高具有明显调控作用；而温度的作用却明显受光周期的制约，短日照条件下，低温处理的植株的株高略高于高温处理，而长日照条件下，低温处理的黄毛谷的株高低于高温处理。黄毛谷的穗长及叶片数这两个性状在不同的光温组合条件下的表型差异与株高的表型差异一致。由图 4-17 可以清晰直观地看到 4 种光温处理条件下，黄毛谷的株高、穗长和叶片数有明显的差异，拍照记录时，长日照高温处理下的黄毛谷还未抽穗，后期在 15 叶有部分抽穗。

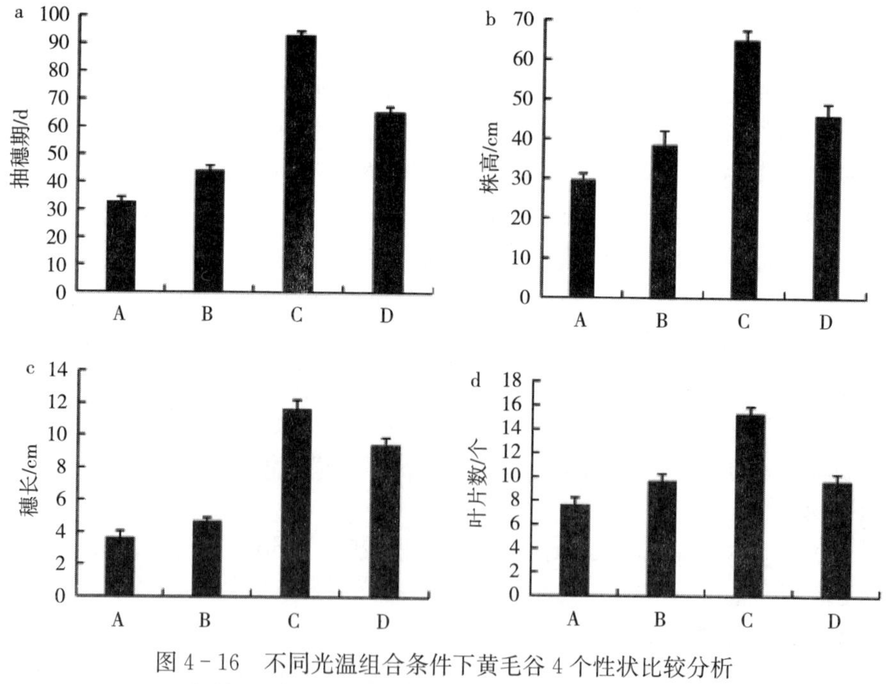

图 4-16　不同光温组合条件下黄毛谷 4 个性状比较分析

A. SD，27℃　B. SD，22℃　C. LD，27℃　D. LD，22℃

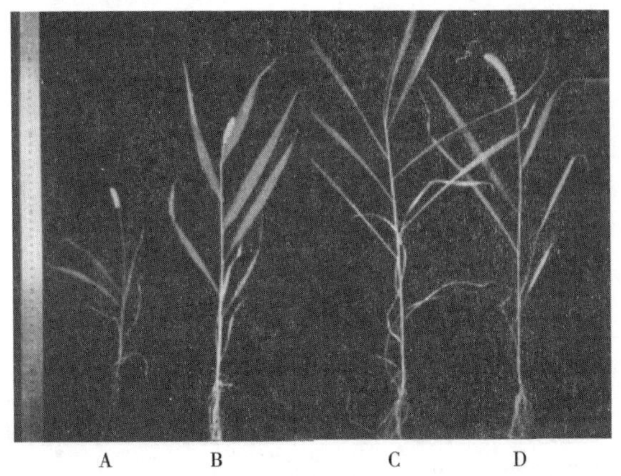

图 4-17　不同光温组合条件下植株的生长状态

A. SD，27℃　B. SD，22℃　C. LD，27℃　D. LD，22℃

谷子光温互作模式：根据实验发现，不管高温还是低温，长日照条件下生长的黄毛谷要比短日照条件晚抽穗；在短日照条件下，高温促进黄毛谷抽穗和开花，低温使黄毛谷的营养生长期延长而延迟抽穗；长日照条件下，高温却延迟了黄毛谷的抽穗，植株长期处于营养生长阶段，而且大多只抽穗很少开花，结实率下降，低温却能促进黄毛谷进入生殖生长阶段，提前抽穗并开花。以上研究结果表明，光周期对谷子抽穗开花起决定作用，温度对抽穗开花的作用受到光周期条件的制约，短日照条件高温促进谷子抽穗开花，低温抑制谷子抽穗开花；长日照条件温度的作用与短日照条件相反，高温抑制谷子抽穗开花，低温却减轻了长日照对谷子抽穗开花的抑制作用。因此对谷子光周期和温度的互作方式进行总结，提出了谷子发育过程中光周期和温度互作的模式（表 4-11）。

表 4-11　谷子发育过程中光周期和温度互作的模式

因子	短日照	长日照
高温	++	−−
低温	+	−

注：“+”表示促进生殖发育；“−”表示抑制生殖发育

光温互作条件下 *SiCCT* 基因的昼夜表达：由图 4-18 可知，在高温条件下，长日照处理的黄毛谷叶片中 *SiCCT* 基因的整体表达水平明显要高于其在短日照条件下的表达，而且在上午 9：00 的时候都有 1 个峰值。长日照条件下 *SiCCT* 基因的表达在 6：00、9：00、12：00、15：00、21：00、24：00 要高于短日照，不过在凌晨 3：00 的时候明显低于短日照的表达；而且短日照条件下有 2 个表达峰，分别在上午 9：00 和凌晨 3：00，也就是光照开始后 3h 和黑暗结束前 3h。

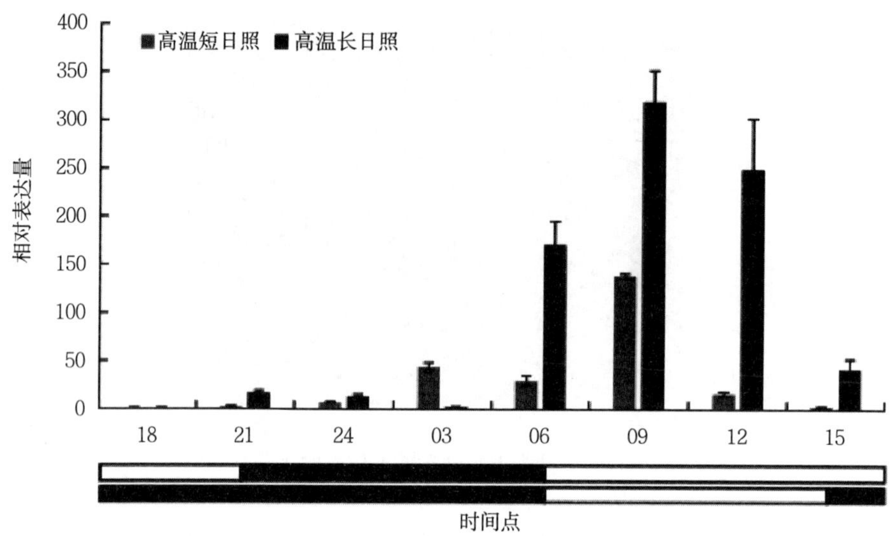

图 4-18 高温不同光周期条件下 *SiCCT* 的昼夜表达

注：黑条表示黑暗时段，白条表示光照时段，下同

由图 4-19 可知，在低温条件下，长短日照处理的 *SiCCT* 基因在黄毛谷叶片的表达都呈现出 24h 节律表达。在长日照处理的谷子叶片中 *SiCCT* 有 1 个表达峰，发生在上午 9：00；而短日照处理 *SiCCT* 依然有 2 个表达峰，分别在上午 9：00 和凌晨 3：00。同时 *SiCCT* 基因在长日照处理的光照阶段表达明显高于其在短日照处理下的表达，而黑暗期的 24：00、3：00 短日照条件 *SiCCT* 的表达水平均高于长日照。

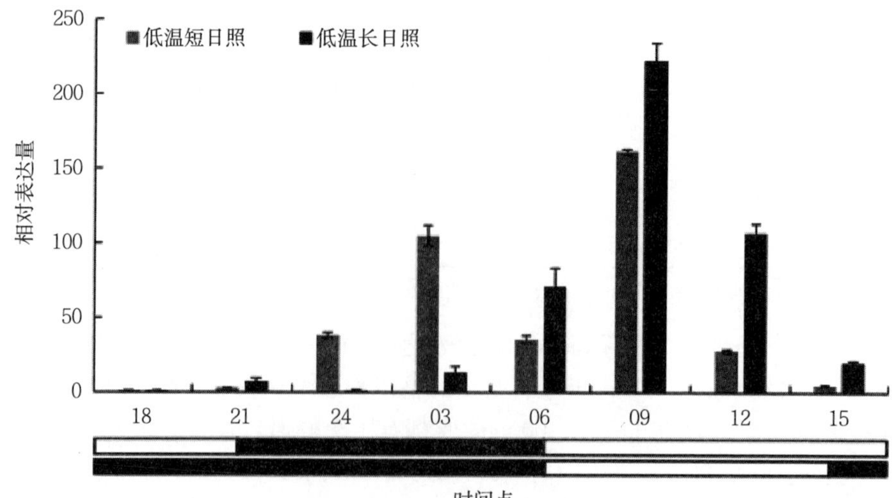

图 4-19 低温不同光周期条件下 *SiCCT* 的昼夜表达

由图 4－20 可知，在短日照条件下，*SiCCT* 基因在高温和低温处理下黄毛谷叶片中的表达均有 2 个表达峰，分别在上午 9：00 和凌晨 3：00，都是出现在见光 3h 之后和黑暗结束前 3h，而且 *SiCCT* 基因在低温处理下的表达明显高于其在高温处理下的表达，说明 *SiCCT* 基因的表达可能受到温度的影响，短日照条件下低温处理可能通过 *SiCCT* 基因表达量上调来推迟抽穗开花。

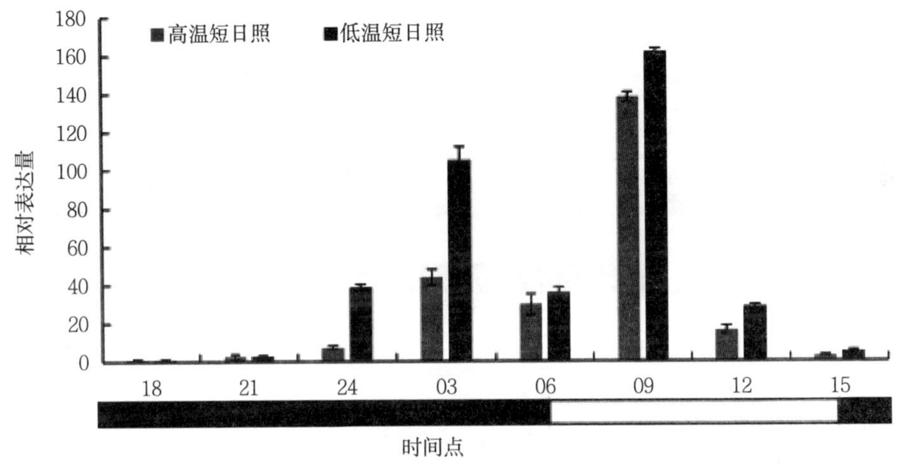

图 4－20　短日照不同温度条件下 *SiCCT* 的昼夜表达

由图 4－21 可知，在长日照条件下，不管是高温，还是低温处理的黄毛谷叶片中 *SiCCT* 基因的表达均在早晨 9：00 的时候有 1 个峰值，也都是发生在见光 3h 之后；除了凌晨 3：00 低温处理 *SiCCT* 表达水平高于高温处理外，其余时间点均表现为高温处理表达水平高于低温处理，这与长日照条件下高温抑制谷子抽穗开花相一致，推测长日照条件下高温通过调控 *SiCCT* 高表达而使谷子抽穗期延迟。

不同光温处理条件下 *SiCCT* 在不同叶期的表达：由图 4－22 可知，在高温短日照条件下，营养生长期黄毛谷叶片中 *SiCCT* 基因的表达维持在较高水平，甚至高于高温长日照条件，但从 7 叶期临近抽穗开始，高温长日照处理的 *SiCCT* 基因的表达水平明显高于高温短日照。高温短日照条件抽穗后黄毛谷已经进入生殖生长阶段，*SiCCT* 的表达一直保持极低水平，低于营养生长期表达。而高温长日照条件下，黄毛谷在 7 叶期至 10 叶期仍处于营养生长状态，*SiCCT* 基因一直处于较高的表达水平，同样说明 *SiCCT* 基因高表达与谷子维持营养生长有关。在前期的表型鉴定中，高温长日照处理的黄毛谷的抽穗时间与高温短日照处理相比推迟了 60.3d，株高增加 30.4cm，叶片数增加 7.7 片，穗长增加了 7.6cm，推测可能 *SiCCT* 基因的高表达导致植株持续进行营养生长，从而延缓谷子抽穗开花。

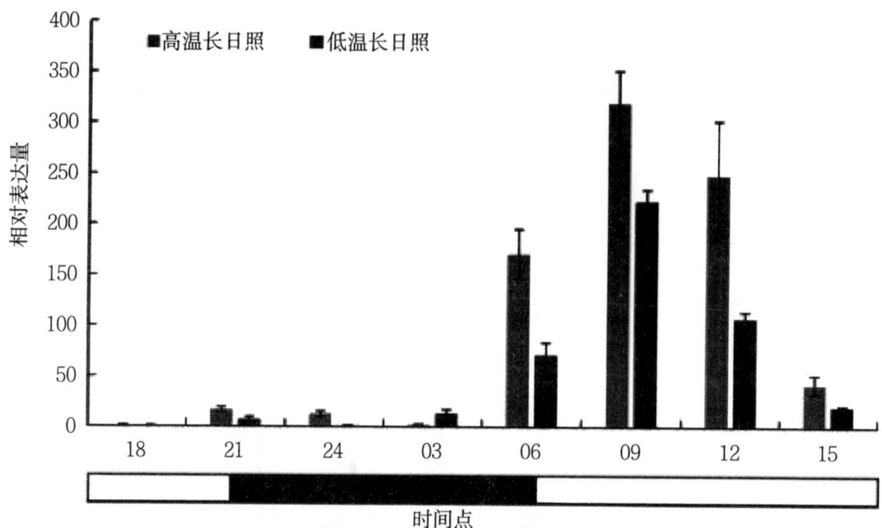

图 4-21　长日照不同温度条件下 *SiCCT* 基因的昼夜表达分析

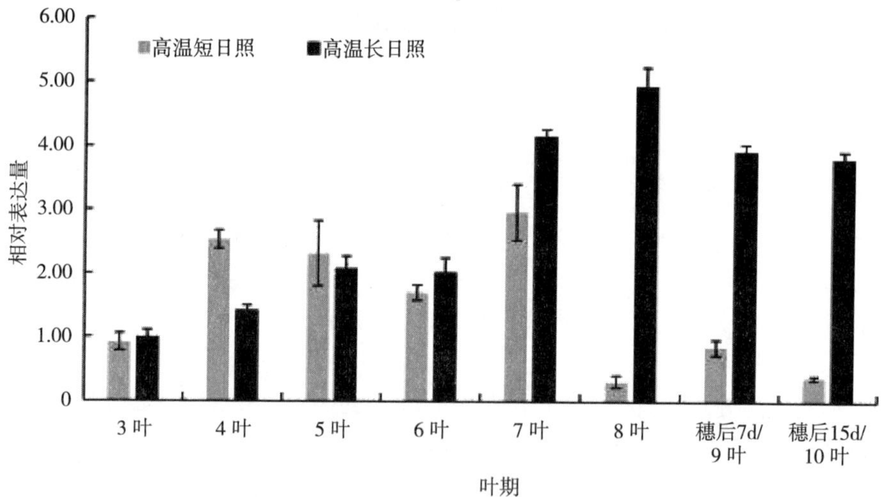

图 4-22　高温不同光周期条件下 *SiCCT* 在不同叶期的表达

由图 4-23 可知，在低温长日照处理条件下，不同叶期的黄毛谷叶片中 *SiCCT* 基因的整体表达水平明显高于其在低温短日照条件下的表达。低温短日照条件下 *SiCCT* 表达峰出现在 8 叶期，10 叶期开始抽穗，*SiCCT* 表达水平明显下降；低温长日照条件下，*SiCCT* 表达水平在 7 叶期达到峰值，同样在 10 叶期开始抽穗，*SiCCT* 表达水平也明显下降，但是尽管叶片数几乎一样，低温长日照处理的黄毛谷的抽穗时间与低温短日照处理相比推迟了

21.4d，株高增加 7.5cm，穗长长了 4.7cm，虽然 10 叶期两种光温组合处理的叶片中 *SiCCT* 基因的表达水平均下降，但低温长日照条件下的表达水平明显高于低温短日照。

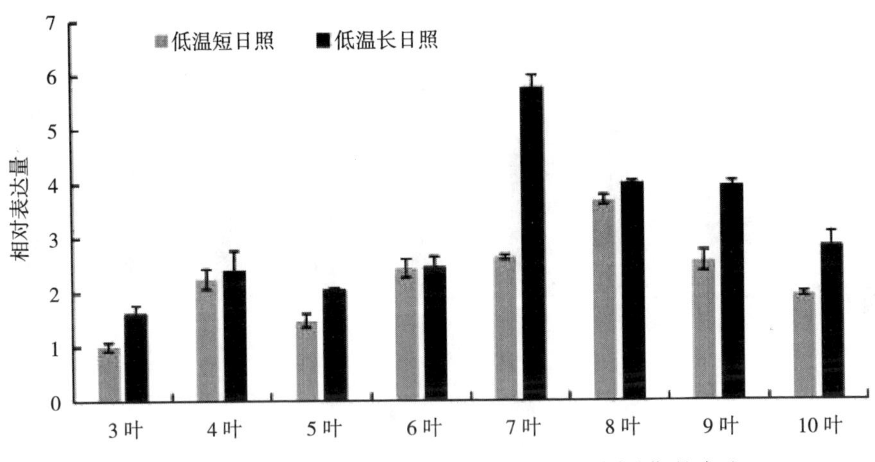

图 4－23　低温不同光周期处理下 *SiCCT* 在不同叶期的表达

由图 4－24 可知，在短日照条件下，不同叶期的黄毛谷叶片中 *SiCCT* 基因的相对表达量总体表现为低温处理高于高温处理，这与短日照条件下高温促进抽穗，低温延迟抽穗的表型调查结果相一致，暗示 *SiCCT* 基因的相对表达量与谷子抽穗早晚具有一定相关性。在短日照高温处理下，谷子长到 8 叶期就开始抽穗，此时 *SiCCT* 基因的相对表达量明显降低，随之在穗后 7d 和穗后 15d，均保持在一个较低的表达水平；在低温处理下，*SiCCT* 基因的相对表达量在所有叶期均较高，8 叶期达到峰值，表达量最高，10 叶期时植株开始抽穗，此时 *SiCCT* 基因的相对表达量也有所下降，但仍明显高于高温条件下已经进入抽穗期的表达量。

短日照条件下，低温处理的植株的抽穗时间与高温处理相比推迟了 11.3d，其株高也增加了 11.2cm，叶片数增多了 2.0 片，穗长也增加了 1.2cm，由此可推出低温处理可能明显上调 *SiCCT* 基因的表达，使谷子持续长时间处于营养生长阶段，抑制了其生殖发育，从而使谷子延迟进入生殖生长阶段。

由图 4－25 可知，长日照条件下，不同温度处理条件下不同叶期的黄毛谷叶片中 *SiCCT* 基因的表达量也不同，但总体呈现逐步升高的趋势，其中低温条件下的整体表达水平明显要低于高温处理。在高温条件下，随着叶片数增加，表达量也随之增加，增速很快，增幅较大，在 8 叶期的时候达到峰值；而低温条件下，随着叶片数增加，表达量也随之增加，但增速缓慢，增幅较少，到 7 叶期达到峰值，比高温条件下表达峰提前。

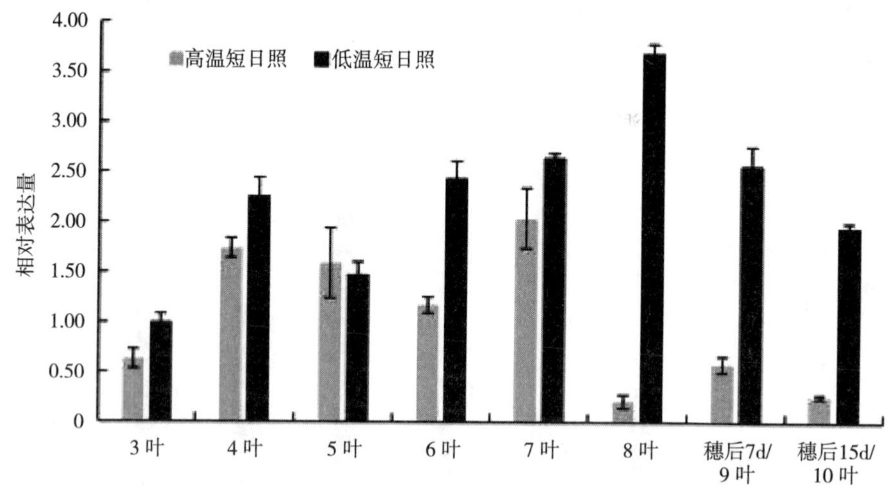

图 4-24 短日照不同温度条件下 *SiCCT* 在不同叶期的表达

与在短日照条件下相比，高温条件下的整体表达量明显要高于低温条件，这与短日照条件下不同温度条件下的表达刚好相反，这说明 *SiCCT* 基因的表达可能受到光周期和温度共同调节。而且在表型鉴定中，发现长日照条件下，低温处理的黄毛谷的抽穗时间与高温处理相比提前了 30d，株高也减少了 18.8cm，叶片数减少了 5.6 片，穗长增加了 2.1cm，这与 *SiCCT* 基因的相对表达情况刚好吻合，由此可推出长日照条件下，低温处理明显下调了 *SiCCT* 基因的表达，减轻了长日照对植株生殖发育的抑制，促进生殖发育，从而加速谷子进入生殖生长阶段，提前抽穗开花。

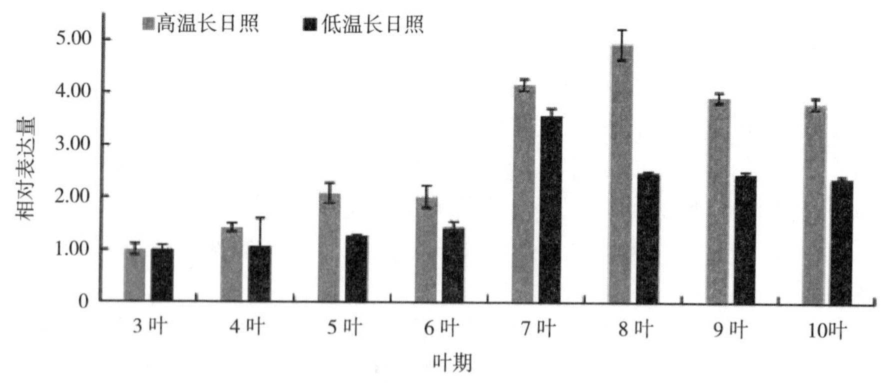

图 4-25 长日照不同温度条件下 *SiCCT* 在不同叶期的表达

3. 讨论

光周期和温度是植物生长过程的关键环境因素，共同影响着植物生长发育的进程。张自国等首先发现了光周期和温度之间有互补作用关系，提出了“不育诱导临界温度”和“可育诱导临界温度”的概念[148]。王晓辉等对短光敏核不育的水稻进行育性与光周期、温度相关性的研究，结果表明 D38S 的育性主要受光照长度控制[149]。Cober 等研究了光周期和温度对大豆发育的互作效应，结果表明，长日照加高温是最不利于开花诱导的光温组合，长日照低温条件处理的材料比长日照高温条件处理的材料提前 20d 开花。同时开发了一个数学模型来量化温度和光周期对开花时间的影响，该模型表明，长日照条件下高温抑制大豆的生殖发育，低温减弱长日照对发育的抑制作用，与本研究结果类似[150]。孙洪波同样在大豆光温互作的研究中发现，长日照条件下，低温处理的大豆能正常出现花序，而高温处理的大豆大多数植株一直处于营养生长期或部分发生花序的逆转，表明高温增强了长日照对大豆生殖生长的抑制，并提出大豆发育过程的光温互作模式[151]。在本研究中，根据表型鉴定结果发现，长日照条件下高温处理对谷子植株的生殖生长有一定的抑制作用，使谷子长期处于营养生长阶段，延迟了抽穗或者不抽穗，而已经抽穗的谷子也出现不结籽或者很少结籽的现象；而长日照条件下低温处理的谷子植株提前抽穗并开花，这一现象与大豆中获得的研究结果一致[152]。

本研究发现 *SiCCT* 基因在黄毛谷叶片中的表达受光周期和温度共同调节作用。宋远丽等的研究中发现在长日照条件下，低温（23℃）处理促进了水稻开花抑制子 *Ghd7* 的表达，表明低温条件和长日照条件对 *Ghd7* 的表达具有协同作用[153]。在本研究中，黄毛谷叶片中 *SiCCT* 基因在 4 种不同光温组合条件下，都呈现出 24h 昼夜表达规律，不管高温还是低温，长日照条件下 *SiCCT* 基因的昼夜整体表达水平要高于短日照；短日照条件下，低温处理的 *SiCCT* 基因的昼夜整体表达水平要高于高温处理；然而在长日照条件下，低温处理的 *SiCCT* 基因的昼夜整体表达水平要低于高温处理。以上结果说明 *SiCCT* 基因的表达受到温度的影响，但影响方式受光周期制约，短日照条件低温导致 *SiCCT* 基因表达量上调，从而延迟抽穗开花，这与水稻中长日照条件低温增加 *Ghd7* 的表达水平相反，长日照条件下，低温处理的黄毛谷叶片中 *SiCCT* 基因的相对表达量明显低于高温处理，这可能反映了水稻和谷子光温互作调控机制的差异。长日照条件下高温处理的黄毛谷的抽穗期为 93.1d，与长日照低温处理相比推迟 24.1d，部分谷子出现未抽穗现象，还有抽穗的谷子结实率降低，说明长日照与高温对 *SiCCT* 表达和抽穗期的延迟具有叠加效应。Yan 等的研究中，克隆了与水稻 *Ghd7* 一样具有一因多效的基因 *Ghd8*，在长日照条件下不仅控制着每穗颖花数，还影响着株高、抽穗时间，*Ghd8* 在短日照条件下还有促进水稻提前开花的作用[154]。不管高温还是低温，长日照条件下，*SiCCT* 基因在不同叶期整体表达水平都要高于短日照，并且两种温度条件均表现为短日照比长日照提前抽穗，说明与 *Ghd8* 一样，*SiCCT* 短日照对谷子可能具有促进抽穗的作用。在最新的研究中，*Zheng* 等在拟南芥中鉴定了 H3K27me3 去甲基化酶 JUMONJI13（JMJ 13），其调节拟南芥的开花时间，在短日照条件下，22℃培养的 *jmj 13* 突变体表现为不开花，而 28℃培养的突变体有提早开花的现象。进一步遗传分析表明，*JMJ 13* 在 *FLM/svp* 和 *CO/GI* 上游发挥功能，*JMJ13* 可作为开花抑制因子，以温度和光周期依赖的方式调节开花时间[155]。本研究表明 *SiCCT* 基因的表达是受光周期和温度共同调节作用，上游是否有类似 *JMJ13* 的调控因子作用仍需要进一步研究。

（五）基于 SNP 关联分析、单倍型分析揭示 *SiCCT* 基因表型效应

1. 材料与方法

（1）实验材料　本研究选取了 160 份不同抽穗期的谷子品种，包括来自河南、青海、甘肃、山东、山西、陕西、黑龙江、西藏、宁夏、吉林、辽宁、新疆、内蒙古、河北等国内各个地区的品种资源 144 份和国外的品种资源 16 份。谷子材料由中国农业科学院作物科学研究所提供，分别于 2015—2016 年在吉林省吉林市、河南省洛阳市和海南省乐东黎族自治县 3 个光温环境种植。

（2）主要仪器设备　电子天平，制冰机（日本三洋公司），恒温磁力搅拌器，台式离心机（上海湘陵实业发展有限公司），微量取液器，恒温水浴锅（深圳市江承仪器有限公司），漩涡振荡器，半自动高压蒸汽灭菌器（上海三申医疗器械有限公司），液氮罐，超微量分光光度计（赛默飞世尔科技公司），JY-JX 垂直电泳槽（北京君意东方电泳设备有限公司），DYY-6C 型双稳定时电泳仪（北京市六一仪器厂），超低温冰箱（日本三洋公司）等。

（3）相关试剂　Marker DL2000，goldview，琼脂糖，CTAB，Tris，EDTA，氯仿，异戊醇，异丙醇，浓 HCl，NaOH，$Na_2EDTA \cdot 2H_2O$ 等试剂购自北京鼎国昌盛生物技术有限责任公司。

（4）田间实验设计　将 160 份不同品种的谷子材料分别于 2015—2016 年在吉林、河南和海南 3 个地区种植，具体地点坐标分别是吉林省吉林市农业科学院实验田（42°31′N，125°40′E），河南省洛阳市河南科技大学农学院实验农场（34°35′N，112°24′E），海南省乐东黎族自治县九所镇（18°45′N，109°10′E）。每个材料种植 2 行，行长 2m，株距 3～5cm，设 2 行保护行，田间管理按当地常规管理方式执行。

（5）主要农艺性状的测定及统计分析　在每个品种的每行选取中间 10 株进行表型性状调查，主要测定抽穗期、穗粗、穗码数、株高、穗粒质量、叶片数、码粒数、穗质量、穗长和千粒质量 10 个性状，具体种植和测量方法按照本实验室制定的方案[156]。用 Excel 2016 对 160 份材料两年 3 地测定的 10 个主要农艺性状进行统计处理，将同一地点的两年数据求平均值，然后用 SPSS 19.0 分别对 3 个地区的 10 个性状进行相关性分析。

(6) DNA 提取和基因组重测序　于洛阳实验田当 160 份谷子品种谷苗长至 3 至 4 叶期时剪取嫩叶采用 2×CTAB 法提取基因组 DNA，并用超微量分光光度计测量浓度，采用 1%琼脂糖凝胶电泳检测 DNA 的完整性，检测合格后，送上海美吉生物医药科技有限公司进行全基因组测序。

(7) 基因 SNP 位点的连锁不平衡和单倍型分析　采用 Haploview4.2 软件，对候选基因在 160 份谷子中的 SNP 位点进行连锁不平衡分析、单倍型分析，绘制单体型块图（LD Plot），分析两两位点的相关性等具体方法参见软件说明书。

(8) 群体的遗传结构分析　提取 9 条染色体的多态性 SNP 数据，利用 STRUCTURE2.3.4 软件对 160 份谷子材料进行群体结构分析，得到各群体的 Q 值，绘制群体结构图，确定材料的遗传结构信息。具体步骤为：首先设定群体样本存在 K 个等位变异频率特征类型数，然后将 K 值设为 2～10，每个 K 值运行 5 次，然后假设位点都是相互独立的，并将 MCMC（Markov chain Monte Carlo）最初时的不作数迭代（length of bum-in period）设为 10 000次，再将不作数迭代后的 MCMC 设为 100 000 次，待程序运行结束，选择 Simulation Summary，将右边的 K 值对应的 LnP（D）和 Var［LnP (D)］在 file 中另存为 text 文档；将 Structure 软件获得的结果用 Structure Harvester 在线软件进行一步法分析，依据似然值计算 ΔK 峰值拐点，然后依据极大似然值法确定一个合适的 K 值；利用 CLUMPP 软件将确定的 K 值对应的 5 次重复计算结果合并为 1 个 Q 值矩阵，做出 Q 值百分比堆积柱形图 Q plot，并整理成 TASSEL 软件的 Q 矩阵协方差格式用于后续矫正关联分析的结果。

(9) 基于候选基因的关联分析　通过 TASSEL 5.0 软件对 160 份谷子中候选基因的 SNP 数据进行分析，选取最小等位基因频率大于 0.05 的多态性位点，按要求过滤掉没有多态性的位点，然后计算 160 份谷子品种间的亲缘关系，得到 K 矩阵；将群体结构（Q）和亲缘关系（K）作为协变量，结合两年三地相关的表型数据，采用 TASSEL 软件中的混合线性模型（mixed linear model，MLM）进行关联分析，筛选出候选基因与主要农艺性状显著关联的 SNP 位点，并估计关联位点对主要的农艺性状的效应及贡献率。

(10) 基于候选基因 SNP 位点的单倍型效应分析　计算每个单倍型所包含品种所有性状的均值，用 Excel 2016 绘制柱状图，用 SPSS 19.0 软件进行不同单倍型间各性状差异显著性分析。

2. 结果与分析

(1) 主要农艺性状的相关性分析　在河南（洛阳）、吉林（吉林市）和海南（乐东）3 个地区都可以发现，抽穗期与株高、叶片数、穗质量、穗粒质量、码粒数之间存在极显著正相关（$P<0.01$）；株高与叶片数、穗码数、穗长存在极显著正相关（$P<0.01$）；穗长与其他各穗部性状间存在显著或极显著正相关；在海南地区，千粒质量与除了穗粒质量之外的其他性状均为负相关，其中与抽穗期呈显著负相关，与码粒数呈极显著负相关；在洛阳和吉林地区，千粒质量与穗粒质量和穗质量都呈极显著正相关。相关性分析结果见表4-12。

表4-12　农艺性状的相关性分析

地区	性状	抽穗期	穗粒质量	株高	叶片数	穗长	穗粗	穗码数	码粒数	穗质量	千粒质量
乐东	抽穗期	1									
	穗粒质量	0.716**	1								
	株高	0.747**	0.669**	1							
	叶片数	0.783**	0.827**	0.795**	1						
	穗长	0.716**	0.744**	0.806**	0.720**	1					
	穗粗	0.641**	0.858**	0.567**	0.791**	0.587**	1				
	穗码数	0.670**	0.639**	0.632**	0.650**	0.686**	0.504**	1			
	码粒数	0.440**	0.691**	0.447**	0.547**	0.460**	0.686**	0.232**	1		
	穗质量	0.743**	0.973**	0.696**	0.823**	0.742**	0.856**	0.648**	0.637**	1	
	千粒质量	-0.166*	0.007	-0.095	-0.037	-0.076	-0.033	-0.128	-0.247**	-0.026	1
吉林	抽穗期	1									
	穗粒质量	-0.197*	1								
	株高	0.415**	0.094	1							
	叶片数	0.643**	0.288**	0.296**	1						
	穗长	0.116	0.245**	0.538**	0.102	1					
	穗粗	0.143	0.488**	0.010	0.481**	0.177*	1				
	穗码数	0.274**	0.035	0.254**	0.312**	0.325**	0.010	1			
	码粒数	0.016	0.694**	0.036	0.274**	0.015	0.445**	-0.226**	1		
	穗质量	-0.065	0.956**	0.189*	0.397**	0.356**	0.586**	0.117	0.673**	1	
	千粒质量	-0.431**	0.301**	0.076	-0.315**	0.310**	0.048	-0.056	-0.004	0.274**	1
洛阳	抽穗期	1									
	穗粒质量	0.270**	1								
	株高	0.682**	0.362**	1							
	叶片数	0.850**	0.491**	0.683**	1						

（续）

地区	性状	抽穗期	穗粒质量	株高	叶片数	穗长	穗粗	穗码数	码粒数	穗质量	千粒质量
	穗长	0.409**	0.122	0.677**	0.338**	1					
	穗粗	0.352**	0.648**	0.300**	0.550**	0.154	1				
	穗码数	0.656**	0.404**	0.678**	0.645**	0.508**	0.470**	1			
	码粒数	0.185*	0.658**	0.175*	0.376**	−0.046	0.488**	0.055	1		
	穗质量	0.344**	0.956**	0.451**	0.572**	0.244**	0.714**	0.487**	0.651**	1	
	千粒质量	−0.171*	0.310**	0.028	−0.115	0.051	0.123	0.023	−0.047	0.268**	1

注：* 表示在 0.05 水平（双侧）上显著相关；** 表示在 0.01 水平（双侧）上显著相关。

SiCCT 基因区 SNP 信息：在 160 份谷子品种的基因组序列中，*SiCCT* 基因内共检测到 117 个单核苷酸多态位点（SNP），发现大部分存在于基因 3′非翻译区，内含子次之，外显子和基因 5′非翻译区域最少，这说明 *SiCCT* 基因组序列的内含子区域和 3′非翻译区域的核苷酸变化的频率比较高（表 4-13）。

表 4-13　160 份谷子品种基因 *SiCCT* 的 SNP 位点

参数	5′非翻译区	编码区	内含子区	3′非翻译区	总数
序列长度（bp）	335	861	2 242	1 607	5 045
SNP 数目（个）	1	1	48	67	117

SiCCT 基因 SNP 位点的连锁不平衡和单倍型分析：本研究对 160 份谷子品种的 *SiCCT* 基因 SNP 位点进行连锁不平衡结构分析，LD Plot 中显示该基因所有 SNP 的连锁情况，各个方块的颜色由浅至深，表示连锁程度由低到高，深灰色表示完全连锁（图 4-26）。发现在整个基因序列上分散分布着一些较强的 LD 结构，这些结构包括 SNP-53 与 SNP-50、SNP-45、SNP-46、SNP-55、SNP-48；SNP-78 与 SNP-79、SNP-80、SNP-83、SNP-74；SNP-36 与 SNP-42、SNP-47、SNP-37；SNP-43 与 SNP-41、SNP-39、SNP-40；SNP-114 与 SNP-115、SNP-111、SNP-113；SNP-93 与 SNP-91、SNP-95；SNP-100 与 SNP-104；SNP-72 与 SNP-77；SNP-94 与 SNP-97；SNP-107 与 SNP-106；SNP-103 与 SNP-109；SNP-102 与 SNP-101（$r^2>0.8$）。在染色体的某一些区域，有一些彼此相关性较强的位点共同遗传，这样的区域一般称为“单体型块”，而某些区域位点相关性较弱，重组频繁形成重组区块，通过分析得到 3 个单体型块，在第一个区块具有 2 个标记，分别是 SNP-100 和 SNP-104，有 2 个单倍型；在第二个区块具有 2 个标记，分别是 SNP-105 和 SNP-108，

有 3 个单倍型；在第三个区块具有 4 个标记，分别是 SNP-111，SNP-113，SNP-114，SNP-115，有 3 个单倍型。

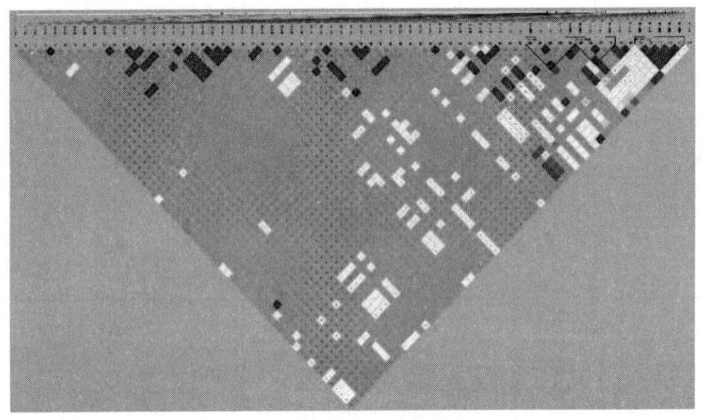

图 4-26　基于 *SiCCT* 基因 SNPs 连锁不平衡单体型块

注：每一个方格的颜色代表两个 SNP 之间的 LD 参数 r^2（$P<0.01$），深灰色方块表示 $r^2=1$，白色方块表示 $r^2=0$；黑色线框为单体型块区域。

（2）群体结构分析　采用 STRUCTURE 软件对 160 个谷子品种进行群体结构分析，对数据进行整理，如图 4-27 所示，插入带曲线的散点图，生成 LnP（D）和 ΔK 随着 K 值变化的曲线图，最佳 K 值在曲线的拐点处。通过分析比较发现，当 K=3 时，ΔK 达到了峰值，因此最佳 K 值为 3，这表明 160 个品种被划分为 3 个主要亚群。图 4-28 是 160 份谷子材料的群体结构划分情况，图中 3 种颜色分别代表了 3 个不同的亚群，纵坐标表示每个品种所属亚群的概率。再采用 TASSEL5.0 软件计算供试材料品种间的亲缘关系（K），相关的亲缘关系矩阵（K）和群体结构矩阵（Q）应用于候选基因的关联分析中。

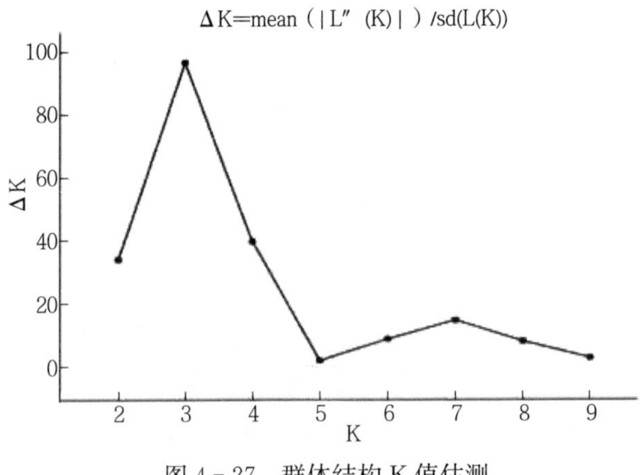

图 4-27　群体结构 K 值估测

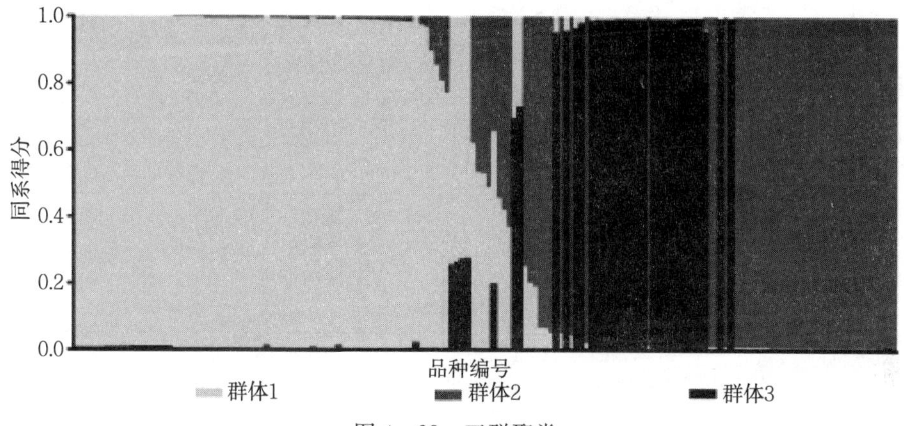

图 4-28　亚群聚类

SiCCT 基因 SNP 位点与主要农艺性状的关联分析：利用 TASSEL 5.0 软件，将 *SiCCT* 基因组 117 个 SNPs 数据与 160 份谷子品种的两年三地的 10 个主要的农艺性状进行关联分析。结果表明一共有 11 个 SNP 位点与 8 个主要农艺性状显著关联（$P<0.05$），与码粒数和千粒质量没有显著关联（表 4-14）。在关联到的位点中，SNP-10 在 2016 年洛阳、吉林两地都与抽穗期相关，在 2015 吉林检测到同时与叶片数和穗粒质量相关联；SNP-113 和 SNP-114 两个相邻位点分别在 2015 年和 2016 年洛阳、吉林两地同时关联到穗长性状，而前面连锁不平衡分析表明 SNP-113 和 SNP-114 两个相邻位点位于同一个连锁不平衡结构中，说明这两个位点具有很强的连锁程度；SNP-54 位点在海南连续两年关联到穗粗，在洛阳连续两年关联到穗码数；SNP-111 连续两年在吉林和 2016 年在洛阳检测到与穗长关联；SNP-100 和 SNP-104 位点 2016 年在洛阳均关联到株高、叶片数和穗长 3 个性状；SNP-51、SNP-52 位点在海南连续两年与穗粗相关联；SNP-51 位点连续两年在洛阳与穗码数关联，连续两年在吉林与叶片数关联；SNP-49 位点连续两年在海南和洛阳都与穗粗相关联，还在 2015 年、2016 年在海南分别关联到穗粒质量和穗质量；SNP-70 位点连续两年在吉林与穗粒质量关联。

表 4-14　*SiCCT* 基因与谷子主要农艺性状的关联分析

SNP	性状	环境	变异类型	位置	*F* 值	*P* 值	位点贡献率
SNP-10	抽穗期	2016 洛阳	C/T	37 299 335	7.830 50	0.005 8	0.048 02
	叶片数	2015 吉林	C/T	37 299 335	4.157 22	0.0431 9	0.025 99
	穗粒质量	2015 吉林	C/T	37 299 335	4.396 43	0.037 68	0.026 27
	抽穗期	2016 吉林	C/T	37 299 335	5.368 72	0.021 83	0.032 06

（续）

SNP	性状	环境	变异类型	位置	*F* 值	*P* 值	位点贡献率
SNP-113	穗长	2016 洛阳	T/G	37 302 600	4.580 4	0.033 92	0.028 86
		2015 吉林	T/G	37 302 600	6.802 31	0.010 06	0.043 27
SNP-114	穗长	2016 洛阳	T/C	37 302 603	4.580 4	0.033 92	0.028 86
		2015 吉林	T/C	37 302 603	6.802 31	0.010 06	0.043 27
SNP-54	穗粗	2015 海南	G/A	37 301 740	6.825 05	0.009 90	0.042 60
		2016 海南	G/A	37 301 740	5.909 21	0.016 26	0.037 49
	穗码数	2016 洛阳	G/A	37 301 740	6.256 09	0.013 50	0.040 76
		2015 洛阳	G/A	37 301 740	3.947 46	0.048 74	0.024 85
SNP - 111	穗长	2015 吉林	C/T	37 302 582	12.821 85	0.004 68	0.078 43
		2016 吉林	C/T	37 302 582	3.942 89	0.048 83	0.024 12
		2016 洛阳	C/T	37 302 582	5.508 13	0.020 21	0.034 50
SNP-100	株高	2016 洛阳	A/G	37 302 506	5.141 50	0.024 76	0.031 69
	叶片数	2016 洛阳	A/G	37 302 506	5.245 38	0.023 37	0.033 07
	穗长	2016 洛阳	A/G	37 302 506	5.735 25	0.017 84	0.035 87
SNP-104	穗长	2016 洛阳	G/T	37 302 519	5.735 25	0.017 84	0.035 87
	叶片数	2016 洛阳	G/T	37 302 519	5.245 38	0.023 37	0.033 07
	株高	2016 洛阳	G/T	37 302 519	5.141 50	0.024 76	0.031 69
SNP-52	穗粗	2016 海南	A/G	37 301 732	6.110 27	0.014 57	0.038 72
		2015 海南	A/G	37 301 732	6.964 24	0.009 19	0.043 43
SNP-51	穗码数	2015 洛阳	G/A	37 301 730	4.270 6	0.040 47	0.026 82
		2016 洛阳	G/A	37 301 730	5.693 05	0.018 33	0.037 23
	穗粗	2015 海南	G/A	37 301 730	5.651 88	0.018 70	0.035 54
		2016 海南	G/A	37 301 730	5.267 38	0.023 13	0.033 56
	叶片数	2015 吉林	G/A	37 301 730	4.771 92	0.030 46	0.029 72
		2016 吉林	G/A	37 301 730	4.545 31	0.034 59	0.028 14
SNP-49	穗质量	2016 海南	T/G	37 301 712	4.742 08	0.031 05	0.03 08
	穗粒质量	2015 海南	T/G	37 301 712	4.647 11	0.032 69	0.028 94
	穗粗	2015 洛阳	T/G	37 301 712	4.281 93	0.040 22	0.027 28
		2016 洛阳	T/G	37 301 712	4.091 10	0.044 85	0.024 85
		2016 海南	T/G	37 301 712	7.243 26	0.007 94	0.045 56
		2015 海南	T/G	37 301 712	6.070 13	0.014 88	0.038 07
SNP-70	穗粒质量	2016 吉林	G/A	37 301 884	5.834 85	0.016 91	0.033 77
		2015 吉林	G/A	37 301 884	3.965 50	0.048 25	0.023 77

SiCCT 基因 SNP 位点单倍型效应分析：单倍型分析发现由 SNP-100 和 SNP-104 形成的两个单倍型在海南抽穗期没有明显差异，而随着日照时间的延长，在洛阳、吉林两地单倍型间抽穗期均相差 4d，表明 *SiCCT* 基因在长日照条件下发挥作用，而在短日照条件对抽穗期没有显著影响，这与玉米和水稻中报道的 CCT 类基因功能相一致（图 4－29）。

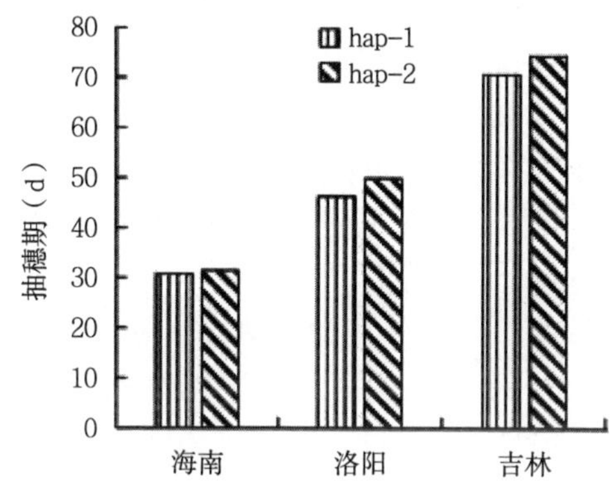

图 4－29　单倍型效应分析 *SiCCT* 对抽穗期的影响

3. 讨论

除影响抽穗期外，光周期途径的许多基因还对其他农艺性状产生影响，具有多重效应。玉米的 *ZmCCT* 基因是通过全基因组关联分析发现的，编码含有 CCT 保守结构域的蛋白，响应着光周期[138]。水稻中 *Ghd7* 基因除影响开花期外，还影响着每穗粒数[134]。Morris 等对 971 份来自世界各地不同地域的高粱品种进行全基因组关联分析，结果定位到三个株高相关已知位点（*dw1*，*dw2*，*dw3*）和多个花序结构相关基因，这些基因与玉米、水稻、拟南芥的花调控因子同源，包括 *GDD1*，*APO1* 等，对揭示这些基因在高粱中的功能提供了很大的帮助[157]。在本研究连续两个年份稳定关联到的位点中，SNP-49 位点在海南和洛阳都与穗粗相关联（$P<0.05$）；SNP-51 位点在海南与穗粗相关联，在洛阳与穗码数关联，在吉林与叶片数关联（$P<0.05$）；SNP-52 位点在海南与穗粗相关联（$P<0.05$）；SNP-54 位点在海南与穗粗关联，在洛阳与穗码数关联（$P<0.05$）；SNP-70 位点在吉林与穗粒质量关联（$P<0.05$）；SNP-111 在吉林检测到与穗长关联（$P<0.05$）。以上研究结果说明 *SiCCT* 基因具有一因多效，且随着地理位置的不同，对农艺性状的影响程度也不同。本研究将重测序结果获得的 *SiCCT* 基因组 SNP 数据，与谷子的主要农艺性状进行候选基因关联分析，一定程度上验证了该基因的功能，快速发掘出对目标性状有很大贡献的优势等位基因，可以对解析基因的功能和关键作用位点提供很大的帮助。对于一因多效性基因，还可以对它们的多个效应进行分解，区分与

不同性状相关联的多态性位点，从而分解一因多效的基因对不同性状作用的机制[158]。本研究揭示了来自世界各地的谷子的群体结构及遗传多样性，为谷子的分子标记辅助育种改良提供了非常宝贵的资源。

四、表达分析结合单倍型分析揭示谷子伪应答调控蛋白（PRR）基因光温响应特性及表型效应

（一）伪应答调控蛋白基因家族研究概述

1. PRR 家族基因基本特征

作物开花是一个繁琐的过程，受生活环境与自身基因的调节，其开花调控路径由众多基因家族共同构成。在拟南芥中，CCT（CONSTANS/CONSTANS-LIKE/TOC1）家族成员参与光周期开花调控、光信号途径以及生物钟调控等[142,159]。生物钟是植物控制其正常生命活动的重要途径，由多个“转录-翻译”反馈环组成，包括输入途径、中央振荡器和输出途径[160]。中央振荡器作为生物钟的核心主要由 LHY（LATE ELONGATED HYPOCOTYL）、CCA1（CIRCADIAN CLOCK ASSOCIATED1）和伪应答调控蛋白家族（PSEUDO-RESPONSE REGULATORS，PRRs）组成[161]。根据蛋白的功能结构域可将 CCT 家族分为 CMF（CCT MOTIF FAMILY）亚家族、COL（CONSTANS-like）亚家族和 PRR 亚家族[130]。PRRs 与原核生物的磷酸化和脱磷酸化双元信号系统的受体 RR（RESPONSE REGULATOR）有很高的同源性[162]。PRRs 家族具有氨基端的 PRR/RLD（RECEIVER-LIKE DOMAIN）结构域和一个羧基端的 CCT 结构域[163]，这两个结构域被 1 个不太保守的“可变”域分隔，N 端响应调节接收结构域与参与其 ASP 磷光信号转导途径的接收域高度相似[164]，C 端的 CCT 结构域与酵母血红素激活蛋白（HAP2）的 NF-YA2 DNA 结合区相似，CO（CONSTANS）的 CCT 结构域能够与其他 HAP 蛋白结合[128]。

PRRs 基因在被子植物中是保守的，并且在其基因组中至少保留了 5 个 PRR 基因拷贝，分为三个进化枝：*PRR1/TOC1*、*PRR3* 和 *PRR7*、*PRR5* 和 *PRR9*。尽管这些基因的氨基酸序列在 PRR 结构域和 CCT 基序中高度保守，但在三个进化枝的 PRR 结构域中存在几个氨基酸变化，能导致其功能差异[165-166]。目前，在拟南芥和番木瓜中已经鉴定出 5 个 PRR 基因，分别为 *PRR1*（*TOC1*）、*PRR3*、*PRR5*、*PRR7* 和 *PRR9*[167-169]，水稻中也有 5 个直系同源的 *PRR* 基因，分别为 *OsPRR1/OsTOC1*、*OsPRR37*、*OsPRR59*、*OsPRR73* 和 *OsPRR95*[170]。在这些基因中，*OsPRR37* 由于影响水稻开花期、株高和每穗小穗数而显得更为重要[171]。

2. PRRs 在拟南芥、水稻光周期途径中的作用机制

拟南芥中 5 个 PRR 基因从黎明到黄昏依次表达，呈现昼夜规律和时间表

达顺序模式：*PRR9*→*PRR7*→*PRR5*→*PRR3*→*PRR1*（*TOC1*）[167]。*TOC1*/*PRR1* 能够促进 *LHY*、*CCA1* 基因的表达，而 *TOC1* 的过表达会抑制 *CCA1*、*LHY* 的表达，而后者又能够与 *TOC1* 的启动子区结合，进而抑制 *TOC1* 的表达[172]。*TOC1* 的稳定性受蓝光受体 ZTL（ZEITLUPE）的影响，ZTL 的 LOV 结构域在蓝光的诱导下可以结合 TOC1 和 PRR5，从而依赖蛋白酶降解后者。有研究表明，ZTL 的 LOV 结构域能够经蓝光诱导而产生构象变化，能使 ZTL 更易与 GI 结合，减弱晚间 TOC1 和 PRR5 的降解[173]。

CCA1 和 *LHY* 在黎明时被光照激活，启动下游晨间基因 *PRR7* 和 *PRR9* 的表达，而抑制晚间基因 *PRR5*、*TOC1* 的表达[173-174]，而植物辅抑制因子 TPL/TPR（TOPLESS/TOPLESS-RELATED）能够作用于 *PRR5*、*PRR7* 和 *PRR9* 来抑制 *CCA1*、*LHY* 的表达[174-176]。拟南芥中 *PRR5* 的表达不受光信号的调节，并且在黎明后 8h 达到昼夜节律性表达的峰值，*PRR9* 表现出轻微的光反应表达，在黎明之后具有表达峰[165,167]。REVEILLE 家族的 Myb 类转录因子 *RVE4*/*6*/*8* 对 PRRs 家族的 *PRR9*、*PRR7*、*PRR5* 和 *TOC1* 的转录具有促进作用，然而，*CCA1*/*LHY* 和 *RVE8* 的表达反过来受其转录抑制因子 PRRs 的抑制，因此，*PRRs* 基因处在 *CCA1* 的下游[173]。

PRR7 是一个光周期调控开花途径的中心抑制因子，通过抑制其他蛋白的表达，控制植物生长、发育、开花和对非生物胁迫的反应。拟南芥中 *PRR7* 过表达会抑制 *CCA1* 和 *LHY* RNA 的表达，从而扰乱昼夜节律并可以调节活性氧的水平[174,177-178]。PRR7 以昼夜依赖的方式磷酸化，由蛋白酶体介导其降解，其蛋白水平受昼夜节律的调节[179]，同时，PRR7 受转录调控和转录后调控，其蛋白水平与 RNA 水平无关[177]。PRR7 通过与靠近转录起始位点的区域结合来抑制靶基因的表达，其大量的靶基因由 ABA 调控[180]；PRR7 作用靶点还包括 fer1、fer3 和 fer4 三种铁蛋白[180]，在植物铁过量应激反应中具有保护作用[181]；PRR7 靶点还包括一个超氧化物歧化酶家族蛋白[180]。PRR7 通过抑制 Myb 类转录因子 *rve1*（*reveille1*）、*rve2*（*reveille2*）和 *rve7*（*reveille7*）的表达来调节下胚轴生长和开花[182-184]，但其转录水平受 *HsfB2b* 的抑制[185]。

水稻 PRRs（OsPRRs）家族包括 5 个基因，节律性表达顺序依次为 *OsPRR95*→*OsPRR73*→*OsPRR59*→*OsPRR37*→*OsPRR1*[170,186]。*OsPRR37* 在调节基因转录和对光或其他刺激的反应中起主要作用，*OsPRR37* 过表达时，发现晨间基因 *OsCCA1*，*OsPRR73* 和 *OsPRR59* 的转录及 *OsPRR1* 和 *OsPRR59* 的表达峰值受到抑制，晚间基因 *OsPCL1* 和 *OsELF3-2* 表达上调，*OsGI* 无差异，*OsELF3-1*、*OsZTL1* 和 *OsZTL2* 下调[187-188]，表明 *OsPRR37* 主要抑制日间生物钟基因 *OsCCA1*、*OsPRR73* 和 *OsPRR59* 的转录，并间接调节 *OsPRR1*、*OsPRR59* 和夜间生物钟基因的表达。用水稻原生质体中的瞬时

LUC表达系统研究 *OsPRR37* 时发现其具有转录抑制活性，没有转录激活活性[189-191]。

MADS（*MCM1*，*AGAMOUS*，*DEFICIENS*，*SERUM RESPONSE FACTOR*）盒基因的主要作用是控制植物开花期和花器官特性，*OsMADS1* 通过整合转录信号传导途径以调节水稻开花[192-193]，*OsMADS14*、*OsMADS15* 和 *OsMADS18* 在 *RFT1*（*Rice flowering locus T1*）下游协同起作用，促进水稻由营养生长向生殖生长转变[194]。在水稻开花调控路径中，*OsPRR37* 位于开花调节基因 *Ehd1*、*RFT1*、*OsMADS1*、*OsMADS14*、*OsMADS15* 和 *OsMADS18* 的上游；*Ehd1* 位于 *Ghd8*、*Hd1*、*OsMADS50*、*OsMADS56* 和 *OsMADS51* 的下游，位于 *OsMADS14*、*OsMADS15* 和 *OsMADS18* 的上游[191,195]。*Ehd1* 介导的开花调控包括直接下游途径（*RFT1*、*OsMADS14*、*OsMADS15* 和 *OsMADS18*）和间接上游途径（*Ghd8*、*Hd1*、*OsMADS50*、*OsMADS56* 和 *OsMADS51*）。*OsPRR37* 和 *OsGI* 参与维持生物钟和调节对光周期的敏感性以控制水稻抽穗[196]，*OsMADS51* 将开花信号从 *OsGI* 传递至 *Ehd1*，对 *Ehd1* 起反馈调节作用[194]。*OsMADS50* 和 *OsMADS56* 对 *Ehd1* 介导的开花途径的反馈调节受 *OsPRR37* 的影响。

在长日照条件下，开花负调节因子 *OsELF3-1* 通过对 *OsPRR73* 和 *Ghd7* 上游的作用来抑制 *Hd3a* 和 *Ehd1* 的表达而调控开花；在短日照条件下，*Ehd1* 的表达被 *OsELF3-1* 通过感知蓝光信号而激活，从而促进开花。*OsPRR37* 调控水稻开花模型已有较多研究，但 Liu 等[191]提出的 *OsPRR37* 调控开花的模型较为全面，该模型阐述了 *OsPRR37* 在水稻开花调控中的 3 条作用途径（图 4-30）：①*OsPRR37* 过表达显著抑制 *Ehd1* 和 *OsMADS1* 的表达，*OsMADS1* 的缺失阻碍下游基因的转录和信号转导，不能通过此途径促进花发育；②*OsPRR37* 能够间接抑制 *RFT1* 的表达，使花发育基因 *OsMADS14*、*OsMADS15* 和 *OsMADS18* 的转录受到抑制，从而完全抑制 *Ehd1* 介导的开花途径；③*OsPRR37* 与 *Ghd8*、*Hd1* 有协同作用，与 *OsMADS50*、*OsMADS51* 有拮抗作用，由 *OsMADS50* 和 *OsMADS51* 促进 *Ghd8* 和 *Hd1* 表达，并以此抑制 *Ehd1* 的表达。该模型表明 *Ehd1* 是调节水稻开花的决定因素，*OsPRR37* 在水稻开花过程中充当中央阻遏物。

3. 高粱 *SbPRR37* 在光周期途径中作用机制

高粱 *PRR37*（*SbPRR37*）的表达受生物钟调节。在长日照条件下，*SbPRR37* 具有早晨和黄昏两个表达峰；在短日照条件下，*SbPRR37* 仅有早晨表达峰。然而，*SbPRR37* 表达是光依赖性的，将长日照条件下的高粱转移至连续黑暗的环境中，*SbPRR37* 没有表达峰值；将短日照条件下的高粱转移到连续光照环境中时，*SbPRR37* 在早晨和晚上都具有峰。因此，短日照中

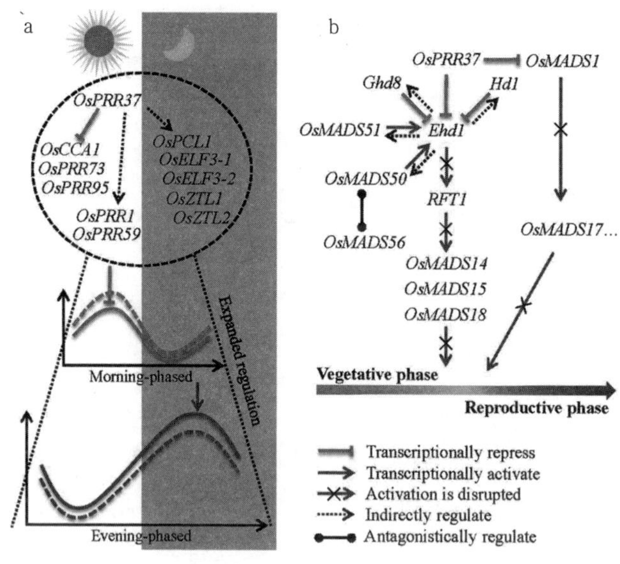

图 4-30　*OsPRR37* 在水稻开花途径中的作用[191]

SbPRR37 晚上表达峰消失是缺光所致，其生物钟功能并没有被破坏。在连续长日照条件下，*SbPRR37* 在昼夜节律作用下在早上和晚上高表达以抑制开花；在短日照条件下，*SbPRR37* 只在早上高表达，而晚上因缺乏光照 *SbPRR37* 低表达或不表达，因而在晚上高粱缺少开花阻遏物 *SbPRR37* 的产物，解除对开花的抑制，导致花的形成[197]。

SbPRR37 在高粱响应光周期调控开花途径中扮演中央阻遏物的角色，是调控温带高粱开花时间的一个决定性基因（图 4-31）。在长日照条件下，光敏感受体（PHOT）捕捉到光信号，介导 *SbPRR37* 的表达，在生物钟作用下 *SbPRR37* 出现早晨和晚上的表达峰。*SbPRR37* 通过直接抑制 *Ehd1* 的转录来抑制 *FT*（*FLOWERING LOCUS T*）的表达，进而抑制高粱开花[198]。另外，*SbPRR37* 能够通过激活 *CO* 的表达来间接抑制 *FT* 的表达，抑制开花。在短日照条件下，*SbPRR37* 在晚上的表达峰消失，对高粱开花基因的抑制减弱，可诱导花的形成[197]。

4. PRRs 在植物生长发育、非生物胁迫、地区适应性中的作用

PRRs 家族基因作为生物钟的核心组分，对植物生长和发育至关重要。有研究发现 *PRR7* 可作为调节光敏色素基因表达及信号传导的中间体，负责幼苗对光的响应和生物钟的定相[199]。ABA 能够抑制 *PRR5* 基因的表达，但对 *prr5* 突变体将失去抑制效果，用 ABA 处理后，突变体的种子具有更高的发芽率和更长的主根。同时，突变体在 NaCl 处理后也具有更高的种子萌发率[200]，表明 *PRR5* 是 ABA 信号转导途径和植物抵抗非生物盐胁迫的关键基因。

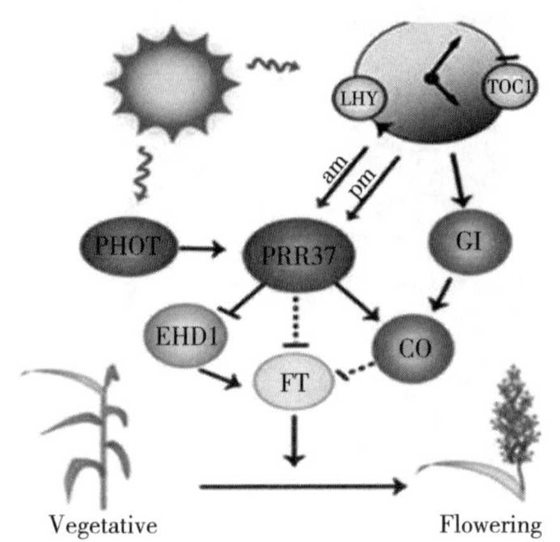

图 4－31　高粱中光周期调节开花的模型[197]

PRRs 基因家族中 *TOC1*、*PRR5*、*PRR7* 及 *PRR9* 的功能缺失都能导致植物种子下胚轴伸长[174,201]。此外，下胚轴伸长关键基因 *PIF3*（*phytochrome-interacting factors3*）和 *TOC1* 共同结合在一些黎明前表达和发育相关的基因的启动子上。*TOC1* 能与 PIF3 和 PIF4 通过蛋白互作的方式抑制它们的转录激活活性，从而抑制 PIFs 介导的下胚轴伸长[202-203]。*OnPRR7-1* 和 *OnPRR7-2* 可变剪接体在文心兰花瓣绽口期和衰老初期具有表达峰值，表明 *PRR7* 基因对植物开花和谢花过程起重要作用[204]。目前发现 PRRs 家族基因在不同的植物中有许多功能，如表 4－15 所示。

脱落酸（ABA）是一种广泛应用于研究植物对渗透胁迫反应的胁迫激素，而 PRRs 基因 *TOC1* 与 ABA 调控基因有部分重叠，*TOC1* 能够结合到 ABA 调控基因启动子上抑制 *ABAR*（*ABA related*）、*CBF*（*C-repeat binding factor*）、*ABI*3（*ABA insensitive3*）等基因的表达，然而，这些基因的表达又能促进 *TOC1* 的表达，从而形成调节 ABA 信号传导的调节环[205]，以增加植物抗逆性。在水稻中，干旱胁迫可使 *OsPRR73* 的表达减少，*OsTOC1* 的表达增加，*OsPRR59*、*OsPRR95* 和 *OsPRR37* 基因的峰值相位不变，振幅减弱，这表明 *OsTOC1* 与水稻抗旱相关[206]。另外，有研究发现用 ABA 处理过的拟南芥中 *TOC1* 的表达增强[207]。Marcolino-Gomes 等[208]发现干旱胁迫导致部分大豆生物钟基因节律性表达的振幅或相位发生变化，表明生物钟基因与干旱胁迫响应之间存在相互作用。在大豆中，*PRR7*、*PRR9* 在干旱胁迫下表达减弱，在中度干旱条件下仅 *PRR3* 的表达增高，表明 *PRR3* 基因在大豆响应非生物干旱胁迫中具有一定作用。另外 *PRR5*、*PRR7*、*PRR9* 三个基因在植物对非生物高盐和干旱胁迫的响应中也具有不可替代的作用。有研究表明，野生型拟南芥植株中 ABA 含量在中午 12 点较黎明时增加 2 倍，但在 *prr5/7/9* 三缺失突变体中 ABA 含量一直很高，且脱落酸合成途径中的关键基因表达显著升高[209-210]，这表明 *PRR5*、*PRR7* 和 *PRR9* 对 ABA 生物合成起抑制作用。Liu 等[180]通过 ChIP-seq 技术发现 *PRR7* 的靶基因很大一部分与抗旱相关，而 *prr* 三突变体影响 ABA 调控基因表达的周期性变化并增强植株抗旱性，进一步说明 *PRR7* 负调控植物 ABA 基因响应干旱胁迫。

温度对作物的生长发育非常重要，植物能够感知外界温度并作出不同的应激反应，PRRs 家族基因在应对冷胁迫反应中尤为重要。温度主要影响生物钟基因形成可变剪接，并调节热激反应因子 *HsfB2b*（*HEAT SHOCK FACTOR B2B*）和 *FBH1*（*FLOW ERING BASIC HELIX-LOOP-HELIX1*）的表达水平，HsfB2b 和 FBH1 可结合在 *PRR7* 及 *CCA1* 的启动子上来调控其表达水平[185,211]。低温诱导可使 *CCA1* 及其他生物钟基因通过可变剪接形成不同的转录本，从而影响其功能[212]。在冷胁迫中，*CCA1*、*LHY* 作为正调节因子，*PRR9*、*PRR7*、*PRR5* 作为负调节因子来共同调节抗冷基因 *CBF*（*C-repeat binding factor*）的表达[210,213]。徐江民等的研究表明，冷胁迫会刺激水稻 *OsLHY* 和 *OsPRR1* 的响应，促进其他 OsPRRs 家族基因的表达。然而，对水稻开花时间延迟影响最大的环境条件是低温长日照（24℃/14.5h），这表明 PRRs 基因可以提高水稻对光周期和温度的敏感性[214]。*COR27*（*COLD-REGULATED GENE27*）和 *COR28*（*COLD-REGULATED GENE28*）参与调节晚间基因 *TOC1*、*ELF4* 和冷应激反应相关基因的表达，通过抑制 *PRR5* 和 *TOC1* 的表达来调节生物钟节律，从而调控植物开花时间和冷应激反应[215]。Salomé 等[216]对 *prr7*/*prr9* 双突变体研究发现，*PRR7* 和 *PRR9* 可以调节 *CCA1* 和 *LHY* 响应环境温度。生物钟核心组分 *PRR5*/*PRR7*/*PRR9* 突变后，可间接增强 *CBF* 的表达水平，使植物具有更强的耐冷性[214]。另外，PRRs 基因家族中 *TOC1* 的突变也会上调 *CBF3* 的表达水平，增强植物对冷胁迫的耐受性[217]。这表明 PRRs 家族基因在植物对非生物冷胁迫的适应中起重要作用。

OsPRR37 与控制水稻光周期敏感性主效应的株高 QTLs *Hd2* 密切相关[171]。与 *OsPRR37* 同源的基因如大麦 *Ppd-H1*[218]、小麦 *Ppd-D1*[219]和高粱 *SbPRR37*[197]在光周期敏感性和开花期调控中发挥重要功能，影响作物的区域适应性。例如，小麦品种绿色革命由于 *PRR37* 等位基因 *Ppd-D1* 半显性而将小麦从长日照植物转变为日中性（光周期不敏感）植物，为适应广阔的地理环境提供了条件[219]；在水稻中，*OsPRR37* 的天然突变促进了水稻向亚洲高纬度地区的扩张[220-222]。有学者发现，欧洲和亚洲水稻品种中存在不同类型的无功能的 *PRR37* 等位基因，这种带有 *Ghd7*/*Hd4* 和 *PRR37*/*Hd2* 的非功能性等位基因的品种在自然长日照条件下开花极早，适应北半球更高纬度区域种

植。这表明 *PRR37/Hd2* 的自然变异有助于提高作物的地理适应性和扩大种植面积[143,221,223]。PRR37 蛋白提前终止、CCT 结构域和 PRR 结构域中的错义突变会影响作物对光周期的敏感性，进而影响表型性状[218,221,224-225]。虽然 *PRR37* 可以作为适应性改变的靶点，但特定的碱基突变对蛋白质功能的影响可能不同，从而导致不同的适应性表型。研究表明 *OsPRR37* 通过增强光温敏感性来调节水稻开花，并且开花期与 *OsPRR37* 的表达水平显著相关[191]。*PRR37* 基因同源物在复杂的遗传调控中对作物种植纬度扩展和对光周期的适应性方面起重要作用[198]。PRR 家族成员功能总结见表 4－15。

表 4－15　已知几种植物的 PRRs 基因及其功能

物种	基因名称	主要功能	参考文献
拟南芥	*PRR5*	参与盐胁迫调节；参与 ABA 信号转导	[200]
		阻遏 *CCA1* 和 *LHY* 启动子的活性	[167]
		通过 *CONSTANS* 依赖性途径控制开花时间	[167，177]
		与种子萌发和主根生长有关	[200]
		负调控抗冷基因 *CBF* 的表达来响应冷胁迫	[195，213，217]
	PRR7	调节 *CCA1* 和 *LHY* 响应环境温度	[216]
		作为光敏色素调节的基因表达中信号传导的中间体	[199]
		阻遏 *CCA1* 和 *LHY* 启动子的活性	[167]
		通过 *CONSTANS* 依赖性途径控制开花时间	[177]
		负调控抗冷基因 *CBF* 的表达来响应冷胁迫	[210，213，217]
		调节活性氧的水平	[174，177-178，180]
		与植物对铁过量的适应有关	[180]
		PRR7 负调控 ABA 基因响应干旱胁迫	[180]
	PRR9	调节 *CCA1* 和 *LHY* 响应环境温度	[216]
		阻遏 *CCA1* 和 *LHY* 启动子的活性	[167]
		通过 *CONSTANS* 依赖性途径控制开花时间	[177]

（续）

物种	基因名称	主要功能	参考文献
	TOC1	负调控抗冷基因*CBF* 的表达来响应冷胁迫	[210，213，217]
		TOC1 结合到 ABA 基因启动子上抑制 *ABAR*、*CBF*、*ABI3* 等基因表达	[205]
		抑制 PIFs 介导的下胚轴伸长	[202-203，214，217]
		响应冷胁迫	[217]
水稻	*OsPRR1*	*OsPRR1* 响应冷胁迫刺激	[214]
	OsPRR37	*OsPRR37* 通过抑制 *Ehd1*	[194]
		控制抽穗期、穗粒数和株高等性状	[221-222，226-227]
	OsTOC1	与抗旱相关	[207]
	OsPRR73	与抗旱相关	[206]
高粱	*SbPRR37*	*SbPRR37* 通过抑制 *FT* 而抑制开花	[197-198]
大麦	*HvCCA1*/ *HvPRR1*/ *HvPRR37*/ *HvPRR73*/ *HvPRR59*/ *HvPRR95*	调节昼夜节律和调控开花	[228]
小麦	*TaPRR37*	与小麦抽穗期和株高显著关联	[229]
	TaPRR73	在根中高度表达，可能与耐旱性和耐盐性有关	[229]
大豆	*PRR3/7/9*	大豆的 *PRR3/7/9* 基因在干旱胁迫下均表达减弱，仅 *PRR3* 基因在中度干旱处理下表达增高	[208]
	PRR1	*PRR1* 参与调控 ABA 信号及气孔孔径和非生物逆境反应等	[230]
文心兰	*OnPRR7*	可能在花发育的开花和花衰老的过程中发挥作用	[204]

（二）*SiPRR37*、*SiPRR73* 基因的克隆与生物信息学分析

1. 材料与方法

（1）实验材料　选择来源于陕西省的谷子品种延谷 11 为克隆 *SiPRR37* 和 *SiPRR73* 基因的材料，该品种对光周期异常敏感。

（2）主要实验器材　GZX-150B 型光照培养箱（上海坤天实验室仪器有限公司），BS 200S 型分析天平（北京赛多利斯天平有限公司），DLAB 可调微量移液枪［大龙兴创实验仪器（北京）股份公司］，D3024R 型高速冷冻型微量离心机（美国赛洛捷克公司），WGL-45B 电热鼓风干燥箱（天津市泰斯特仪器有限公司），SW-CJ-1D 型超净工作台（苏州净化设备有限公司），DG-800 型旋涡混合器（北京鼎国昌盛生物技术有限责任公司），YXQ-SG46-280S 型手提式压力蒸汽灭菌锅（上海博迅实业有限公司），数显恒温水浴锅（金坛市医疗仪器厂），ZD-85 型气浴恒温振荡器（金坛市医疗仪器厂），MG96＋型基因扩增仪（杭州晶格科学仪器有限公司），海尔冰箱，DYY-6C 型电泳仪（北京市六一仪器厂），电泳槽（北京君意东方电泳设备有限公司），ZF-7 型暗箱式三用紫外分析仪（上海嘉鹏科技有限公司），凝胶成像系统（美国伯乐公司），－80℃超低温冰箱（日本三洋公司），NanoDrop™ One 微量紫外-可见光分光光度计［赛默飞世尔科技（中国）有限公司］，液氮罐，万用电炉（北京科伟永兴仪器有限公司），10cm×10cm 塑料花盆，研钵和研棒，手术刀。

（3）相关试剂　Ultrapure RNA Kit（北京康为世纪生物科技有限公司）；氯仿（分析纯）、无水乙醇、无 RNase 水和 ddH_2O，琼脂糖，Tris，$Na_2EDTA \cdot 2H_2O$，冰乙酸，BM2000＋DNA Marker（北京索莱宝科技有限公司）；PrimeScript™ Ⅱ 1st Strand cDNA Synthesis Kit［宝日医生物技术（北京）有限公司］；*EasyPure*® Quick Gel Extraction Kit（北京全式金生物技术有限公司）；醋酸钠、异丙醇、2×Es *Taq* MasterMix（Dye）［天根生化科技（北京）有限公司］；酵母浸粉、胰蛋白胨、NaCl、琼脂粉、氨苄青霉素、甘油（北京索莱宝科技有限公司）。基因克隆试剂盒：Zero Background pTOPO-TA Cloning Kit（北京艾德莱生物科技有限公司）；感受态细胞：大肠杆菌 DH5α 感受态细胞（上海昂羽生物技术有限公司）。

（4）植物材料的种植及样品采集　2018 年 5 月中旬将延谷 11 的一个完全成熟的穗脱粒，将种子种在装有营养土的 10cm×10cm 的塑料花盆中，放置于自然长日照环境下，待长至 2 叶期时间苗，每盆留 1 株，长至 5 叶期时，用干净的剪刀剪取完全展开的顶端第一、第二片叶，放入液氮中速冻。

延谷 11 的 RNA 提取：RNA 提取使用 Ultrapure RNA Kit，该试剂盒由 TRIzol Reagent 和 Gel Extraction Kit 两部分组成。实验操作流程如下。

①清洁超净台，用紫外灯杀菌 30min，对研钵和研棒、1.5mL 离心管等器材进行无 RNase 处理。

②将延谷 11 叶片在液氮中迅速研磨，取 40mg 粉末装入含 1mL TRIzol

Reagent 的 1.5mL 的离心管中，立即涡旋剧烈振荡混匀，样本充分裂解后，为保证蛋白核酸复合物彻底分开，在确保不被污染的情况下室温放置 5～6min。

③待蛋白核酸分开后加入氯仿 200μL，涡旋剧烈振荡 18s 后在干净的环境中室温条件下放置 2min。

④用高速冷冻型微量离心机离心 10min（4℃、12 000r/min），将离心后的上层溶液 500μL 转移到新的干净无 RNA 酶的离心管（1.5mL）中，并加入用无 RNase 水配的 70%的乙醇 500μL，颠倒混匀。

⑤将第 4 步所得 1 000μL 溶液分 2 次（每次 500μL）加入到吸附柱中，用高速冷冻型微量离心机离心 30s（4℃、12 000r/min），倒掉废液。

⑥加入 700μl Buffer RW1，用高速冷冻型微量离心机离心 30s（4℃、12 000r/min），倒掉废液。

⑦加入 500μL Buffer RW2（已加无水乙醇），用高速冷冻型微量离心机离心 30s（4℃、12 000r/min），倒掉废液，重复 1 次。

⑧用高速冷冻型微量离心机离心 2min（4℃、12 000r/min），倒掉废液后置于超净台 5～8min，使吸附柱上的乙醇彻底挥发。将吸附柱置于干净全新的 1.5mL 离心管中（无 RNase），将 40μL 无 RNA 酶水加入吸附柱中央，在超净台中放置 1.5min，然后用高速冷冻型微量离心机离心 1min（4℃、12 000r/min），将收集的 RNA 溶液经 1%琼脂糖凝胶电泳检测后储存在 −70℃冰箱。

（5）反转录　采用宝生物（TaKaRa）PrimeScript™ Ⅱ 1st Strand cDNA Synthesis Kit 试剂盒，反转录体系为 20μL，RNA 总量为 1 000ng，在冰上操作，过程如下：

①去除基因组 DNA：在 200μL 无 RNA 酶的干净离心管中按表 4-16 加入试剂和 RNA，混匀后再瞬时离心，确保反应液全部在离心管底部，然后置于 PCR 仪中，42℃保温 2min 后 4℃冷却。

表 4-16　去除基因组 DNA 反应液

试剂	体积
5×gDNA Eraser Buffer	2.0μL
gDNA Eraser	1.0μL
Total RNA	1 000ng
RNase Free dH_2O	补足至 10μL

②反转录反应：反转录混合液在冰上配置，按表 4-17 配制完成后装入含有表 4-16 产物的 PCR 管中，轻轻混匀瞬时离心后放入 PCR 仪中，37℃保温 15min，85℃ 5s 使酶失活之后，降温至 4℃，于−70℃保存。

表 4-17　反转录反应混合液

试剂	体积
表 4-16 中去除基因组 DNA 的反应液	10μL
PrimeScript™ RT Enzyme Mix Ⅰ	1μL
RT Primer Mix	1μL
5×PrimeScript™ Buffer 2	4μL
RNase Free dH_2O	4μL

(6) 引物设计和 PCR 扩增　以高粱和玉米 *PRR37*（NCBI 登录号：JF801189 和 XM_008672472）和 *PRR73*（NCBI 登录号：XM_021450755 和 EU952116）基因序列为查询序列，同源搜索 Phytozome 谷子数据库（http://phytozome-next.jgi.doe.gov）中的谷子基因组数据，获得同源性最高的序列，以此序列的转录本为模板，用 DNAMAN5.0 设计特异性引物，引物由北京鼎国昌盛生物技术有限责任公司合成（表 4-18）。

表 4-18　*SiPRR37* 和 *SiPRR73* 特异性引物序列

引物名称	正向引物（5′—3′）	反向引物（5′—3′）	扩增片段大小（bp）
PRR37-1	CCATTTGCTGACTCGCCTAC	TCCTGTCCCGCCTTGAT	1 586
PRR37-2	TGACAACGACGAGGACG	CGTTAGCAATCTCCGTGT	1 295
PRR37-3	AAGGCTCCAATGGCAGTAG	GAACCAGCGAAGGAAGAATC	1 267
PRR73-1	GCTCTGCTCGTCCTCGTT	GCCACCTCCAGCCACAT	2 398
PRR73-2	CGGGTAACAGGGAGAGAGTAA	CAACCACAGAAACGATAACTGG	804

扩增体系为稀释 10 倍的 cDNA 模板 1μL，2×Es *Taq* MasterMix（Dye）10μL，10μmol/L 的正、反向引物各 0.5μL，最后用 ddH_2O 补足到 20μL。PCR 扩增程序为：94℃预变性 5min；接下来 35 个扩增循环，每个循环包括 94℃变性 30s、58℃退火 30s、72℃延伸 90s；最后 72℃延伸 5min。

将上述 PCR 产物用 1%的琼脂糖凝胶电泳检测，用凝胶成像仪拍照记录，并使用全式金 DNA 琼脂糖凝胶回收试剂盒对目的片段进行切胶回收和纯化。

(7) 连接转化　在室温下，将回收后的目的片段连接到 pTOPO-TA 载体上，连接 5min，连接体系如表 4-19。使用上海昂羽生物技术有限公司的 DH5α 大肠杆菌感受态细胞进行转化，然后涂于含有 100mg/L Amp 的 LB 平板，37℃培养 12～16h。

表 4-19　连接反应体系

试剂	体积
纯化后的目的 DNA 片段	100ng
pTOPO-TAVector	1μL
10×Enhancer	1μL
无菌水（Sterile water）	补足至 10μL

（8）阳性菌株的筛选和测序　用无菌牙签挑取平板上的单菌落，在 1mL 含有 100mg/L Amp 的 LB 液体培养基中振荡培养 10h 后，取 1μL 菌液作为模板，用基因特异性引物进行菌液 PCR 扩增，扩增体系及循环程序同前。用 1%的琼脂糖凝胶电泳检测 PCR 产物后选择符合预期片段的阳性菌液送往生工生物工程（上海）股份有限公司测序。

SiPRR37 和 *SiPRR73* 基因的生物信息学分析：利用在线分析工具 TMHMM（http：//www. cbs. dtu. dk/services/TMHMM/）预测基因编码蛋白的跨膜结构域；用 SubLoc（http：//www. csbio. sjtu. edu. cn/bioinf/plant-multi/）软件分析亚细胞定位；用 NCBI 的 CDD（http：//www. ncbi. nlm. nih. gov/Structure/cdd/wrpsb. cgi）数据库搜索谷子 SiPRR37 和 SiPRR73 蛋白的保守结构域；用 DisProt（https：//dabi. temple. edu/external/disprot/predictor. php）预测谷子 SiPRR37 和 SiPRR73 蛋白的磷酸化位点。在 NCBI 数据库中下载 32 种植物的 PRR37 蛋白同源序列，43 条 PRR73 蛋白同源序列，应用 DNAMAN5. 0 软件进行多序列比对，用 MEGA 6. 05 软件构建分子系统发育树。

2. 结果与分析

（1）延谷 11 总 RNA 的提取　以自然条件下生长的延谷 11 叶片为材料提取总 RNA，经 1%琼脂糖凝胶电泳检测，可以看到 28S rRNA 和 18S rRNA 条带清晰（图 4-32）；经过超微量分光光度计检测，$OD_{260/280}$均在 2. 00～2. 10 之间，说明总 RNA 完整性较好，可以用于后续实验。

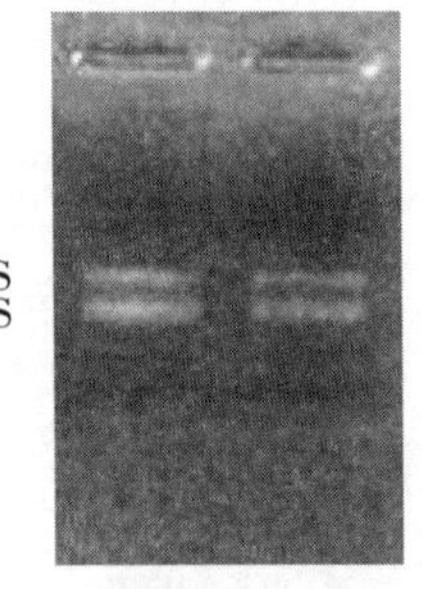

图 4-32　延谷 11 总 RNA 电泳

1、2. 两管 RNA

（2）*SiPRR37* 和 *SiPRR73* 基因的克隆　以延谷 11 叶片总 RNA 逆转录合成的第一链 cDNA 为模板，用 3 对特异性引物 PRR37-1、PRR37-2 和 PRR37-3 分段扩增 *SiPRR37* 基因，均获得预期大小的片段（图 4-33）。将 3 个扩增片段测序后经过拼接得到谷子 *SiPRR37* 基因含有完整编码区域的 cDNA 序列，该序列大小为 2 953bp，CDS 全长 2 247bp，编码 748 个氨基酸（图 4-34）。用 2 对特异性引物 PRR73-1 和 PRR73-2 分段扩增 *SiPRR73* 基因，均获得预期大小的片段（图 4-33）；将 2 个扩增片段测序后

经过拼接得到谷子 *SiPRR73* 基因含有完整编码区域的 cDNA 序列，该序列大小为 2 928bp，CDS 全长 2 283bp，编码 760 个氨基酸（图 4－35）。

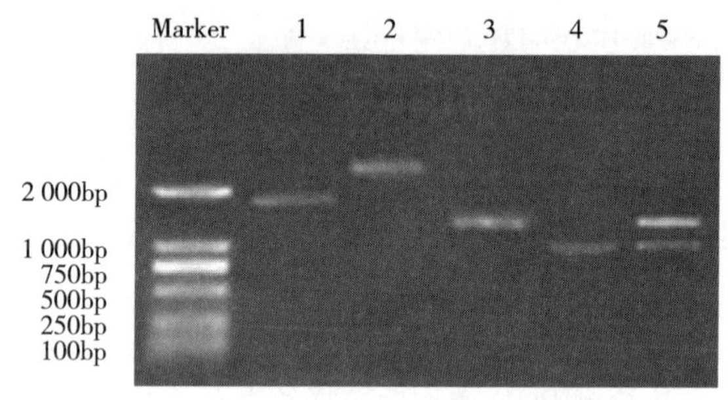

图 4－33　*PRR37* 和 *PRR73* 基因的 RT-PCR 产物电泳结果

1-5. 分别表示 PRR37-1、PRR73-1、PRR37-2、PRR73-2 和 PRR37-3 引物的扩增产物

```
ccatttgctgactcgcctacaatacaaagaggtttctgagttgttggatgcaaccgaggcgctcttcgatgcaa 74
gcgtaatatgtgctcgaccaccfattcattaactcaagacctgcctcggatcaatcccaccactttcgtctacctcttcaagfcaggctg 164
ATGGGAGGTACCCATCAGCAACCGGGTGTGGATGGACAATCCGTTAGAAGAGATGCCAGACTGCTTGGGAACAGCGCGGCGGATGTGGCT 254
M G G T H Q Q P G V D G Q S V R R D A R L L G N S A A D V A 30
GAGGGCAATGGGCTCCAGCAAGGGGACAGCGACTTGAGGAGCAGTGACCCTGATGGCCTGCTCAGCGGGCCAACCACTGGTCTGCAGCAG 344
E G N G L Q Q G D S D L R S S D P D G L L S G P T T G L Q Q 60
GGTGACACGGAAAATCAGCAGCAGCAACAGGTCTGCTGGGAGCGCTTCCTCCAGAAGAAGACTATCAAAGTCTTGCTCGTGGAGAGTGAT 434
G D T E N Q Q Q Q Q V C W E R F L Q K K T I K V L L V E S D 90
GATTCAACCAGGCAGGTGGTCAGTGCCCTGCTACGTCACTGCATGTACGAAGTTATCCCTGCCGAAAATGGTCAGCAAGCATGGAGTTAT 524
D S T R Q V V S A L L R H C M Y E V I P A E N G Q Q A W S Y 120
CTTGAAGATATGCAAAACAGCATAGATCTTGTTTTGGCTGAGGTTTTTATGCCTGGTGTTTCTGGAATTTCTCTGCTAAGTAGGATCATG 614
L E D M Q N S I D L V L A E V F M P G V S G I S L L S R I M 150
AGCCACAATATTTACAAGAATATTCCAGTGATTATGATGTCTTCGAATGATGCTATGGGTACTGTCTTTAAATGTTTGTCAAAAGGTGCT 704
S H N I Y K N I P V I M M S S N D A M G T V F K C L S K G A 180
GTTGACTTTTTTGTCAAGCCTATACGTAAGAATGAACTTAAGAACCTTTGGCAGCATGTGTGGAGACGGTGCCACAGCTCCAGTGGTAGT 794
V D F F V K P I R K N E L K N L W Q H V W R R C H S S S G S 210
GGAAGTGAAAGTGGCATTCAGAGACAGAAGCGTGCCAAATCAAAAAGTGGTGATGAATCTGATAACAGTGGTAGCAATGACAACGACGAG 884
G S E S G I Q R Q K R A K S K S G D E S D N S G S N D N D E 240
GACGATGAGGCAAGCATGGGACTTAATGCAAGGGATGGCAGTGATAATGGCAGTGGCACTCAAGCGCGGAGCTCGTGGACTAAGCGTGCT 974
D D E A S M G L N A R D G S D N G S G T Q A R S S W T K R A 270
GTGGAGATCGACAGTCCACAGGCTATGTCTCCAGATCAGTTAGCTGATCCACCAGATAGCACATGTGCACAAGTGGTCCACCCAAAATCA 1064
V E I D S P Q A M S P D Q L A D P P D S T C A Q V V H P K S 300
GAGATATGTAGCAACAGATGGCTACCAGGTACAAACAACAGAAACTGCAAGAAGCAAAAAGACACTAATGATGACTTTAAGGAGAAGGAC 1154
E I C S N R W L P G T N N R N C K K Q K D T N D D F K E K D 330
TTGGATATAGGTGCCCCTAGAAAATTAAATACGGATAGTCAATGTTCCCCAAATGAGAGGCCCATGAAGCCAGCAGATGGTCGTCGCGAG 1244
L D I G A P R K L N T D S Q C S P N E R P M K P A D G R R E 360
TACCCACCAGAAAACAATTCCAATGAGTCAATGATGGAAAATTTAGAGGAGGCTACTGTTCGAGCTGCTGATCTGATTGGTTCAATGGCC 1334
Y P P E N N S N E S M M E N L E E A T V R A A D L I G S M A 390
AAAAACATGGATGCCCAGCAGGCAGCAAGAGGTGCAGATGCCCCTAATTGCTCTTCCAAAGTGCCAGAAGGGAAAGATATGAACCGTGGT 1424
K N M D A Q Q A A R G A D A P N C S S K V P E G K D M N R G 420
AATGTTTTGCCATTACTTGAATTGAGTTTGAAGAGGTCAAGATCATCTGCAGATGGTGCCAATACAATCCAAGATGAACAGCGGAATGTA 1514
N V L P L L E L S L K R S R S S A D G A N T I Q D E Q R N V 450
TTAAGACGATCAGATCCCTCAGCATTCACAAGGTACCATACATCTGCGGTTTCCAATCAAGGCGGGACAGGATTTGTGGGGAGCTGTTCA 1604
L R R S D P S A F T R Y H T S A V S N Q G G T G F V G S C S 480
CCGCATGATAACAGCTCTGAGGCTATGAAAACGGACTCTACTTACAACATGAAGTCAAATTCAGATGCTGCTATGATAAAACAAGGCTCC 1694
P H D N S S E A M K T D S T Y N M K S N S D A A M I K Q G S 510
AATGGCAGTAGCAATAACAATGACATGGGTTCCACTACAAAGAATGTTGTGACAAAACCTACTACAAATAAGGAGAGAGTGATGTCACCC 1784
N G S S N N N D M G S T T K N V V T K P T T N K E R V M S P 540
TCAGCTATTAAGGCTAATGCACACACATCAGCATTTCATCCTGTGCAGCACTGGACGGTTCCAGCTAATGCTGCAGGAAAAGCAAAGGCT 1874
S A I K A N A H T S A F H P V Q H W T V P A N A A G K A K A 570
GATGAAATGGTCAACAATGCAACTAAGAATGGTCACCCTGGTGAAGTGCAGAGCAACCTCGTGCAACACCCTCGTCCAATTCTCTACGTC 1964
D E M V N N A T K N G H P G E V Q S N L V Q H P R P I L Y V 600
CATTTTGATGTGTCCCGGGAGAATGGTGGGTCAGGAGCACCGCAATGTGGTTCCTCCAACGTATTTGATCCTCCACTTGAAGGTCAAGCT 2054
H F D V S R E N G G S G A P Q C G S S N V F D P P L E G Q A 630
GCCAACTATGGTATGCACGGGAGCAACTCAGGCAGTAACAATGGAACCAATGGGCAGAATAGAAGCACAGCTGCTGCAAATGCTGAACGG 2144
A N Y G M H G S N S G S N N G T N G Q N R S T A A A N A E R 660
ACAAACACGGAGATTGCTAATGGGGCCATCAACAAAAGTGGACCTGGAGGTGGCAATGGGAGTGGAAGTGTCAGCGGCAATGACACATAT 2234
T N T E I A N G A I N K S G P G G G N G S G S V S G N D T Y 690
GTGAAACGGATGGCCCCGACACCACGAGAAGCACAGCTGATGAAATATAGAGAGAAAAAGGAAGATCGGAACTTTGGGAAAAAGGTAGCC 2324
V K R M A P T P R E A Q L M K Y R E K K E D R N F G K K V A 720
TGTTTTCAATTGAATGCTTCTTTAGGCAAGTTATTTAGGACCTTTTCATTTCCAACTCACATGAACCAGAGAAATAGTGTATCATAAaag 2414
C F Q L N A S L G K L F R T F S F P T H M N Q R N S V S * 748
gttcgcttcaaaggttggctaaatagaatatcgtacatataccatgttatttgaaaggaattataaacattatgttttctgctaggaaaa 2504
aaaggtgctcaaagaacatataagcctaactfccctacctgaaacttactttttcttgatacggctgtgttatggaatctgtctttttag 2594
gaatttgattgattgttactctcaatatttttcaggctatgaagaaagaattccatatttttgtttcttcattttatatgatgtattt 2684
gagaaagctttggatagaaccggtttctttctgatggctgtctgccattttcaggtgcggtaccagagcagaaagaggttggccgatcag 2774
cggccccgggtccgaggacagtttgtgaagcaagctgtgcaagatcagggcggatgggaaggagctggagatagatgacccccccctggtg 2864
tggctctggctcgagctctggctctggcatggctgcattggactccaaacacttgacaattagacagttgattcttccttcgctggttc 2953
```

图 4－34　延谷 11 *SiPRR37* 基因的 cDNA 序列及其编码的氨基酸序列

（下划线部分为起始密码子和终止密码子）

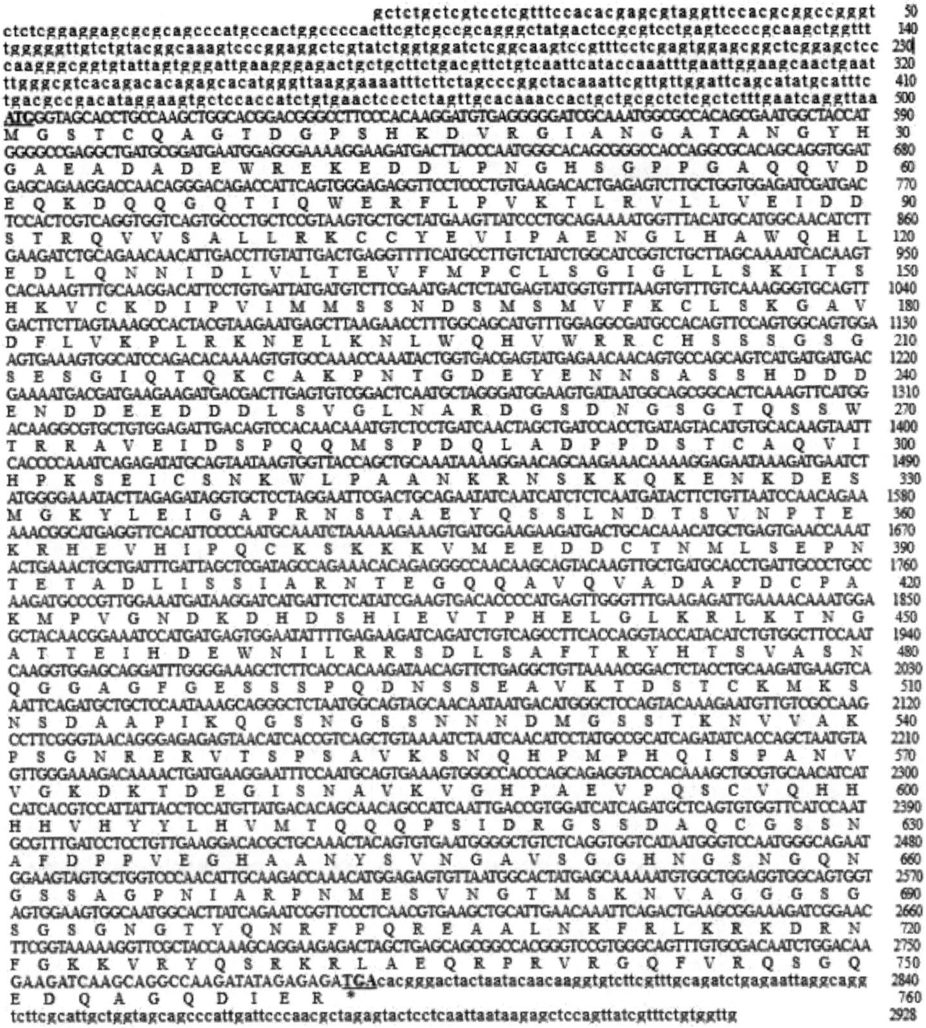

```
                                        gctctgctcgtcctcgtttccacacgagcgtaggttccacgcggccgggt   50
ctctcggaggagcgcgcagcccatgccactggccccacttcgtcgccgcagggctatgactccgcgtcctgagtccccgcaagctggttt   140
tgggggttgtctgtacggcaaagtcccggaggctcgtatctggtggatctcggcaagtccgtttcctcgagtggagcggctcggagctcc   230
caagggcggtgtattagtgggattgaagggagactgctgcttctgacgttctgtcaattcataccaaatttgaattggaagcaactgaat   320
ttgggcgtcacagacacagagcacatgggttaaggaaaatttcttctagcccggctacaaattcgttgttggattcagcatatgcatttc   410
tgacgccgacataggaagtgctccaccatctgtgaactccctctagttgcacaaaccactgctgcgctctcgctctttgaatcaggttaa   500
ATGGGTAGCACCTGCCAAGCTGGCACGGACGGGCCTTCCCACAAGGATGTGAGGGGGATCGCAAATGGCGCCACAGCGAATGGCTACCAT   590
M  G  S  T  C  Q  A  G  T  D  G  P  S  H  K  D  V  R  G  I  A  N  G  A  T  A  N  G  Y  H   30
GGGGCCGAGGCTGATGCGGATGAATGGAGGGAAAAGGAAGATGACTTACCCAATGGGCACAGCGGGCCACCAGGCGCACAGCAGGTGGAT   680
G  A  E  A  D  A  D  E  W  R  E  K  E  D  D  L  P  N  G  H  S  G  P  P  G  A  Q  Q  V  D   60
GAGCAGAAGGACCAACAGGGACAGACCATTCAGTGGGAGAGGTTCCTCCCTGTGAAGACACTGAGAGTCTTGCTGGTGGAGATCGATGAC   770
E  Q  K  D  Q  Q  G  Q  T  I  Q  W  E  R  F  L  P  V  K  T  L  R  V  L  L  V  E  I  D  D   90
TCCACTCGTCAGGTGGTCAGTGCCCTGCTCCGTAAGTGCTGCTATGAAGTTATCCCTGCAGAAAATGGTTTACATGCATGGCAACATCTT   860
S  T  R  Q  V  V  S  A  L  L  R  K  C  C  Y  E  V  I  P  A  E  N  G  L  H  A  W  Q  H  L   120
GAAGATCTGCAGAACAACATTGACCTTGTATTGACTGAGGTTTTCATGCCTTGTCTATCTGGCATCGGTCTGCTTAGCAAAATCACAAGT   950
E  D  L  Q  N  N  I  D  L  V  L  T  E  V  F  M  P  C  L  S  G  I  G  L  L  S  K  I  T  S   150
CACAAAGTTTGCAAGGACATTCCTGTGATTATGATGTCTTCGAATGACTCTATGAGTATGGTGTTTAAGTGTTTGTCAAAGGGTGCAGTT   1040
H  K  V  C  K  D  I  P  V  I  M  M  S  S  N  D  S  M  S  M  V  F  K  C  L  S  K  G  A  V   180
GACTTCTTAGTAAAGCCACTACGTAAGAATGAGCTTAAGAACCTTTGGCAGCATGTTTGGAGGCGATGCCACAGTTCCAGTGGCAGTGGA   1130
D  F  L  V  K  P  L  R  K  N  E  L  K  N  L  W  Q  H  V  W  R  R  C  H  S  S  S  G  S  G   210
AGTGAAAGTGGCATCCAGACACAAAAGTGTGCCAAACCAAATACTGGTGACGAGTATGAGAACAACAGTGCCAGCAGTCATGATGATGAC   1220
S  E  S  G  I  Q  T  Q  K  C  A  K  P  N  T  G  D  E  Y  E  N  N  S  A  S  S  H  D  D  D   240
GAAAATGACGATGAAGAAGATGACGACTTGAGTGTCGGACTCAATGCTAGGGATGGAAGTGATAATGGCAGCGGCACTCAAAGTTCATGG   1310
E  N  D  D  E  E  D  D  D  L  S  V  G  L  N  A  R  D  G  S  D  N  G  S  G  T  Q  S  S  W   270
ACAAGGCGTGCTGTGGAGATTGACAGTCCACAACAAATGTCTCCTGATCAACTAGCTGATCCACCTGATAGTACATGTGCACAAGTAATT   1400
T  R  R  A  V  E  I  D  S  P  Q  Q  M  S  P  D  Q  L  A  D  P  P  D  S  T  C  A  Q  V  I   300
CACCCCAAATCAGAGATATGCAGTAATAAGTGGTTACCAGCTGCAAATAAAAGGAACAGCAAGAAACAAAAGGAGAATAAAGATGAATCT   1490
H  P  K  S  E  I  C  S  N  K  W  L  P  A  A  N  K  R  N  S  K  K  Q  K  E  N  K  D  E  S   330
ATGGGGAAATACTTAGAGATAGGTGCTCCTAGGAATTCGACTGCAGAATATCAATCATCTCTCAATGATACTTCTGTTAATCCAACAGAA   1580
M  G  K  Y  L  E  I  G  A  P  R  N  S  T  A  E  Y  Q  S  S  L  N  D  T  S  V  N  P  T  E   360
AAACGGCATGAGGTTCACATTCCCCAATGCAAATCTAAAAAGAAAGTGATGGAAGAAGATGACTGCACAAACATGCTGAGTGAACCAAAT   1670
K  R  H  E  V  H  I  P  Q  C  K  S  K  K  K  V  M  E  E  D  D  C  T  N  M  L  S  E  P  N   390
ACTGAAACTGCTGATTTGATTAGCTCGATAGCCAGAAACACAGAGGGCCAACAAGCAGTACAAGTTGCTGATGCACCTGATTGCCCTGCC   1760
T  E  T  A  D  L  I  S  S  I  A  R  N  T  E  G  Q  Q  A  V  Q  V  A  D  A  P  D  C  P  A   420
AAGATGCCCGTTGGAAATGATAAGGATCATGATTCTCATATCGAAGTGACACCCCATGAGTTGGGTTTGAAGAGATTGAAAACAAATGGA   1850
K  M  P  V  G  N  D  K  D  H  D  S  H  I  E  V  T  P  H  E  L  G  L  K  R  L  K  T  N  G   450
GCTACAACGGAAATCCATGATGAGTGGAATATTTTGAGAAGATCAGATCTGTCAGCCTTCACCAGGTACCATACATCTGTGGCTTCCAAT   1940
A  T  T  E  I  H  D  E  W  N  I  L  R  R  S  D  L  S  A  F  T  R  Y  H  T  S  V  A  S  N   480
CAAGGTGGAGCAGGATTTGGGGAAAGCTCTTCACCACAAGATAACAGTTCTGAGGCTGTTAAAACGGACTCTACCTGCAAGATGAAGTCA   2030
Q  G  G  A  G  F  G  E  S  S  S  P  Q  D  N  S  S  E  A  V  K  T  D  S  T  C  K  M  K  S   510
AATTCAGATGCTGCTCCAATAAAGCAGGGCTCTAATGGCAGTAGCAACAATAATGACATGGGCTCCAGTACAAAGAATGTTGTCGCCAAG   2120
N  S  D  A  A  P  I  K  Q  G  S  N  G  S  S  N  N  N  D  M  G  S  S  T  K  N  V  V  A  K   540
CCTTCGGGTAACAGGGAGAGAGTAACATCACCGTCAGCTGTAAAATCTAATCAACATCCTATGCCGCATCAGATATCACCAGCTAATGTA   2210
P  S  G  N  R  E  R  V  T  S  P  S  A  V  K  S  N  Q  H  P  M  P  H  Q  I  S  P  A  N  V   570
GTTGGGAAAGACAAAACTGATGAAGGAATTTCCAATGCAGTGAAAGTGGGCCACCCAGCAGAGGTACCACAAAGCTGCGTGCAACATCAT   2300
V  G  K  D  K  T  D  E  G  I  S  N  A  V  K  V  G  H  P  A  E  V  P  Q  S  C  V  Q  H  H   600
CATCACGTCCATTATTACCTCCATGTTATGACACAGCAACAGCCATCAATTGACCGTGGATCATCAGATGCTCAGTGTGGTTCATCCAAT   2390
H  H  V  H  Y  Y  L  H  V  M  T  Q  Q  Q  P  S  I  D  R  G  S  S  D  A  Q  C  G  S  S  N   630
GCGTTTGATCCTCCTGTTGAAGGACACGCTGCAAACTACAGTGTGAATGGGGCTGTCTCAGGTGGTCATAATGGGTCCAATGGGCAGAAT   2480
A  F  D  P  P  V  E  G  H  A  A  N  Y  S  V  N  G  A  V  S  G  G  H  N  G  S  N  G  Q  N   660
GGAAGTAGTGCTGGTCCCAACATTGCAAGACCAAACATGGAGAGTGTTAATGGCACTATGAGCAAAAATGTGGCTGGAGGTGGCAGTGGT   2570
G  S  S  A  G  P  N  I  A  R  P  N  M  E  S  V  N  G  T  M  S  K  N  V  A  G  G  G  S  G   690
AGTGGAAGTGGCAATGGCACTTATCAGAATCGGTTCCCTCAACGTGAAGCTGCATTGAACAAATTCAGACTGAAGCGGAAAGATCGGAAC   2660
S  G  S  G  N  G  T  Y  Q  N  R  F  P  Q  R  E  A  A  L  N  K  F  R  L  K  R  K  D  R  N   720
TTCGGTAAAAAGGTTCGCTACCAAAGCAGGAAGAGACTAGCTGAGCAGCGGCCACGGGTCCGTGGGCAGTTTGTGCGACAATCTGGACAA   2750
F  G  K  K  V  R  Y  Q  S  R  K  R  L  A  E  Q  R  P  R  V  R  G  Q  F  V  R  Q  S  G  Q   750
GAAGATCAAGCAGGCCAAGATATAGAGAGATGAcacgggactactaatacaacaaggtgtcttcgtttgcagatctgagaattaggcagg   2840
E  D  Q  A  G  Q  D  I  E  R  *                                                               760
tcttcgcattgctggtagcagcccattgattcccaacgctagagtactcctcaattaataagagctccagttatcgtttctgtggttg   2928
```

图 4-35　延谷 11 *SiPRR73* 基因的 cDNA 序列及其编码的氨基酸序列

（下划线部分为起始密码子和终止密码子）

（3）SiPRR37 蛋白的生物信息学分析　生物信息学分析发现谷子 SiPRR37 蛋白没有明显的跨膜结构域，定位于细胞核中。该蛋白含有 2 个明显的结构域，即 REC 和 CCT 结构域（图 4-36）。SiPRR37 蛋白的多肽链中只有丝氨酸（Ser）可能发生磷酸化，85 个丝氨酸中较易发生磷酸化的有 14 个，占 16.47%（图 4-37）。

（4）SiPRR73 蛋白的生物信息学分析　生物信息学分析表明，谷子 SiPRR73 蛋白没有明显的跨膜结构域，因此它可能不是膜蛋白。谷子 SiPRR73 亚细胞定位分析表明其可能位于细胞核中。谷子 SiPRR73 含有 2 个明

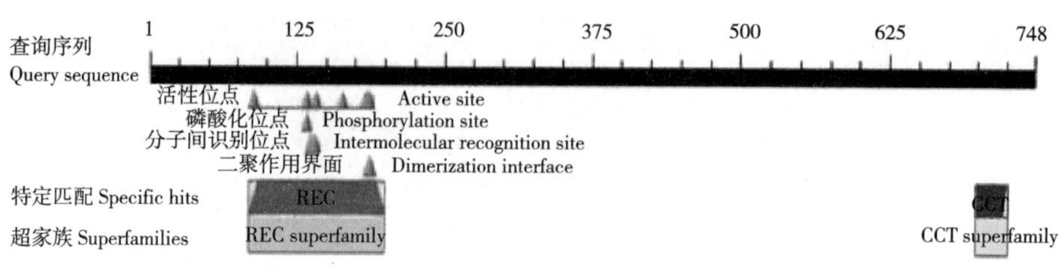

图 4-36 谷子 SiPRR37 蛋白的结构域分析

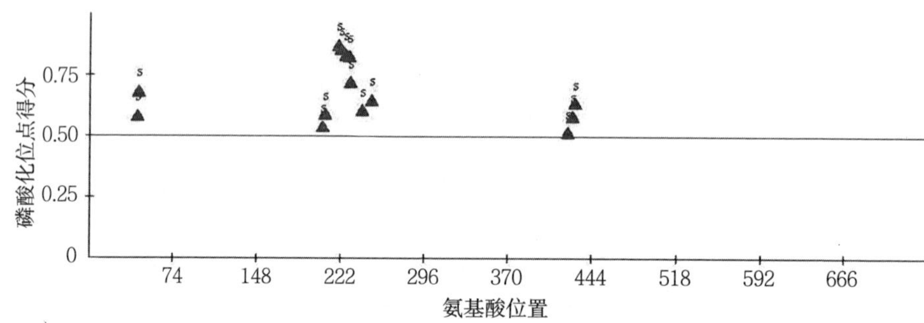

图 4-37 谷子 SiPRR37 蛋白磷酸化位点分析

显的结构域，即 REC（signal receiver domain）和 CCT（CCT motif）结构域（图 4-38）。谷子 SiPRR73 蛋白多肽链有 84 个丝氨酸，其中 41 个较易发生磷酸化，占 48.810%；有 34 个苏氨酸，其中 12 个较易发生磷酸化，占 35.294%；有 11 个酪氨酸，其中 5 个较易发生磷酸化，占 45.455%（图 4-39）。

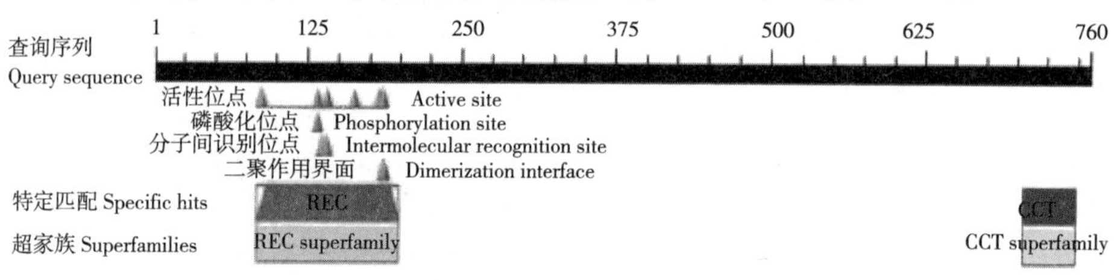

图 4-38 谷子 SiPRR73 蛋白的结构域分析

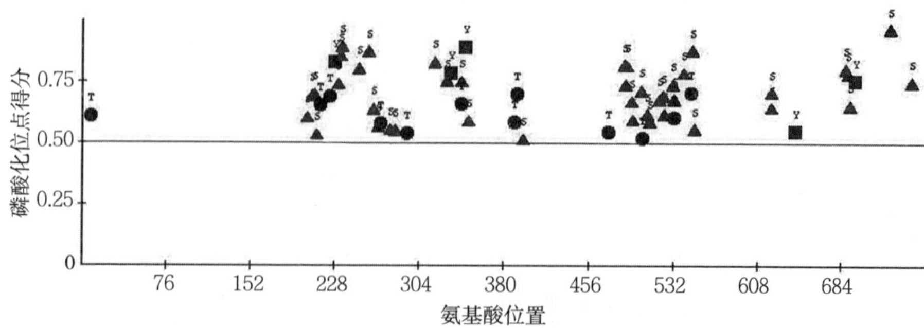

图 4-39 谷子 SiPRR73 蛋白磷酸化位点分析

（5）基于 SiPRR37、SiPRR73 蛋白序列的系统进化树构建　在 NCBI 数据库中下载与谷子 SiPRR37 蛋白同源的大麻（*Cannabis sativa* XP _ 030488228.1）、枣（*Ziziphus jujuba* XP _ 015877113.1）、蓖麻（*Ricinus communis* XP _ 01557 8380. 1）、澳洲棉（*Gossypium australe* KAA3464109.1）、番木瓜（*Carica papaya* XP _ 021910105.1）、葡萄（*Vitis vinifera* XP _ 010658157.1）等 32 种植物的 PRR37 蛋白序列，应用 MEGA6.05 软件采用 NJ 法构建 PRR37 蛋白序列的分子系统进化树，发现谷子与糜子亲缘关系最近，其次是高粱和玉米，这 4 种 C4 作物聚为一个小亚群，与同为禾本科作物的小麦和水稻聚为一个较大的群，其余物种聚在另一个大群里（图 4－40）。

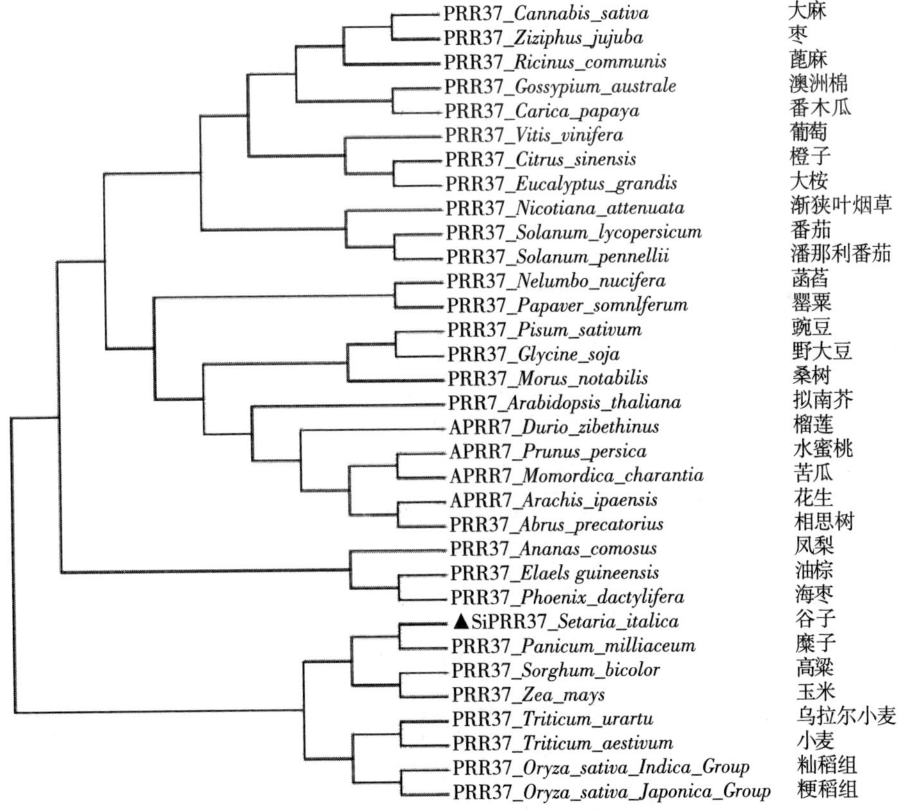

图 4－40　PRR37 蛋白的分子系统进化树

在 NCBI 数据库中下载与谷子 SiPRR73 蛋白同源的糜子（*Panicum miliaceum* RLN39167.1）、霍尔草（*Panicum hallii* XP _ 025793229.1）、高粱（*Sorghum bicolor* XP _ 021306430.1）、玉米（*Zea mays* ACG24234.1、PWZ05628.1）、花药野生稻（*Oryza brachyantha* XP _ 006649884.1）、粳稻组（*Oryza sativa Japonica*

Group XP _ 015630700.1）、乌拉尔图小麦（*Triticum urartu* EMS68684.1）、二穗短柄草（*Brachypodium distachyon* XP _ 0035581）等 43 条 PRR73 蛋白序列，应用 MEGA6.05 软件采用 NJ 法构建 PRR73 蛋白序列的分子系统进化树，发现谷子与糜子和霍尔草亲缘关系最近，其次是高粱和玉米，这 5 种 C4 作物聚为一个小亚群，与同为禾本科作物的小麦和水稻聚为一个较大的群（图 4－41）。

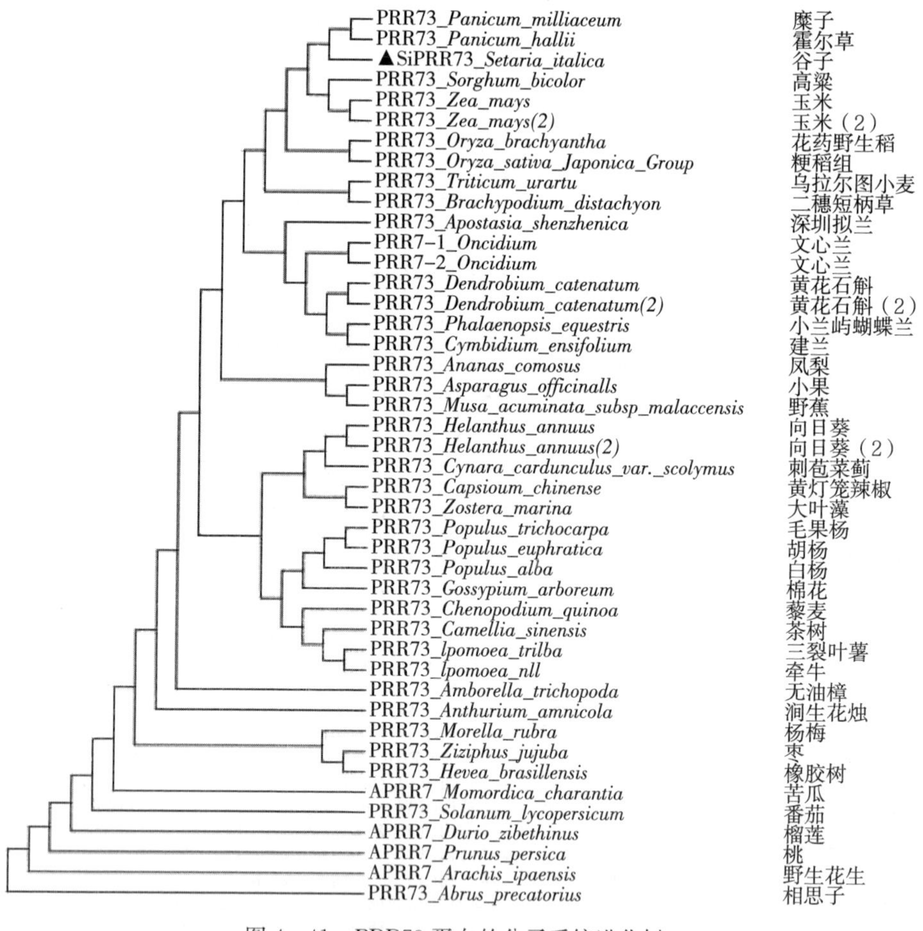

图 4－41　PRR73 蛋白的分子系统进化树

3. 讨论

本研究以延谷 11 为实验材料，克隆 *SiPRR37* 和 *SiPRR73* 基因，获得的 *SiPRR37* 和 *SiPRR73* 基因均具有 N 端的 PRR 结构域（REC 结构域）和 C 端的 CCT 结构域，说明这两个基因与来自双组分信号转导系统的应答调控蛋白具有同源关系，与 *CO* 基因一样，均属于 CCT 基因家族中的 PRR 亚家族[130,161-163,168]。在水稻和高粱中已报道的PRRs家族基因同样具有这两个结构域[187-188,191-194,196-197]。基于不同植物PRR37和PRR73蛋白序列的分子系统进化分析表明了它们与谷子SiPRR37和SiPRR73蛋白有较近的进化关系，推测它们可能具有相同或类似的功能，能对节律性变化的环境条件作出应答反应，参与植物开花期的调控[222]。SiPRR37和SiPRR73蛋白均具有较多的较易发生磷酸化的氨基酸，这可能与其自身磷酸化的His-to-Asp磷酸转导系统有关[164]。对延谷11 *SiPRR37* 和 *SiPRR73* 基因的克隆和生物信息学分析，将为其在谷子中相关功能的进一步研究奠定基础。

（三）*SiPRR37* 和 *SiPRR73* 基因的组织特异性、光周期特异性表达分析

1. 材料与方法

（1）实验材料　供试材料为谷子品种延谷11，来源于陕西省。

（2）主要实验器材　GZX-150B型光照培养箱（上海坤天实验室仪器有限公司），BS 200S型分析天平（北京赛多利斯天平有限公司），DLAB可调微量移液枪［大龙兴创实验仪器（北京）股份公司］，D3024R型高速冷冻型微量离心机（美国赛洛捷克公司），WGL-45B电热鼓风干燥箱（天津市泰斯特仪器有限公司），SW-CJ-1D型超净工作台（苏州净化设备有限公司），DG-800型旋涡混合器（北京鼎国昌盛生物技术有限责任公司），YXQ-SG46-280S型手提式压力蒸汽灭菌锅（上海博迅实业有限公司），数显恒温水浴锅（金坛市医疗仪器厂），ZD-85型气浴恒温振荡器（金坛市医疗仪器厂），MG96＋型基因扩增仪（杭州晶格科学仪器有限公司），海尔冰箱，DYY-6C型电泳仪（北京市六一仪器厂），电泳槽（北京君意东方电泳设备有限公司），ZF-7型暗箱式三用紫外分析仪（上海嘉鹏科技有限公司），凝胶成像系统（美国伯乐公司），－80℃超低温冰箱（日本三洋公司），NanoDrop™ One微量紫外-可见光分光光度计［赛默飞世尔科技（中国）有限公司］，液氮罐，万用电炉（北京科伟永兴仪器有限公司），塑料花盆，研钵和研棒，手术刀，实时荧光定量PCR仪（瑞士罗氏公司）。

（3）相关试剂　Ultrapure RNA Kit（包括TRIzol Reagent、Gel Extraction Kit，北京康为世纪生物科技有限公司）；氯仿（分析纯，烟台市双双化工有限公司）；无水乙醇、无RNase水、ddH_2O、冰乙酸（北京鼎国昌盛生物技术有限责任公司）；BM2000＋DNA Marker、PrimeScript™Ⅱ1st Strand cDNA Synthesis Kit、TB Green® *Premix Ex Taq* ™Ⅱ（Tli RNaseH Plus）［宝日医生物技术（北京）有限公司］。

（4）样品采集　将延谷11的一个完全成熟的谷穗脱粒，将种子点播在装有营养土的10cm×10cm的塑料花盆中，共114盆，其中54盆放置于GZX-150B型光照培养箱长日照培养，培养条件为：温度25℃，光周期15h光照/

9h 黑暗；另外 60 盆放置于 GZX-150B 型光照培养箱短日照培养，培养条件为：温度 25℃，光周期 9h 光照/15h 黑暗。待长至 2 叶期时间苗，每盆留 2 株。

不同光周期条件下不同叶龄表达分析实验取样：长日照和短日照条件下均从 3 叶期开始取样，长日照取到 12 叶期结束，短日照取到 8 叶期开始抽穗时结束，取样时间为光照开始 2h 后（早上 8：00），每个样品取 2 株植株完全展开的顶叶，重复 3 次，装入预先处理好的 2mL 离心管中，迅速放入液氮冷冻，所有样品在－80℃冰箱中保存。

不同光周期条件下的昼夜表达分析实验取样：待长至 6 叶期时，长日照和短日照条件下同时取样，用干净的剪刀迅速剪取完全展开的顶叶和次顶叶装入预先处理好的 2mL 离心管中，迅速放入液氮冷冻。每个样品取 2 株植株，每隔 2h 取样一次，连续取样 48h，所有样品在－80℃冰箱中保存。

组织特异性表达分析实验取样：待短日照条件下培养的剩余谷苗抽穗后，用干净的剪刀分别剪取谷子的穗、穗颈、顶叶、次顶叶、茎秆和根，每个样品取 3 个重复，放入液氮中速冻。

（5）延谷 11 RNA 的提取和质量检测　总 RNA 提取参照 Ultrapure RNA Kit 试剂盒说明书。RNA 的完整性用 1%琼脂糖凝胶电泳检测，RNA 的纯度和浓度用 NanoDrop™ One 微量紫外-可见光分光光度计检测，并记录数据。

（6）RNA 反转录　利用宝生物 PrimeScript™Ⅱ1st Strand cDNA Synthesis Kit 第一链合成试剂盒将 RNA 反转录为 cDNA，1 000ng 总 RNA，20μL 体系，具体步骤参照“（二）*SiPRR37*、*SiPRR73* 基因的克隆与生物信息学分析”中材料与方法部分。

（7）内参基因及 *SiPRR37* 和 *SiPRR73* 基因荧光定量特异性引物的设计　选择谷子常用内参基因 *SiActin* 作为本实验的内参基因，根据已知序列设计用于实时荧光定量的内参基因特异性引物[231]，再根据克隆的 *SiPRR37* 和 *SiPRR73* 基因序列设计用于实时荧光定量 PCR 的目标基因特异性引物，引物由北京鼎国昌盛生物技术有限责任公司合成，见表 4－20。

表 4－20　实时荧光定量 PCR 特异性引物序列

引物名称	正向引物（5′—3′）	反向引物（5′—3′）
SiActin-RT	GGCAAACAGGGAGAAGATGA	GAGGTTGTCGGTAAGGTCACG
SiPRR37-RT	CACCACTTTCGTCTACCTCTT	CTGGCATCTCTTCTAACGG
SiPRR73-RT	ACCATCTGTGAACTCCCTCT	ATCTTCCTTTTCCCTCCATT

SiPRR37 和 *SiPRR73* 基因的实时荧光定量 PCR 表达分析：以延谷 11 总

RNA 反转录得到的 cDNA 为模板，用特异性引物 *SiActin*-RT、*SiPRR37*-RT、*SiPRR73*-RT 分别同时扩增 *SiActin*、*SiPRR37* 和 *SiPRR73* 基因，做 3 次重复，参照 TB Green® *Premix Ex Taq*™ Ⅱ（Tli RNaseH Plus）试剂盒说明书，以 10μL 体系进行荧光定量 PCR：

①将反转录获得的 cDNA 稀释 10 倍，按照表 4-21 配方在冰上避光条件下配制 10μL 反应液，并加入到实时荧光定量 PCR 专用八连排管中，轻轻混匀，瞬时离心收集反应液于八连排管底部。

表 4-21　实时荧光定量反应体系

试剂	体积
稀释 10 倍后的 cDNA	1.0μL
TB Green® *Premix Ex Taq*™ Ⅱ（Tli RNaseH Plus）	5.0μL
Forward Primer（10μmol/L）	1.0μL
Reverse Primer（10μmol/L）	1.0μL
ddH_2O	2.0μL
总体积	10μL

②将加入上述反应液的八连排管放入 Roche Light Cycler 96 实时定量 PCR 仪内，PCR 反应程序采用两步法：首先 95℃ 30s，然后是 45 个循环，每个循环包括 95℃ 5s、58℃ 30s。等程序结束，使用软件程序 LightCycler® 96 SW 1.1 打开实时定量 PCR 结果，分析得到的扩增曲线和熔解曲线，记录 Cq 值，并计算 ΔΔCT 值，采用 $2^{-\Delta\Delta CT}$ 计算相对表达量分析方法进行相对表达量分析。

2. 结果与分析

SiPRR37 和 *SiPRR73* 基因的组织特异性表达分析：通过 $2^{-\Delta\Delta CT}$ 法计算得到 *SiPRR37*、*SiPRR73* 基因在延谷 11 的茎秆、根、穗颈、顶叶、次顶叶和穗共 6 个部位的相对表达量，发现在抽穗后，*SiPRR37* 基因在延谷 11 的根中表达最高，茎秆中表达最低，相对表达量从高到低依次为根＞穗颈＞穗＞顶叶＞次顶叶＞茎秆（图 4-42a）。*SiPRR73* 基因在延谷 11 的叶中表达最高，根中表达最低，相对表达量从高到低依次为次顶叶＞顶叶＞穗颈＞穗＞茎秆＞根（图 4-42b）。

不同光周期条件下 *SiPRR37*、*SiPRR73* 基因的昼夜表达规律分析：短日照条件下，*SiPRR37* 基因表现出光依赖性表达模式，昼夜 24h 中从 6：00 开始光照，8：00 *SiPRR37* 基因表达量升高，光照 8h 后即 14：00 时 *SiPRR37* 基因表达量达到峰值，随后开始下降。长日照条件下，*SiPRR37* 基因在

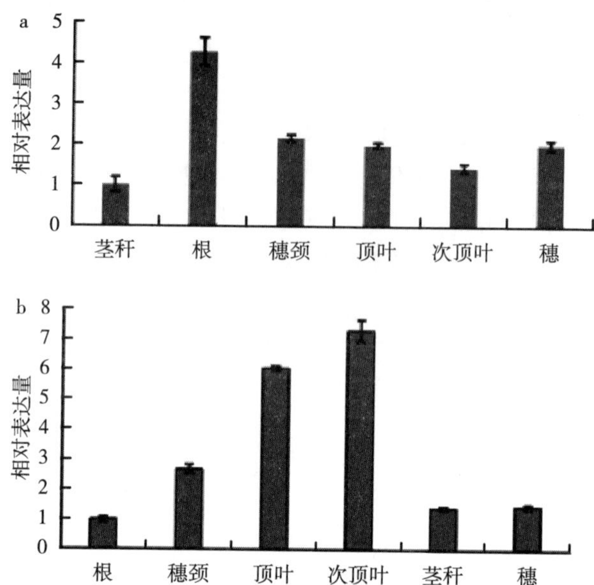

图 4-42 *SiPRR37*、*SiPRR73* 基因的组织特异性表达分析

a. *SiPRR37* b. *SiPRR73*

8：00 表达量开始升高，光照 4h 后即 10：00 时达到一个峰值，光照 8h 后即 14：00 时达到另一个峰值，随后在光照期缓缓下降，光照 15h 后即 21：00 后迅速下降（图 4-43）。

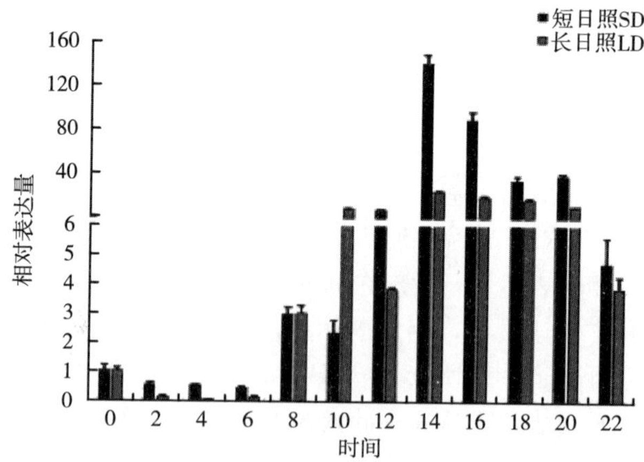

图 4-43 *SiPRR37* 基因在不同光周期条件下的昼夜表达规律

长日照．晚上 21：00—早上 6：00 为黑暗，早上 6：00—晚上 21：00 为光照

短日照．下午 15：00—早上 6：00 为黑暗，早上 6：00—下午 15：00 为光照

短日照条件下，*SiPRR73* 基因早上 6：00 见光开始表达量较低，8：00 表达量升高，光照 8h 后即 14：00 时 *SiPRR73* 基因表达量达到峰值，随后开

始下降，在整个昼夜中呈节律性表达，只出现一个表达峰。长日照条件下，*SiPRR73* 基因在早上 8：00 表达量迅速升高，在 10：00 和 14：00 出现表达峰值，14：00 后表达量缓慢下降（图 4-44）。总之，*SiPRR73* 基因呈现出光依赖性昼夜节律表达模式，短日照条件下只有 1 个表达峰，长日照条件下有 2 个表达峰。

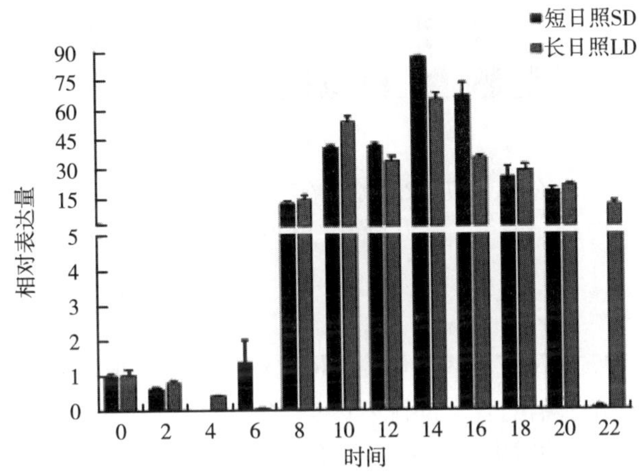

图 4-44　*SiPRR73* 基因在不同光周期条件下的昼夜表达规律

长日照．晚上 21：00—早上 6：00 为黑暗，早上 6：00—晚上 21：00 为光照

短日照．下午 15：00—早上 6：00 为黑暗，早上 6：00—下午 15：00 为光照

不同光周期条件下 *SiPRR37*、*SiPRR73* 基因在不同发育期的表达分析：延谷 11 在短日照条件下，8 叶期抽穗，在抽穗时 *SiPRR37* 基因表达量很低。在长日照条件下，延谷 11 长到 12 片叶仍未抽穗，*SiPRR37* 基因 8 叶期前表达量较高，之后表达量相对较低（图 4-45a）。短日照条件下 *SiPRR73* 基因从 3 叶期到抽穗之间均表现出低水平表达，在长日照条件下除了 3 叶期之外表达水平均高于短日照（图 4-45b）。

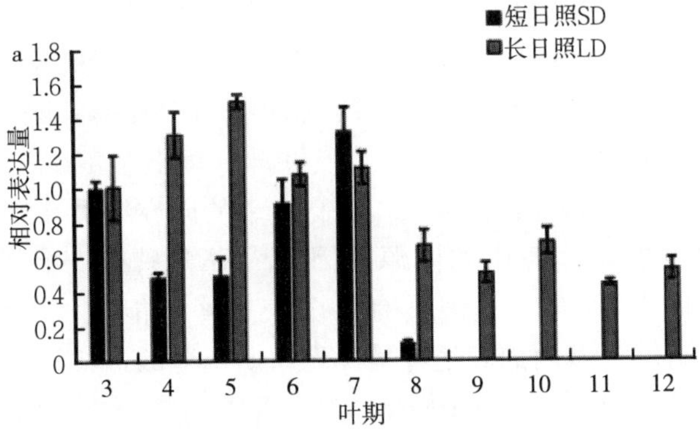

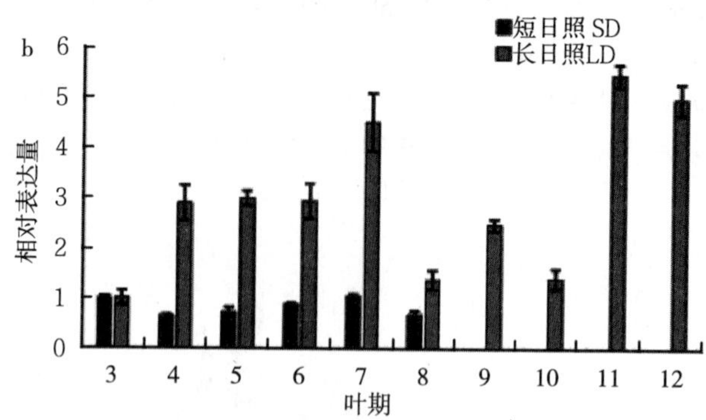

图 4-45 *SiPRR37*、*SiPRR73* 基因在不同光周期条件下不同叶期的表达
a. *SiPRR37* b. *SiPRR73*

3. 讨论

SiPRR37 和 *SiPRR73* 基因作为 PRR 家族的重要成员，同其他作物如高粱、玉米、小麦和水稻的直系同源基因进化关系较近，在水稻、高粱和小麦中的研究表明 *PRR37* 和 *PRR73* 基因具有光依赖性表达的特征[197,221,229]。作物接受光周期诱导的部位即感光部位是叶片[232]，本研究组织特异性表达分析表明，*SiPRR37* 基因在叶片中的表达较高，*SiPRR73* 基因在叶片中的表达最高，在根中最低，这说明 *SiPRR37* 和 *SiPRR73* 基因在作物的感光部位表达活跃，其表达可能与玉米和水稻一样对光具有一定的依赖性。另外，*SiPRR37* 基因在根（非感光部位）中具有最高的表达量，这种反常现象在小麦中也有报道，*TaPRR73* 基因在根部的高表达与小麦的耐旱性和耐盐性有关[229]，推测 *SiPRR37* 基因同样也具有抗旱和耐盐的功能，但仍需后续实验进行验证。

PRR37 和 *PRR73* 基因在光周期的诱导下，呈现出规律性的昼夜表达模式，即昼夜表达受光周期的影响出现高峰和低谷的现象。在高粱中，*SbPRR37* 的表达受光周期的调控，在长日照条件下 *SbPRR37* 具有早晨和黄昏 2 个表达峰，在短日照条件下，*SbPRR37* 仅有早晨表达峰[197]。本研究表明，谷子 *SiPRR37* 基因在长日照条件下也具有早上和下午 2 个表达峰，在短日照条件下只具有早上的表达峰，与高粱中的研究结果一致。在长日照条件下，*SbPRR37* 在拟南芥中的同源基因 *AtPRR7* 只有 1 个早上的表达峰，表明长日照条件下 *PRR37* 基因具有 2 个表达峰可能是谷类作物的一个特征[197,233]。*SbPRR37* 基因的表达峰是受光周期调节的，长日照条件下的高粱转移至连续黑暗环境下时，*SbPRR37* 的所有表达峰消失，将短日照条件下的高粱转移到连续光照环境中时，*SbPRR37* 在早晨和晚上的表达峰都会恢

复，因此短日照条件下 *PRR37* 基因的晚间表达峰的消失是缺光所致，其生物钟和调控开花的功能并没有被破坏。在长日照条件下，光敏感受体（PHOT）捕捉到光信号，在生物钟作用下 *SbPRR37* 出现早晨和晚上的表达峰，*SbPRR37* 通过直接抑制 *Ehd1* 的转录来抑制 *FT*（*FLOWERING LOCUS T*）的表达，进而阻止高粱顶端营养生长向花分生组织的转化，抑制高粱开花；在短日照条件下，*SbPRR37* 只在早上出现表达峰，在晚上因缺乏光照而低表达或不表达，因此在晚上高粱缺少开花阻遏物 *SbPRR37* 的转录物，解除对开花的抑制，导致花的形成[197]。

与 *SiPRR37* 基因相似，本研究发现 *SiPRR73* 基因在长日照条件下具有早晨和下午 2 个表达峰，在短日照条件下只有早晨表达峰，这与水稻和高粱中的研究结果一致[191,197]，在持续光照条件下，*OsPRR37* 和 *OsPRR73* 具有重叠的表达峰[186]。在小麦中，不管长日照还是短日照，*TaPRR73* 在光照 3h 时出现表达高峰，在短日照条件下，只具有 1 个高峰，而在长日照条件下，第一昼夜（0～24h）和连续的第二昼夜（24～48h）具有不同数目的表达峰，第一昼夜在光照 3h 和 9h 均出现表达峰，而第二昼夜只有 1 个表达峰[229]。以上研究说明，不同的作物 *PRR73* 基因表达模式存在差异。

在延谷 11 谷子不同发育期的叶片中都能检测到 *SiPRR37* 和 *SiPRR73* 基因的表达，且在长日照条件下的相对表达量均高于短日照。在长日照条件下，*SiPRR37* 基因的表达随谷子叶龄的增加而呈先上升后下降的趋势，在临近抽穗时表达越来越低；在短日照条件下，当延谷 11 谷子开始抽穗时，*SiPRR37* 基因的表达快速下降。长日照条件下延谷 11 谷子抽穗推迟可能是 *SiPRR37* 基因的表达量高于某个临界值所导致，因此推测 *SiPRR37* 基因在谷子抽穗开花过程中起阻遏作用，*PRR37* 基因作为高粱和水稻开花途径的中央阻遏物，已被证明在延迟开花中起重要作用[196-197]。*SiPRR73* 基因在长日照条件下的表达整体高于短日照，在短日照条件下，*SiPRR73* 基因在 3～8 叶期均表现为低水平表达，推测与作物的生长发育密切相关，具体功能还需进一步研究。

（四）*SiPRR37* 和 *SiPRR73* 基因在不同光温组合条件下的表达分析

1. 材料与方法

（1）实验材料　同“（三）*SiPRR37* 和 *SiPRR73* 基因的组织特异性、光周期特异性表达分析”。

（2）主要实验器材　同“（三）*SiPRR37* 和 *SiPRR73* 基因的组织特异性、光周期特异性表达分析”。

（3）相关试剂　Ultrapure RNA Kit（包括 TRIzol Reagent、Gel Extraction Kit，北京康为世纪生物科技有限公司）；氯仿（分析纯，烟台市双双化工有限公司)；无水乙醇、无 RNase 水、ddH_2O、冰乙酸（北京鼎国昌盛生物技术有限责任公司)；BM2000＋ DNA Marker、PrimeScript™Ⅱ1st Strand cDNA Synthesis Kit、TB Green® *Premix Ex Taq*™Ⅱ（Tli RNaseH Plus）［宝日医生物技术（北京）有限公司］。

（4）材料处理　将延谷 11 种子种于口径 10cm×10cm 装有营养土的小方盆中，总计种植 64 盆，每盆种植 4 株，在自然条件下萌发后，将 64 盆分别转至 4 个光温环境：高温短日照（high temperature short day，HTSD，27℃、9h 光/15h 暗)、低温短日照（low temperature short day，LTSD，22℃、9h 光/15h 暗)、高温长日照（high temperature long day，HTLD，27℃、15h 光/9h 暗)、低温长日照（low temperature long day，LTLD，22℃、15h 光/9h 暗)；每个环境（培养箱）16 盆。

不同光温组合处理的取样：将 4 个光温环境下的谷苗在培养 3 周后，在昼夜 24h 内每隔 3h 取植株顶端 2 片叶液氮速冻，重复 2 次，取样时间点为早晨 6：00、9：00、中午 12：00、下午 15：00、18：00、晚上 21：00、凌晨 0：00、3：00。

RNA 提取、质量检测和反转录：同“（三）*SiPRR37* 和 *SiPRR73* 基因的组织特异性、光周期特异性表达分析”。

不同光温组合条件下 *SiPRR37* 和 *SiPRR73* 基因的实时荧光定量 PCR 分析：以提取的延谷 11 总 RNA 反转录得到的 cDNA 为模板，用特异性引物 *SiActin*-RT、*SiPRR37*-RT、*SiPRR73*-RT 分别同时扩增 *SiActin*、*SiPRR37* 和 *SiPRR73* 基因，参照 TB Green® *Premix Ex Taq*™Ⅱ（Tli RNaseH Plus）试剂盒说明书，以 10μL 体系进行荧光定量 PCR，采用 $2^{-\Delta\Delta CT}$ 计算相对表达量分析方法进行相对表达量分析，具体步骤同“（三）*SiPRR37* 和 *SiPRR73* 基因的组织特异性、光周期特异性表达分析”。

2. 结果与分析

SiPRR37 和 *SiPRR73* 基因在不同光温组合条件的表达规律：对 *SiPRR37* 在 4 种不同光温组合条件下的昼夜表达模式进行分析，发现在 4 种光温组合条件下 *SiPRR37* 基因均在光照期只出现 1 个表达峰，且光照期的表达量明显高于黑暗期，说明该基因受光诱导（图 4－46）。此外无论低温（22℃）还是高温（27℃），*SiPRR37* 在短日照条件的表达峰均比长日照条件下提前，低温条件短日照在光照 6h *SiPRR37* 表达量最高，长日照在光照 9h *SiPRR37* 表达量最高；高温条件短日照在光照 9h *SiPRR37* 表达量最高，长日照在光照 12h *SiPRR37* 表达量最高。同时可以看出，温度的提高使 *SiPRR37* 的表达峰无论在长日照条件还是短日照条件下均发生推迟（图 4－46）。本研究说明 *SiPRR37* 在受光周期调控的同时也受温度的影响。

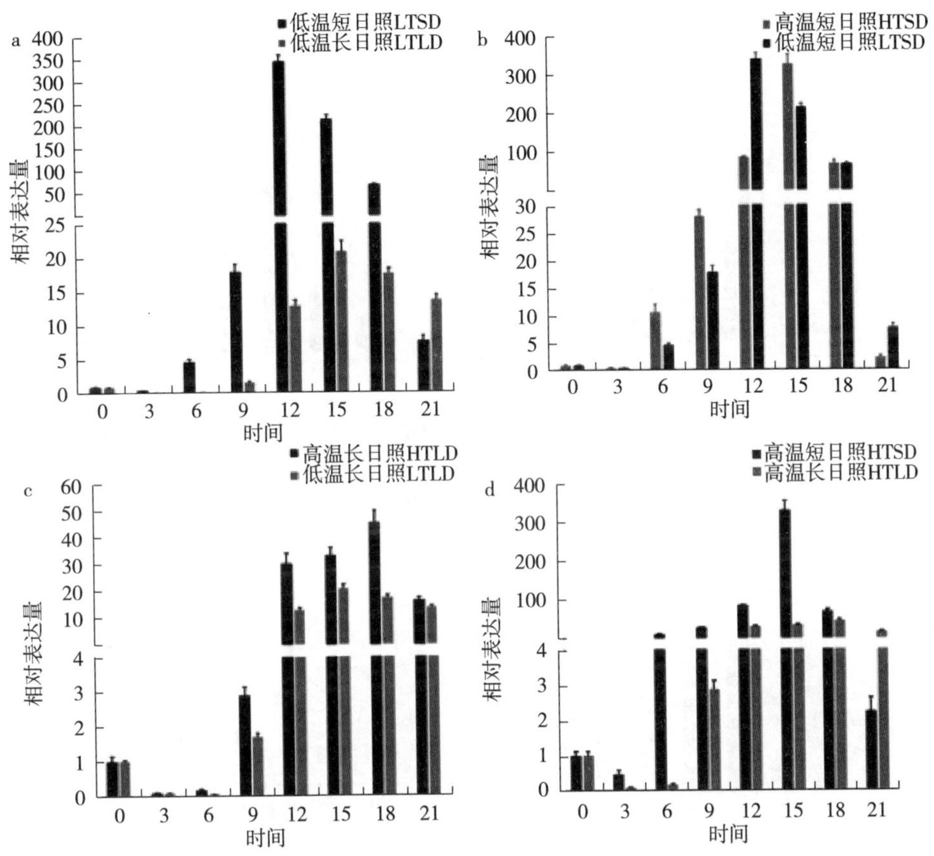

图 4-46　不同光温组合条件 *SiPRR37* 基因昼夜表达特性

a. 低温条件下不同光周期对 *SiPRR37* 基因的影响　b. 短日照条件下不同温度对 *SiPRR37* 基因的影响　c. 长日照条件下不同温度对 *SiPRR37* 基因的影响　d. 高温条件下不同光周期对 *SiPRR37* 基因的影响　长日照 . 6：00—21：00 光照，0：00—6：00 和 21：00—24：00 为黑暗　短日照 . 6：00—15：00 光照，0：00—6：00 和 15：00—24：00 为黑暗

对 *SiPRR73* 在 4 种不同光温组合条件下的昼夜表达模式进行分析，发现无论长日照还是短日照条件，*SiPRR73* 基因在高温条件下的光照期均出现 2 个表达峰，在低温条件下的光照期只出现 1 个表达峰；光照期的表达量均明显高于黑暗期，说明该基因受光诱导（图 4-47）。此外无论低温（22℃）还是高温（27℃），*SiPRR73* 在短日照条件的表达峰均比长日照提前，低温条件短日照在光照 6h *SiPRR73* 表达量最高，长日照在光照 9h *SiPRR73* 表达量最高；高温条件短日照在光照 3h 和 9h 出现 *SiPRR73* 表达峰值，长日照在光照 6h 和 12h 出现 *SiPRR73* 表达峰值（图 4-47）。本研究说明 *SiPRR73* 在受光周期调控的同时也受温度的影响。

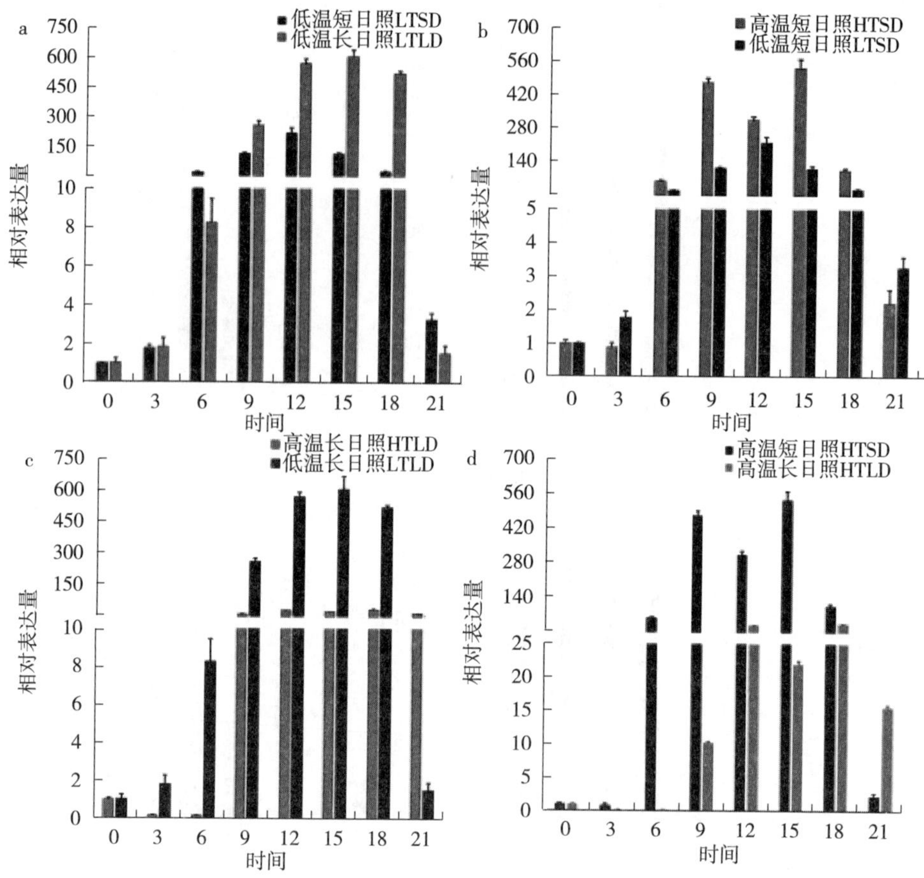

图 4-47　不同光温组合条件 *SiPRR73* 基因昼夜表达特性

a. 低温条件下不同光周期对 *SiPRR73* 基因的影响　b. 短日照条件下不同温度对 *SiPRR73* 基因的影响　c. 长日照条件下不同温度对 *SiPRR73* 基因的影响　d. 高温条件下不同光周期对 *SiPRR73* 基因的影响　长日照 . 6：00—21：00 光照，0：00—6：00 和 21：00—24：00 为黑暗　短日照 . 6：00—15：00 光照，0：00—6：00 和 15：00—24：00 为黑暗

3. 讨论

在所有影响作物抽穗开花时间的环境因素里，光周期和温度是最重要的，它也普遍影响作物的生态广适性和产量，作物通过对外界环境中光周期和温度变化的精确测量来调整其对环境的适应，即决定由营养生长转变到生殖生长来适应环境，完成生活史[153]。在水稻中，*OsPRR37* 基因及其突变体通过感受外界环境的变化而调控水稻抽穗开花，对水稻的环境适应性有重要影响[171,220,222]。在谷子中，*SiPRR37* 基因在昼夜节律中对光照和温度都有不同的敏感性，光期出现表达高峰，在暗期表达峰被消除，无论高温还是低温、长日照还是短日照，其昼夜节律性表达与拟南芥直系同源基因 *APRR7* 一样，只

出现1个表达高峰[161]。此外，温度的提高使 *SiPRR37* 的表达峰无论长日照条件还是短日照条件均发生推迟，但似乎不影响在短日照下 *SiPRR37* 的表达峰比长日照提前到来。对 *SiPRR73* 基因的研究表明，在高温条件下 *SiPRR73* 基因在不同光周期均出现2个表达峰，在低温条件下的不同光周期中只出现1个表达峰，这似乎说明温度对 *SiPRR73* 基因的影响比光周期的影响更大。另外，*SiPRR73* 基因在短日照光周期中表达峰的提前又与温度无关，这表明温度影响 *SiPRR73* 基因的表达峰数量，而光周期影响表达峰到来的时间。然而，取样的时间间隔可能会影响其表达峰的测定，因为过疏的取样密度（过少的取样数）可能会隐没潜在的表达峰值。我们在前期的研究中发现高温和光周期对谷子生长发育有明显的互作效应，高温短日照和高温长日照对谷子生长发育产生截然相反的作用[234]，*SiPRR37* 和 *SiPRR73* 对光温的敏感性反应是否对谷子光温敏感性具有调节作用仍需进一步研究。

（五）*SiPRR37* 和 *SiPRR73* 基因对非生物胁迫响应模式

1. 材料与方法

（1）实验材料　同“（三）*SiPRR37* 和 *SiPRR73* 基因的组织特异性、光周期特异性表达分析”。

（2）主要实验器材　同“（三）*SiPRR37* 和 *SiPRR73* 基因的组织特异性、光周期特异性表达分析”。

（3）相关试剂　RNA提取、反转录、荧光定量PCR试剂同“（三）*SiPRR37* 和 *SiPRR73* 基因的组织特异性、光周期特异性表达分析”。NaCl（分析纯）、ABA（分析纯）、PEG-6000（分析纯）、七水硫酸亚铁（分析纯）、Na_2EDTA（分析纯）均购自北京鼎国昌盛生物技术有限责任公司。

（4）材料处理　将延谷11种子种于口径10cm×10cm装有营养土的塑料小方盆中，总计48盆，每盆种植4株，在自然条件下萌发后分为6组：1个对照（CK）组，5个胁迫处理组。每组8盆，在培养室萌发，培养条件为25℃，光照条件为14h光/10h暗。

不同非生物胁迫处理的取样：将胁迫组植株在生长3周后分别用200mmol/L NaCl、100μmol/L ABA、20% PEG-6000、600μmol/L EDTA-Fe和15℃冷胁迫处理，NaCl和PEG-6000处理采用浇灌法，ABA处理采用喷洒法。在持续光照条件下对各处理组和对照组（CK）在处理前（0h）和处理后0.5h、1h、2h、4h、8h、16h、24h分别取样，取每株顶端2片叶于液氮速冻。

（5）RNA提取、质量检测和反转录　同“（三）*SiPRR37* 和 *SiPRR73* 基因的组织特异性、光周期特异性表达分析”。

（6）不同非生物胁迫下 *SiPRR37* 和 *SiPRR73* 基因的实时荧光定量PCR

分析　同“（三）*SiPRR37* 和 *SiPRR73* 基因的组织特异性、光周期特异性表达分析”。

2. 结果与分析

盐（NaCl）胁迫和 ABA 渗透胁迫条件下 *SiPRR37* 和 *SiPRR73* 的表达分析：用 200mmol/L NaCl 处理萌发 3 周后的谷苗，发现 *SiPRR37* 基因在 24h 内表达量均低于对照，说明盐胁迫能够明显抑制 *SiPRR37* 基因的表达（图 4－48a）；*SiPRR73* 基因在处理 0.5h、1h 表达量均高于对照，处理 2h、4h 表达量均低于对照，处理 8h 表达量又高于对照，8h 之后表达量逐渐降低（图 4－48b）。用 100μmol/L ABA 处理谷苗时，*SiPRR37* 基因表达量与对照相比无明显变化，说明 *SiPRR37* 没有参与 ABA 介导的信号传递途径（图 4－48c）；*SiPRR73* 基因在 1h 后明显被诱导表达，处理 2h、4h 表达量均低于对照，处理 8h 表达量又高于对照，8h 之后表达量与对照相比没有明显差异，说明 *SiPRR73* 在处理 1h 后接收到渗透胁迫信号（图 4－48d）。

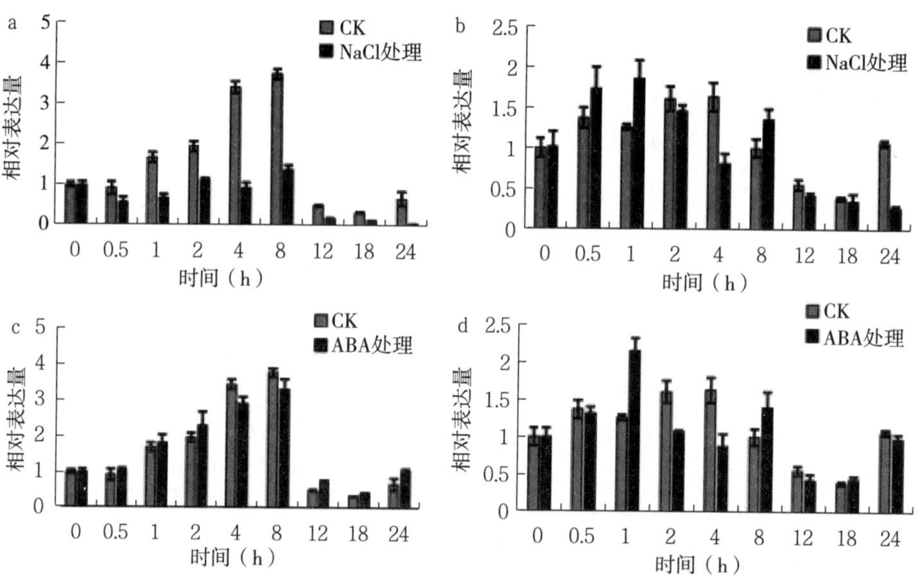

图 4－48　盐胁迫和 ABA 渗透胁迫条件 *SiPRR37* 和 *SiPRR73* 基因的表达特性

a. 盐胁迫对 *SiPRR37* 基因的影响　b. 盐胁迫对 *SiPRR73* 基因的影响　c. ABA 渗透胁迫对 *SiPRR37* 基因的影响　d. ABA 渗透胁迫对 *SiPRR73* 基因的影响

PEG 模拟干旱条件下 *SiPRR37* 和 *SiPRR73* 的表达分析：干旱是影响作物生长发育的重要因素，谷子作为抗旱作物，对干旱环境的快速适应是其保持生活竞争力的有效手段。用 20% PEG-6000 处理萌发 3 周的谷苗，发现 *SiPRR37* 基因在胁迫处理的 8h 内除了处理 4h 与对照表达量接近外，其余时间点表达量均明显高于对照，8h 表达达到最高峰，8h 之后表达量逐渐下降，但除了 24h，其他时间点表达量仍明显高于对照，说明 *SiPRR37* 可以被干旱胁迫环境诱导表达，在胁迫 8h 内表达量基本表现为递增趋势，胁迫 8h 后表达量逐渐降低，胁迫 24h 表达量甚至低于对照（图 4－49a）。*SiPRR73* 对胁迫的响应比 *SiPRR37* 晚，模拟干旱胁迫 1h 开始诱导表达，在胁迫处理的 8h 内表达量略高于对照，响应程度较 *SiPRR37* 弱，但是与 *SiPRR37* 一样，处理 8h 表达达到最高峰，处理明显高于对照，处理 12h 表达虽比 8h 有所下降，但仍显著高于对照（图 4－49b）。以上结果说明 *SiPRR37* 和 *SiPRR73* 基因均参与了谷子干旱胁迫应答反应，但 *SiPRR37* 的响应程度要强于 *SiPRR73*。

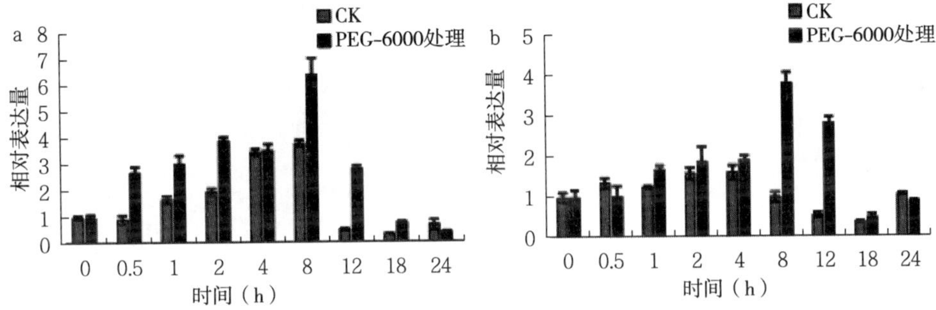

图 4－49　PEG 模拟干旱对 *SiPRR37* 和 *SiPRR73* 基因表达的影响

a. PEG 模拟干旱对 *SiPRR37* 基因的影响　b. PEG 模拟干旱对 *SiPRR73* 基因的影响

低温处理下 *SiPRR37* 和 *SiPRR73* 的表达分析：谷子正常生长温度范围在 22～25℃，用低于谷子正常生长温度的 15℃处理萌发 3 周的谷苗，发现处理 8h 内 *SiPRR37* 基因表达量均低于对照，说明 15℃低温可以明显抑制 *SiPRR37* 的表达，但是在处理 12h 时，*SiPRR37* 表达达到 1 个峰值，显著高于对照，处理 18h 表达量与对照相同，处理 24h 表达量低于对照（图 4－50a）。低温处理后，*SiPRR73* 在 24h 内表达量均高于对照，4h 后是对照的 10.5 倍，8h 后是对照的 11.8 倍（图 4－50b），说明 15℃低温可以明显诱导 *SiPRR73* 的表达。以上结果充分说明 *SiPRR37* 和 *SiPRR73* 基因受低温调控，在应对低温胁迫中可能发挥功能。

铁胁迫处理 *SiPRR37* 和 *SiPRR73* 的表达分析：铁是植物生活必须的矿质元素，铁蛋白对作物具有铁储存和避免铁过量的作用，土壤中过量的铁会损害作物根系细胞，降低生长能力，叶片产生黑色或灰色的斑点症状，比缺铁时更影响产量。用 600μmol/L EDTA-Fe 处理萌发 3 周的谷苗后发现，在处理的 24h 内，*SiPRR37* 基因的表达量整体上高于对照，说明铁胁迫处理可以诱导 *SiPRR37* 基因的表达，特别是处理 4h、8h，*SiPRR37* 的表达量均达到对照组的 2 倍（图 4－51a），这表明 *SiPRR37* 基因在铁胁迫中发挥功能，SiPRR37 蛋白有 FER1、FER3 和 FER4 3 种铁蛋白作用靶点，推测其在铁过量应激反

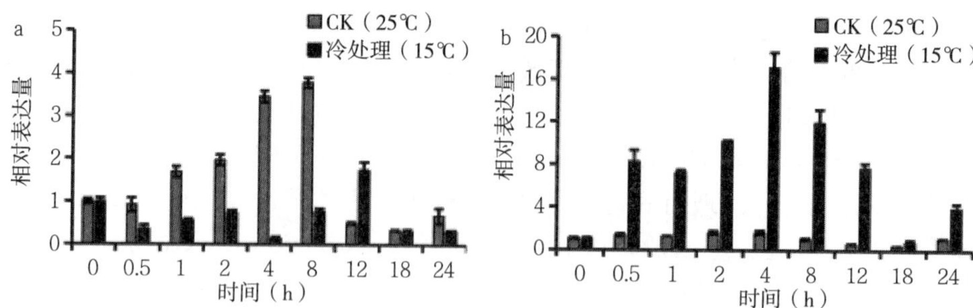

图 4-50 低温胁迫对 *SiPRR37* 和 *SiPRR73* 基因表达的影响

a. 低温胁迫对 *SiPRR37* 基因的影响 b. 低温胁迫对 *SiPRR73* 基因的影响

应中具有保护作用。*SiPRR73* 在铁胁迫处理 4h、8h 时同样明显被诱导表达，在 8h 后是对照组的 2.7 倍（图 4-51b），推测其在铁过量应激反应中也具有保护作用。

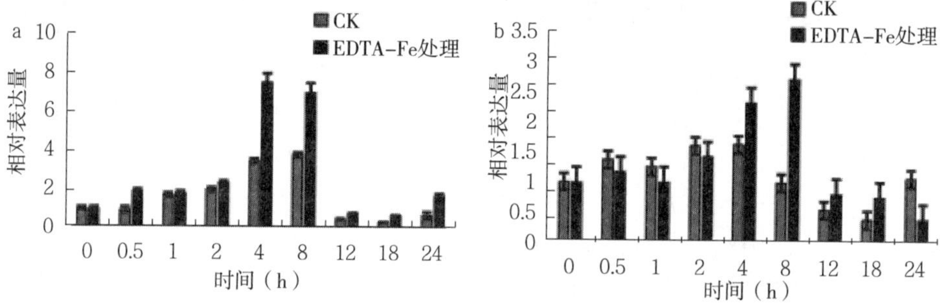

图 4-51 铁胁迫对 *SiPRR37* 和 *SiPRR73* 基因表达的影响

a. *SiPRR37* b. *SiPRR73*

3. 讨论

脱落酸（ABA）是一种广泛应用于研究植物对渗透胁迫反应的胁迫激素。已有的研究表明 PRRs 家族 *TOC1* 基因与 ABA 调控基因有部分重叠，TOC1 能够结合到 ABA 调控基因启动子上抑制 *ABAR*、*CBF*、*ABI3* 等基因的表达，这些基因的表达又能促进 *TOC1* 表达，从而能够形成调节 ABA 信号传导的调节环[205]，以增加植物抗逆性。本研究表明同为 PRRs 家族的 *SiPRR73* 基因可能参与 ABA 介导的信号传递途径，而 *SiPRR37* 基因对 ABA 胁迫反应迟钝，可能不参与 ABA 信号传导。

生物钟基因在作物应对干旱胁迫中发挥作用，在水稻中，干旱可以抑制 *OsPRR73* 的表达，诱导 *OsTOC1* 的表达，对 *OsPRR59*、*OsPRR95* 和 *OsPRR37* 基因的影响较小[206]。Marcolino-Gomes 等[208]发现生物钟基因与干旱胁迫响应之间存在相互作用。在大豆中，*PRR3*、*PRR7*、*PRR9* 在干旱胁迫下表达减弱，在中度干旱条件下仅 *PRR3* 的表达增高，*PRR3* 在大豆响应干旱胁迫中发挥作用。谷子作为抗旱作物，对干旱环境的快速适应是其保持生活竞争力的有效手段，本研究表明 *SiPRR37* 和 *SiPRR73* 基因参与了谷子干旱胁迫应答反应，与水稻不同的是，干旱胁迫可以诱导 *SiPRR37* 的表达。*SiPRR37* 和 *SiPRR73* 基因对干旱胁迫的应答方式还需进一步研究。

温度对作物的生长发育非常重要，植物能够感知外界温度并作出不同的应激反应，PRRs 家族基因在应对冷胁迫反应中发挥重要作用。有研究表明温度主要影响生物钟基因形成可变剪接，并调节热激反应因子 *HsfB2b* 和 *FBH1* 的表达水平，而 HsfB2b 和 FBH1 可以结合在 *PRR7* 及 *CCA1* 的启动子上来调控其表达水平[185,211]。低温可以使 PRRs 家族基因形成不同的转录本来影响生物钟功能和增强植物对冷胁迫的耐受性[212,217]。在冷胁迫中 *CCA1*、*LHY* 作为正调节因子，*PRR9*、*PRR7*、*PRR5* 作为负调节因子来共同调节抗冷基因 *CBF* 的表达[210,213]。水稻受到冷胁迫刺激后，会促进 OsPRRs 家族基因和 *OsLHY* 的表达[214]。

冷胁迫可以诱导 *OsPRR73* 基因表达，然而本研究表明，与水稻不同的是，*SiPRR37* 基因在冷刺激下被显著抑制，这表明 PRRs 家族基因在不同的作物中参与植物冷胁迫适应性的方式不同。

铁是作物的必需矿质元素，禾本科作物对土壤中的铁非常敏感，作物缺铁时植株矮小，叶面变黄，根系较弱，入土较浅；而土壤中过量的铁会损害作物根系细胞，降低生长能力，叶片产生黑色或灰色的斑点症状，比缺铁时更影响产量。关于铁盐耐受性基因的研究近二十年一直不曾间断，直到 Li 等通过 GWAS 发现了铁盐耐受性基因遗传调节因子 *GSNOR*，才分析了作物对铁盐耐受性的调控机理[235]。而在 *PRR7* 的研究中发现，*PRR7* 具有 FER1、FER3 和 FER4 三种铁蛋白作用靶点，植物铁蛋白对作物具有铁储存和避免铁过量的作用[180-181]。本研究发现过量铁可诱导 *SiPRR37* 和 *SiPRR73* 基因的表达，推测 *SiPRR37* 和 *SiPRR73* 基因也具有铁蛋白作用靶点，在作物铁过量应激反应中具有保护作用。

（六）*SiPRR73* 基因可变剪接分析

1. 材料与方法

（1）实验材料　同“（三）*SiPRR37* 和 *SiPRR73* 基因的组织特异性、光周期特异性表达分析”。

（2）主要实验器材　同“（三）*SiPRR37* 和 *SiPRR73* 基因的组织特异性、光周期特异性表达分析”。

（3）相关试剂　同“（三）*SiPRR37* 和 *SiPRR73* 基因的组织特异性、光周期特异性表达分析”。

（4）材料处理　在 2019 年 6 月将延谷 11 种子种于口径 10cm×10cm 装有营养土的小方盆中，共计 12 盆，每盆 1 株，在自然条件下萌发，然后将 8 盆分别转入 4 个光温环境：高温短日照（high temperature short day，HTSD，27℃、9h 光/15h 暗）、低温短日照（low temperature short day，LTSD，22℃、9h 光/15h 暗）、高温长日照（high temperature long day，HTLD，27℃、15h 光/9h 暗）、低温长日照（low temperature long day，LTLD，22℃、15h 光/9h 暗），每个环境（培养箱）2 盆，剩下的 4 盆继续在自然条件下生长。长至 5 叶期时，将 4 个光温培养条件的 8 盆谷苗分别用干净的剪刀剪取植株顶端完全展开的第一、第二片叶，放入液氮速冻。另外 4 盆将其中 2 盆转入 15℃温度条件 4h 后剪取植株顶端完全展开的第一、第二片叶，液氮速冻；另外 2 盆在自然条件下进行取样。

RNA 提取、质量检测和反转录：同“（三）*SiPRR37* 和 *SiPRR73* 基因的组织特异性、光周期特异性表达分析”。

SiPRR73 基因可变剪接体的获得：参照“（三）*SiPRR37* 和 *SiPRR73* 基因的组织特异性、光周期特异性表达分析”中的方法分别克隆 4 个光温组合处理、低温（15℃）处理、自然环境处理，总计 6 个处理样本的 *SiPRR73* 基因，测序后用多序列比对软件 Clustal W 分析基因的可变剪接体。

2. 结果与分析

SiPRR73 基因可变剪接体的分析：在 6 个不同处理条件下共得到 *SiPRR73* 基因的 6 个可变剪接体（附录），在低温 15℃条件下克隆得到的 *SiPRR73-1* 和在低温长日照条件下克隆得到的 *SiPRR73-3* 剪切体具有完整的 REC 和 CCT 结构域；在自然条件下克隆得到的 *SiPRR73-2* 和低温短日照条件下克隆得到的 *SiPRR73-4* 剪切体具有完整 REC 结构域，CCT 结构域完全缺失；在高温长日照下克隆得到的 *SiPRR73-5* 剪切体完全缺失 CCT 结构域，部分缺失 REC 结构域；在高温短日照下克隆得到的 *SiPRR73-6* 剪切体则完全缺失 REC 和 CCT 结构域（表 4－22，图 4－52）。所有处理中，无论长日照还是短日照，高温（27℃）条件得到的 *SiPRR73* 基因可变剪接体（*SiPRR73-5*、*SiPRR73-6*）REC 和 CCT 结构域均被破坏，功能损失最大，而自然环境、22℃短日照条件 *SiPRR73* 基因可变剪接体（*SiPRR73-2*、*SiPRR73-4*）缺失了 CCT 结构域，功能部分损失，只有低温 15℃处理和 22℃长日照处理的 *SiPRR73* 基因可变剪接体（*SiPRR73-1*、*SiPRR73-3*）功能完整。这些结果说明高温（27℃）*SiPRR73* 没有功能，而在低温（15℃）胁迫中该基因可能发挥一定作用，另外在 22℃长日照条件下 *SiPRR73* 保持完整活性，而短日照条件则部分失活，这与该基因长日照抑制作物开花而短日照失去抑制作用相符。因此可变剪接可能在 *SiPRR73* 接受光温调控的过程中发挥重要作用。

表 4-22　*SiPRR73* 基因 6 个可变剪接体的结构域比较

蛋白名称	结构域	起始-终止氨基酸位置	是否完整
SiPRR73-1	REC	83～186	是
	CCT	705～748	是
SiPRR73-2	REC	83～186	是
SiPRR73-3	REC	83～186	是
	CCT	705～748	是
SiPRR73-4	REC	83～186	是
SiPRR73-5	—	—	否
SiPRR73-6	—	—	否

注：“—”表示缺失。

3. 讨论

光周期和温度是影响作物抽穗开花、生态适应性和产量的重要环境因素，影响作物出苗后的生长、繁殖全过程[236-237]。有研究发现大豆的感光性与温度有关，高温和低温都影响大豆的光周期敏感性[238-240]。作物在环境温度较低时开花推迟，环境温度升高时则开花进程加速。响应环境温度变化而影响开花的基因如 *FLC*（*flowering locus c*），在 27℃高温下能够延长生物钟周期[241]。环境温度同样能够影响 *FLM*（*flowering locus m*）的可变剪接与 SVP（*short vegetative phase*）蛋白的稳定性[242-243]，低温促进 FLM β 剪切体的形成，并与 SVP 结合形成 FLM β-SVP 复合体而抑制开花，高温下产生更多的 FLM δ 剪切体竞争性地与 SVP 结合形成 FLM δ-SVP 复合体，通过显性失活机制促进开花[244]。同样，植物生物钟基因也受环境温度的调节形成其他多种可变剪接体。

CCA1、*LHY*、*PRR7*、*PRR9*、*TOC1*、*ELF3* 和 *ZTL* 等生物钟基因可通过内含子保留、外显子跳跃、5′和 3′可变剪接位点等多种机制进行广泛的选择性剪接[245-249]。选择性剪接大多是响应非生物胁迫而发生的，如低温抑制 *ELF3* 的选择性剪接而诱导 *TOC1* 的选择性剪接；高温诱导 *CCA1*、*PRR7*、*TOC1* 和 *ELF3* 基因的选择性剪接[245-250]。选择性剪接异构体通常含有过早终止密码子，该密码子可产生较短但仍有功能的蛋白质，或通过一定降解途径产生非功能蛋白质。如 *CCA1* 和 *LHY* 转录本都交替剪接形成全长蛋白或缺少 MYB DNA 结合区的截短蛋白[247-248]，通过内含子保留产生的两种截短的蛋白质，抑制功能性同源和异源二聚体（CCA1-CCA1、CCA1-LHY 和 LHY-LHY）的形成，节律性地削弱 LHY 和 CCA1 蛋白结合 DNA 的能力。*CCA1* 的截短异构体 CCA1-β 的丰度在低温下减少，而 *LHY* 的截短异构体的丰度增

```
SiPRR73-1   ------------------------------------------------------------------------------   80
SiPRR73-2   ------------------------T N-------   WREKEDDLPNGHSGPPGAQQVDEQKDQQGQTIQWERFLPVKT   80
SiPRR73-3   ------------------------T D-------   WREKEDDLPNGHSGPPGAQQVDEQKDQQGQTIQWERFLPVKT   80
SiPRR73-4   ------------------------------------------------------------------------------   80
SiPRR73-5   ------------------------T N-------   WREKEDDLPNGHSGPPGAQQVDEQKDQQGQTIQWERFLPVKT   80
SiPRR73-6   ------------------------T N-------   ..........................................   38
Consensus   megstceqaegtdgpeshkdvrgianga a gyhgeaeadade

SiPRR73-1   LRVLLVEIDDSTRQVVSALLRKCCYEVIPAENGLHAWQHLEDLQNNIDLVLTEVFMPCLSGIGLLSKITSHKVCKDIPVI   160
SiPRR73-2   LRVLLVEIDDSTRQVVSALLRKCCYEVIPAENGLHAWQHLEDLQNNIDLVLTEVFMPCLSGIGLLSKITSHKVCKDIPVI   160
SiPRR73-3   LRVLLVEIDDSTRQVVSALLRKCCYEVIPAENGLHAWQHLEDLQNNIDLVLTEVFMPCLSGIGLLSKITSHKVCKDIPVI   160
SiPRR73-4   LRVLLVEIDDSTRQVVSALLRKCCYEVIPAENGLHAWQHLEDLQNNIDLVLTEVFMPCLSGIGLLSKITSHKVCKDIPVI   160
SiPRR73-5   LRVLLVEIDDSTRQVVSALLRKCCYEVIPAENGLHAWQHLEDLQNNIDLVLTEVFMPCLSGIGLLSKITSHKVCKDIPVI   160
SiPRR73-6   ................................................................................   38
Consensus

SiPRR73-1   MMSSNDSMSMVFKCLSKGAVDFLVKPLRKNELKNLWQHVWRRCHSSSGSGSESGIQTQKCAKPNTGDEYENNSASSHDDD   240
SiPRR73-2   TMSSNDSMSMVFKCLSKGAVDFLVKPLRKNELKNLWQHVWRRCHSSSGSGSESGIQTQKCAKPNTGDEYENNSASSHDDD   240
SiPRR73-3   MMSSNDSMSMVFKCLSKGAVDFLVKPLRKNELKNLWQHVWRRCHSSSGSGSESGIQTQKCAKPNTGDEYENNSASSHDDD   240
SiPRR73-4   MMSSNDSMSMVFKCLSKGAVDFLVKPLRKNELKNLWQHVWRRCHSSSGSGSESGIQTQKCAKPNTGDEYENNSASSHDDD   240
SiPRR73-5   SK..............................................................................   162
SiPRR73-6   ................................................................................   38
Consensus

SiPRR73-1   ENDDEEDDDLSVGLNARDGSDNGSGTQSSWTRRAVEIDSPQQMSPDQLADPPDSTCAQVIHPKSEICSNKWLPAANKRNS   320
SiPRR73-2   ENDDEEDDDLSVGLNARDGSDNGSGTHSSWTKRAVEIDSPQQMSPDQLADPPDSTCAQVIHPKSEICSNKWLPAANKRNS   320
SiPRR73-3   ENDDEEDDDLSVGLNARDGSDNGSGTQSSWTKRAVEIDSPQQMSPDQLADPPDSTCAQVIHPKSEICSNKWLPAANKRNS   320
SiPRR73-4   ENDDEEDDDLSVGLNARDGSDNGSGTQSSWTKRAVEIDSPQQMSPDQLADPPDSTCAQVIHPKSEICSNKWLPAANKRNS   320
SiPRR73-5   ................................................................................   162
SiPRR73-6   ................................................................................   38
Consensus

SiPRR73-1   KKQKENKDESMGKYLEIGAPRNSTAEYQSSLNDTSVNPTEKRHEVHIPQCKSKKKVMEEDDCTNMLSEPNTETADLISSI   400
SiPRR73-2   KKQKENKDESMGKYLEIGAPRNSTAEYQSSLNDTSVNPTEKRHEVHIPQCKSKKKVMEEDDCTNMLSEPNTETADLISSI   400
SiPRR73-3   KKQKENKDESMGKYLEIGAPRNSTAEYQSSLNDTSVNPTEKRHEVHIPQCKSKKKVMEEDDCTNMLSEPNTETADLISSI   400
SiPRR73-4   KKQKENKDESMGKYLEIGAPRNSTAEYQSSLNDTSVNPTEKRHEVHIPQCKSKKKVMEEDDCTNMLSEPNTETADLISSI   400
SiPRR73-5   ................................................................................   162
SiPRR73-6   ................................................................................   38
Consensus

SiPRR73-1   ARNTEGQQAVQVADAPDCPAKMPVGNDKDHDSHIEVTPHELGLKRLKTNGATTEIHDEWNILRRSDLSAFTRYHTSVASN   480
SiPRR73-2   ARNTEGQQAVQVADAPDCPAKMPVGNDKDHDSHIEVTPHELGLKRLKTNGATTEIHDEWNILRGSDLSAFTRCKT.....   475
SiPRR73-3   ARNTEGQQAVQVADAPDCPAKMPVGNDKDHDSHIEVTPHELGLKRLKTNGATTEIHDEWNILRRSDLSAFTRYHTSVASN   480
SiPRR73-4   ARNTEGQQAVQVADAPDCPAKMPVGNDKDHDSHIEVTPHELGLKRLKTNGATTEIHDEWNILRRSDLSAFTRYHTSVASN   480
SiPRR73-5   ................................................................................   162
SiPRR73-6   ................................................................................   38
Consensus

SiPRR73-1   QGGAGFGESSSPQDNSSEAVKTDSTCKMKSNSDAAPIKQGSNGSSNNNDMGSSTKNVVAKPSGNRERVTSPSAVKSNQHP   560
SiPRR73-2   ................................................................................   475
SiPRR73-3   QGGAGFGESSSPQDNSSEAVKTDSTCKMKSNSDAAPIKQGSNGSSNNNDMGSSTKNVVAKPSGNRERVTSPSAVKSNQHP   560
SiPRR73-4   QGGAGFGESSSPQDNSSEAVKTDSTCKMKSNSDAAPIKQGSNGSSNNNDMGSSTKNVVAKPSGNRERVTSPSA.......   553
SiPRR73-5   ................................................................................   162
SiPRR73-6   ................................................................................   38
Consensus

SiPRR73-1   MPHQISPANVVGKDKTDEGISNAVKVGHPAEVPQSCVQHHHHVHYYLHVMTQQQPSIDRGSSDAQCGSSNAFDPPVEGHA   640
SiPRR73-2   ................................................................................   475
SiPRR73-3   MPHQISPANVVGKDKTDEGISNAVKVGHPAEVPQSCVQHHHHVHYYLHVMTQQQPSIDRGSSDAQCGSSNVFDPPVEGHA   640
SiPRR73-4   ................................................................................   553
SiPRR73-5   ................................................................................   162
SiPRR73-6   ................................................................................   38
Consensus

SiPRR73-1   ANYSVNGAVSGGHNGSNGQNGSSAGPNIARPNMESVNGTMSKNVAGGGSGSGSGNGTYQNRFPQREAALNKFRLKRKDRN   720
SiPRR73-2   ................................................................................   475
SiPRR73-3   ANYSVNGAVSGGHNGSNGQNGSSAGPNIARPNMESVNGTMSKNVAGGGSGSGSGNGTYQNRFPQREAALNKFRLKRKDRN   720
SiPRR73-4   ................................................................................   553
SiPRR73-5   ................................................................................   162
SiPRR73-6   ................................................................................   38
Consensus

SiPRR73-1   FGKKVRYQSRKRLAEQRPRVRGQFVRQSGQEDQAGQDIE   759
SiPRR73-2   .......................................   475
SiPRR73-3   FGKKVRYQSRKRLAEQRPRVRGQFVRQSGQEDQAGQDIE   759
SiPRR73-4   .......................................   553
SiPRR73-5   .......................................   162
SiPRR73-6   .......................................   38
Consensus
```

图 4-52 *SiPRR73* 基因 6 个可变剪接体氨基酸的多重比较

加，全长形式的 *CCA1*（35S：：*CCA1*-α）的过表达能增强植株的抗冻性，而截短剪接体（35S：：*CCA1*-β）的过表达降低了植株的抗冻性，这表明低温下通过对 *CCA1* 选择性剪接的调控可以增加植物的耐冷性[247-248]。PRR 家族的 *PRR9*、*PRR7*、*PRR5*、*PRR3* 和 *TOC1* 基因的多个转录本与温度有关，低温诱导可使 PRR 家族基因通过可变剪接形成不同的转录本，从而影响生物钟的功能[212,247,249]。

本研究在不同温度和光照条件下，获得了 6 个 *SiPRR73* 基因的转录本，在环境温度较低（15℃）的条件下，产生具有完整功能的 SiPRR73 蛋白序列，这表明该基因可能参与谷子对低温胁迫的抵抗作用，而在环境温度较高（27℃）的情况下，无论长日照还是短日照，*SiPRR73* 通过可变剪接均产生功能严重缺失的蛋白，说明当环境温度太高时，光周期对 *SiPRR73* 基因的调控作用将消失。本实验室先前的调查发现，不同光温环境对黄毛谷生殖生长的促进作用是：短日照高温＞短日照低温＞长日照低温＞长日照高温[234]，短日照高温能够促进谷子抽穗开花，其原因可能是短日照下缺少 CCT 结构域，同时高温又破坏了 REC 结构域，进而破坏了 *PRR* 基因对开花的阻遏作用，长日照条件高温虽然产生了无功能的剪接体，但并没有促进谷子抽穗，这说明除了 *SiPRR73* 基因，长日照条件还存在其他抑制谷子抽穗的组分，且这些组分的活性并没有受到高温的抑制作用。

（七）*SiPRR37* 和 *SiPRR73* 基因的 SNP 位点检测及其与谷子主要农艺性状的关联分析

1. 材料与方法

（1）实验材料　本研究选用了 100 份春谷材料和 60 份夏谷材料用于重测序，包含了来自河南、河北、山东、山西、陕西、黑龙江、吉林、辽宁、新疆、内蒙古、甘肃、青海、宁夏、西藏等国内各地区的品种资源 144 份和来自国外的品种资源 16 份，材料信息见文献 156。

（2）主要实验器材　BS200S 型分析天平（北京赛多利斯天平有限公司），DLAB 可调微量移液枪［大龙兴创实验仪器（北京）股份公司］，WGL-45B 电热鼓风干燥箱（天津市泰斯特仪器有限公司），SW-CJ-1D 型超净工作台（苏州净化设备有限公司），DG-800 型漩涡混合器（北京鼎国昌盛生物技术有限责任公司），YXQ-SG46-280S 型手提式压力蒸汽灭菌锅（上海博迅实业有限公司），数显恒温水浴锅、ZD-85 型气浴恒温振荡器（金坛市医疗仪器厂），MG96＋型基因扩增仪（杭州晶格科学仪器有限公司），海尔冰箱，JY-JX 垂直电泳槽（北京君意东方电泳设备有限公司），DYY-6C 型电泳仪（北京市六一仪器厂），ZF-7 型暗箱式三用紫外分析仪（上海嘉鹏科技有限公司），－80℃超低温冰箱、制冰机（日本三洋公司），NanoDrop™ One 微量紫外-可见光分光光度计［赛默飞世尔科技（中国）有限公司］，液氮罐，万用电炉（北京科伟永兴仪器有限公司），研钵和研棒。

（3）相关试剂　BM2000＋DNA Marker、goldview、琼脂糖（北京康为世纪生物科技股份有限公司），无水乙醇、氯仿（分析纯，烟台市双双化工有限公司），ddH_2O、Tris、EDTA、CTAB、异戊醇、异丙醇、浓 HCl、NaOH、$Na_2EDTA \cdot 2H_2O$、RNase（北京鼎国昌盛生物技术有限责任公司）。

（4）表型数据的获得　本实验室于 2015 年、2016 年在海南省乐东黎族自治县、河南省洛阳市和吉林省吉林市、公主岭市对 160 份谷子品种的 10 个性状进行了调查，具体调查方法及调查结果见文献 156。10 个表型性状包括抽穗期（heading stage，HS）、株高（plant height，PH）、叶片数（number of leaves，NL）、穗长（panicle length，PL）、穗粗（panicle diameter，PD）、穗码数（spikelet number，SN）、码粒数（grain number per branch，GN）、穗质量（spike weight，SW）、穗粒质量（grain weight per panicle，GW）和千粒质量（1 000-grain weight，1 000-GW），这些表型数据将用于本研究的关联分析。

（5）*SiPRR37* 和 *SiPRR73* 基因 SNP 位点检测、单倍型分析及与表型性状的关联分析　从 160 份谷子重测序获得的 SNP 数据中提取 *SiPRR37*、*SiPRR73* 基因 SNP 信息，并用分布于谷子 9 条染色体上的 300 个 SNPs 进行群体结构分析，所用软件为 Structure 2.3.4，参数 iterations 设为 10 000，burn-in period 设为 100 000，K 值设 1～10，并重复运行 10 次，根据似然值最大原则选取合适的 K 值作为群体数目，以此 K 值为亚群数，重新运行 Structure 2.3.4 软件计算 Q 参数，然后将 Q 参数转换为 Tassel 5.0 软件格式。用 Tassel 5.0 软件过滤掉 *SiPRR37*、*SiPRR73* 基因内等位基因频率小于 0.05 的多态性位点，剩余位点进行连锁不平衡和单倍型分析，计算 160 份谷子的 Kinship 矩阵。最后以群体结构分析 Q 值作为协变量，用一般线性模型（general linear model，GLM）将 *SiPRR37*、*SiPRR73* 基因内 SNP 分别与表型性状作回归分析，寻找相关联的位点，确定对表型变异的贡献度；再利用群体结构分析数据、Kinship 数据、SNP 位点数据和表型数据，利用 Q＋K 作为协变量的混合线性模型（mixed linear model，MLM）进行标记-性状关联分析，并确定关联位点和对表型变异的贡献度。

2. 结果与分析

SiPRR37 和 *SiPRR73* 基因的多态性位点分析：从 160 份谷子重测序结果中提取 *SiPRR37* 基因序列，获得 14 343bp 的核苷酸序列，包括 978bp 的 5′非翻译区、2 247bp 的编码区、10 440bp 的内含子区和 678bp 的 3′非翻译区。对 *SiPRR37* 基因的结构进行分析，发现 *SiPRR37* 基因编码区有 7 个外显子，6 个内含子。经多序列比对共获得 47 个 SNP，其中外显子区 10 个 SNP，8 个错义突变，错义突变频率为 80%（表 4 - 23），全部出现在 PRR（REC）结构域和 CCT 结构域中间的可变域中，这 8 个错义突变可引起蛋白

序列的变异。

表 4－23　160 份谷子品种 *SiPRR37* 基因的多态性位点

参数	5′非翻译区	外显子区	内含子区	3′非翻译区	全长
序列长度（bp）	978	2 247	10 440	678	14 343
SNP 数目	6	10	31	0	47
SNP 频率	163	224.7	336.77	0	305.17

从 160 份谷子重测序结果中提取 *SiPRR73* 基因序列，获得 8 146bp 的核苷酸序列，包括 971bp 的 5′非翻译区、2 283bp 的编码区、4 492bp 的内含子区和 400bp 的 3′非翻译区。对 *SiPRR73* 的基因结构进行分析，发现 *SiPRR73* 基因编码区有 8 个外显子，7 个内含子。经多序列比对共获得 23 个 SNP 位点，其中 5′UTR 1 个，外显子区 17 个，内含子区 3 个，3′UTR 2 个（表 4－24）。外显子区 17 个 SNP 中有 11 个为错义突变，错义突变率为 64.71%。SNP 主要出现在 N 端的 PRR（REC）结构域和 C 端的 CCT 结构域中。

表 4－24　160 份谷子品种 *SiPRR73* 基因的多态性位点

参数	5′非翻译区	外显子区	内含子区	3′非翻译区	全长
序列长度（bp）	971	2 283	4 492	400	8 146
SNP 数目	1	17	3	2	23
SNP 频率	971	134.29	1 497.33	200	354.17

160 份谷子的群体结构分析：将 Structure 2.3.4 运算结果通过在线分析工具 Structure Harvester（http：//taylor0.biology.ucla.edu/struct _ harvest/）分析计算，通过 ΔK 确定 160 份谷子材料的群体结构，发现 K＝2 时 ΔK 出现峰值，表明 160 份谷子应分为 2 个亚群（图 4－53a）。第一亚群共 95 份材料，第二亚群共 65 份材料（图 4－53b）。

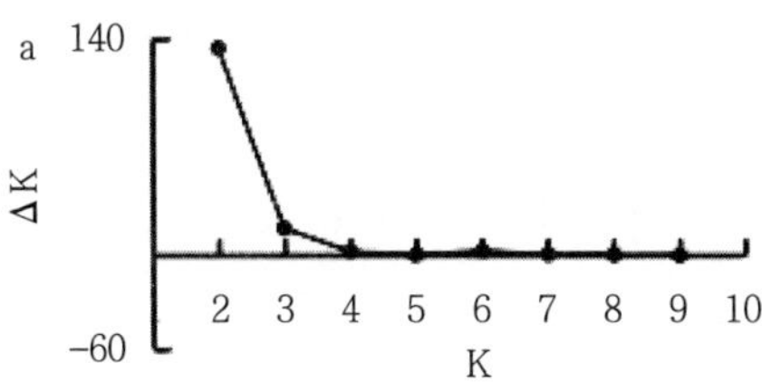

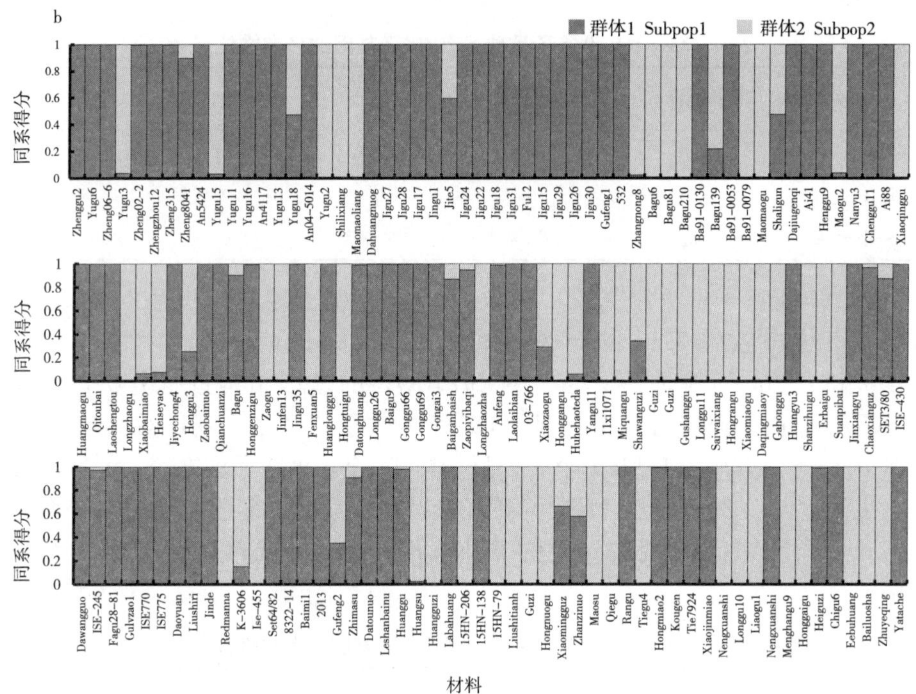

图 4-53　基于 SNP 位点的 160 份谷子材料群体遗传结构

a. ΔK 随 K 值的变化趋势，峰值表明该自然群体可分为 2 个类群

b. 160 份材料的群体遗传结构

SiPRR37、*SiPRR73* 基因内 SNP 的连锁不平衡和单倍型分析：利用 Tassel 5.0 对 160 份谷子 *SiPRR37* 和 *SiPRR73* 基因序列多态性 SNP 位点进行连锁不平衡分析，发现存在强的连锁不平衡关系，尤其是 *SiPRR37* 基因内显著连锁不平衡的成对位点有 184 对，占该基因所有位点组合的 30.065%（图 4-54）。

对 *SiPRR37* 基因编码区的 10 个 SNP 进行单倍型分析，共发现 19 个单倍型（Hd=0.636 2），160 份谷子材料在 19 个单倍型中分布不均衡，最大频率的单倍型包括 84 个谷子品种，占所有品种的 52.5%；8 个单倍型只包含 1 个品种，占所有品种的 5%（表 4-25）。

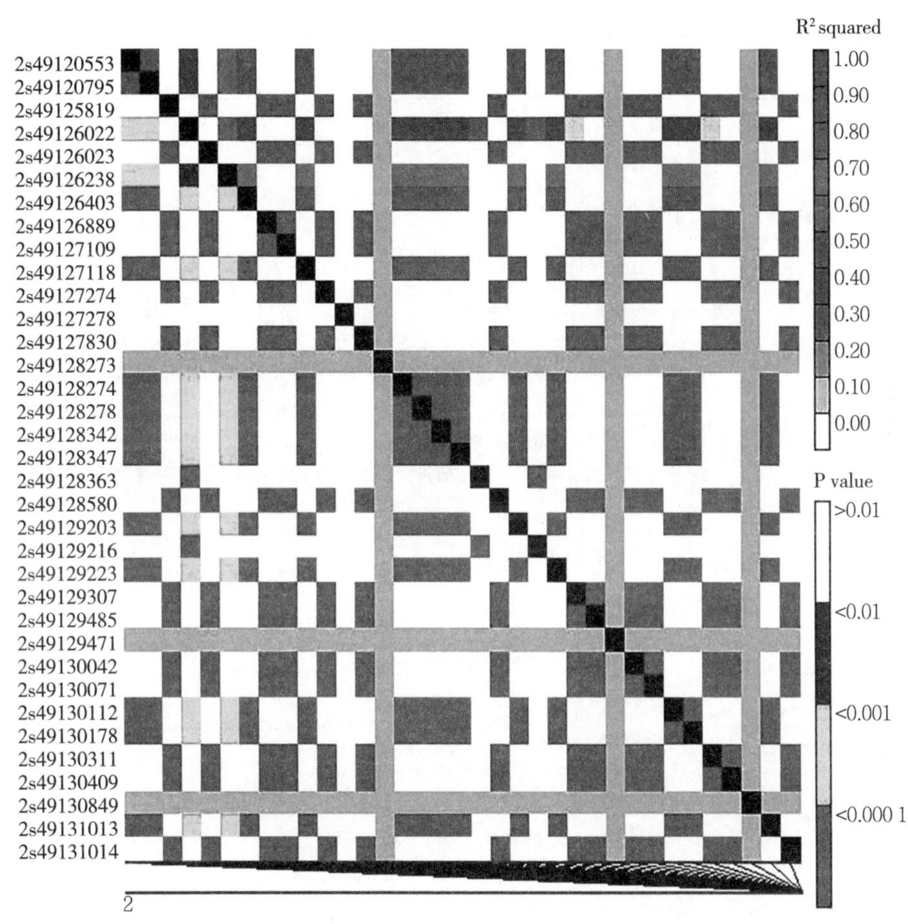

图 4-54　谷子 *SiPRR37* 基因多态性位点间的连锁不平衡

表 4-25　*SiPRR37* 基因编码区序列的单倍型在 160 份谷子品种中的分布

单倍型	个数	品种
Hap _ 1	84	郑谷 2 号、豫谷 6 号、郑 06-6、郑 05-2、郑州 12、郑 315、安 5424、豫谷 11、豫谷 16、安 4117、豫谷 13、安 04-5014、大黄糯谷、冀谷 27、冀谷 28、冀谷 17、金谷 1 号、冀谷 24、冀谷 22、冀谷 18、冀谷 31、复 12、冀谷 15、冀谷 29、冀谷 26、冀谷 30、谷丰 1 号、532、坝 91-0130、坝 91-0053、大九根齐、矮 41、衡谷 9 号、南育 3 号、承谷 11、矮 88、黄毛谷、齐头白、老绳头、济叶冲 4、早白糯、钱串子、拔谷、红根子谷、晋谷 35、皇龙谷、龙谷 26、白谷 9 号、公谷 66、公谷 69、公矮 3 号、白秆白沙、安丰、老来变、06-766、延谷 11、黄玉 3 号、金香玉、ISE-430、大王国、ISE-245、骨绿早 1、ISE775、岛原、六十日、金德、Set64/82、8322-14、白米 1 号、2013、芝麻粟、大头糯、乐山白糯、黄谷、喇叭黄、15HN-138、然谷、红苗 2 号、铁 7924、小金苗、嫩选十六、黑谷子 Heiguzi、赤谷 6 号、压塌车

（续）

单倍型	个数	品种
Hap_2	2	豫谷3号、鲁谷3号
Hap_3	1	郑8041
Hap_4	1	豫谷15
Hap_5	2	豫谷18、沙粒滚
Hap_6	48	豫谷2号、十里香、坝谷6号、坝谷81、坝谷210、坝91-0079、毛毛谷、毛谷2号、小青谷、龙爪谷、黑色腰、早谷、晋汾、汾选5号、红腿谷、龙爪粘、红秆谷、呼和浩特大毛谷、11郗1071、米泉谷、谷上谷、塞外香谷子、红燃谷、小苗谷、大青苗鱼刺、尕红谷、籼紫灰谷、二白谷、Redmanna、Ise-455、黄粟、黄谷子、15HN-206、15HN-79、六十天还家、谷子Guzi、红糯谷、毛粟、茄谷、铁谷4号、嫩选10号、陇谷10号、辽谷1号、蒙早谷9号、红钙谷、二不黄、白罗砂、竹叶青
Hap_7	2	毛毛亮、陇谷11
Hap_8	1	冀特5号
Hap_9	3	张农8号、谷子、蒜皮白
Hap_10	1	坝谷139
Hap_11	2	小白苗、K-3606
Hap_12	1	大同黄
Hap_13	3	糟皮一把奇、朝鲜谷子、SET3/80
Hap_14	2	小早谷、谷子
Hap_15	2	沙湾谷子、谷丰2号
Hap_16	2	法谷28-81、叩根
Hap_17	1	ISE770
Hap_18	1	小明谷子
Hap_19	1	粘子糯

对19个单倍型表型效应分析，结果表明Hap-19的抽穗期（图4－55a）、叶片数（图4－55c）、穗长（图4－55d）、穗码数（图4－55f）显著高于其他单倍型，但是千粒质量低于其他单倍型（图4－55h）；Hap-10的穗粒质量（图4－55b）、穗粗（图4－55e）、穗质量（图4－55g）显著高于其他单倍型；Hap-7的千粒质量最高（图4－55h）；Hap-11和Hap-14的抽穗期（图4－55a）、穗粒质量（图4－55b）、叶片数（图4－55c）、穗长（图4－55d）、穗粗（图4－55e）、穗码数（图4－55f）、穗质量（图4－55g）显著低于其他大多数

单倍型。

Hap-19 只包括粘子糯 1 个品种，Hap-10 只包含坝谷 1 391 个品种，Hap-7 包含毛毛亮和陇谷 11 2 个品种，Hap-11 包含小白苗和 K-3606 2 个品种，Hap-14 包含小早谷和谷子 2 个品种（表 4－25）。这表明单倍型Ⅰ（小白苗、K-3606）、Ⅱ（小早谷、谷子）是降低穗粒质量、叶片数、穗长、穗粗、穗码数、穗质量的不利单倍型，单倍型Ⅲ（粘子糯）是延长抽穗期、增加叶片数、穗长和穗码数的有利单倍型，单倍型Ⅳ（坝谷 139）是增加穗粒质量、穗粗、穗质量的有利单倍型，单倍型Ⅴ（毛毛亮和陇谷 11）是提高千粒质量的有利单倍型。

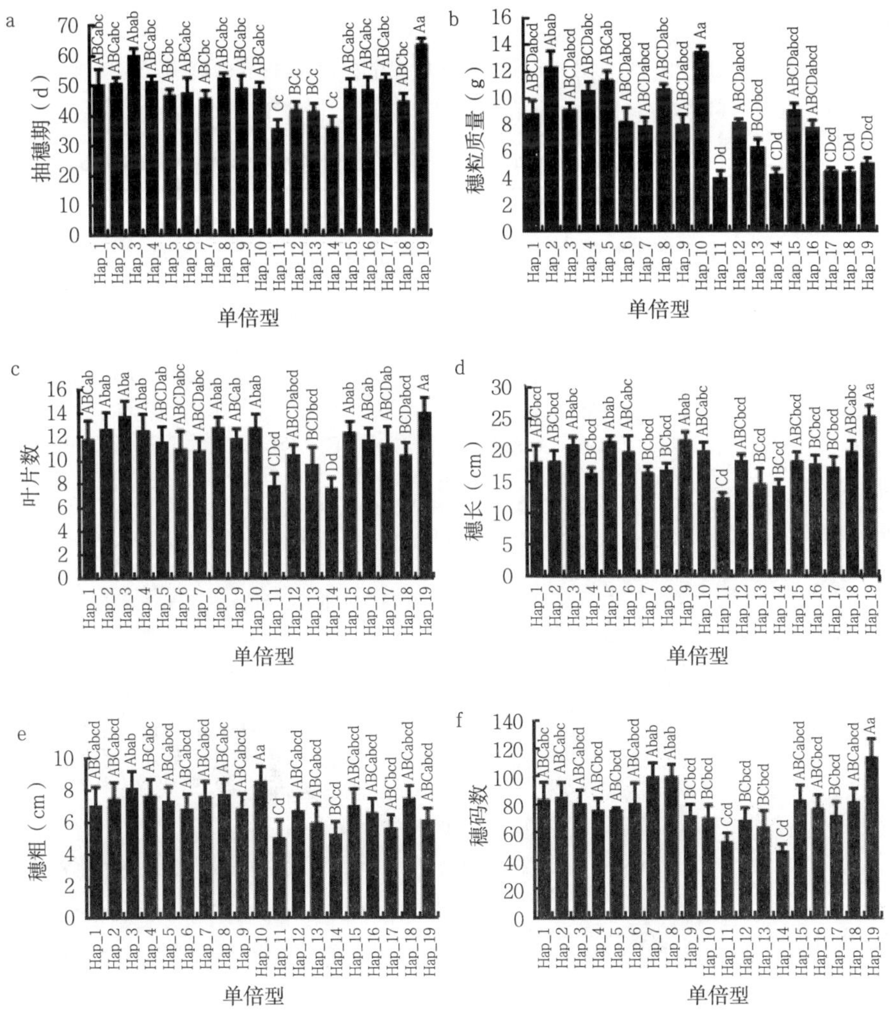

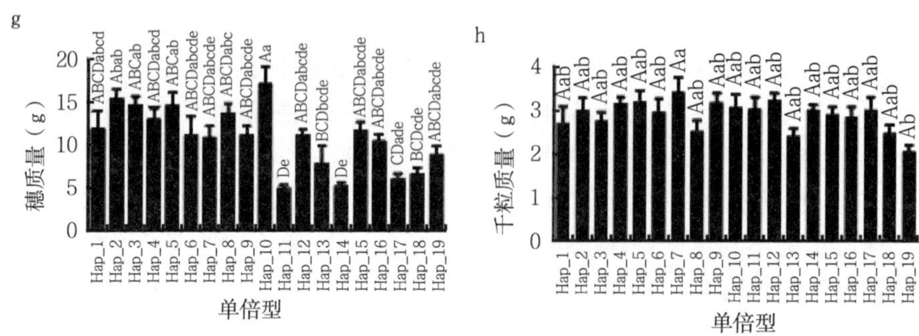

图 4－55　基于 *SiPRR37* 基因 SNPs 的单倍型效应分析

对 *SiPRR73* 基因编码区的 17 个 SNP 进行单倍型分析，共发现 7 个单倍型（Hd＝0.196 6），160 份谷子材料在 7 个单倍型中分布不均衡，最大频率的单倍型（Hap _ 1）包括 143 个谷子品种，占所有品种的 89.375%；5 个单倍型只包含 1 个品种，占所有品种的 3.125%（表 4－26）。

表 4－26　*SiPRR73* 基因编码区序列的单倍型在 160 份谷子品种中的分布

单倍型	个数	品种
Hap _ 1	143	郑谷 2 号、豫谷 6 号、郑 06-6、郑 315、安 5424、豫谷 11、豫谷 16、安 4117、豫谷 13 号、安 04-5014、冀谷 27、冀谷 28、冀谷 17、金谷 1 号、冀谷 24、冀谷 22、冀谷 18、冀谷 31、复 12、冀谷 15、冀谷 29、冀谷 26、冀谷 30、谷丰 1 号、532、坝 91-0130、坝 91-0053、大九根齐、矮 41、衡谷 9 号、南育 3 号、承谷 11、矮 88、黄毛谷、齐头白、老绳头、济叶冲 4、早白糯、钱串子、拔谷、红根子谷、晋谷 35、皇龙谷、公谷 69、白秆白沙、安丰、老来变、06-766、延谷 11、黄玉 3、金香玉、ISE-430、大王国、ISE-245、骨绿早 1、ISE775、岛原、金德、Set64/82、8322-14、白米 1 号、2013、芝麻粟、乐山白糯、黄谷、喇叭黄、15HN-138、然谷、红苗 2 号、铁 7924、小金苗、嫩选十六、黑谷子、赤谷 6 号、压塌车、豫谷 3 号、鲁谷 3 号、郑 8041、豫谷 15、沙粒滚、豫谷 2 号、十里香、坝谷 6 号、坝谷 81、坝谷 210、坝 91-0079、毛毛谷、毛谷 2 号、小青谷、龙爪谷、黑色腰、早谷、晋汾 13、汾选 5 号、红腿谷、龙爪粘、红秆谷、米泉谷、塞外香谷子、红燃谷、小苗谷、大青苗鱼刺、尕红谷、籼紫灰谷、二白谷、Red manna、Ise-455、黄粟、黄谷子、15HN-206、15HN-79、六十天还家、谷子、红糯谷、毛粟、铁谷 4 号、辽谷 1 号、蒙旱谷 9 号、红钙谷、二不黄、白罗砂、竹叶青、毛毛亮、陇谷 11、冀特 5 号、张农 8 号、谷子、蒜皮白、坝谷 139、小白苗、K-3606、大同黄、糟皮一把奇、朝鲜谷子、SET3/80、小旱谷、谷子、谷丰 2 号、法谷 28-81、叩根、ISE770、小明谷子、粘子糯
Hap _ 2	12	郑 05-2、郑州 12、大黄糯谷、龙谷 26、白谷 9 号、呼和浩特大毛谷、11 郄 1071、沙湾谷子、大头糯、茄谷、嫩选 10 号、陇谷 10 号
Hap _ 3	1	豫谷 18
Hap _ 4	1	公谷 66
Hap _ 5	1	公矮 3 号

（续）

单倍型	个数	品种
Hap _ 6	1	谷上谷
Hap _ 7	1	六十日

对 7 个单倍型表型效应分析，结果表明 Hap _ 5 的株高极显著低于其他单倍型（图 4－56a）；Hap _ 4 的抽穗期极显著低于 Hap _ 7（图 4－56b）。Hap _ 5仅包含公矮 3 号 1 个品种，Hap _ 4 仅包含公谷 66 1 个品种，Hap _ 7 仅包含六十日 1 个品种。这表明 Hap _ 5（公矮 3 号）是降低株高的有利单倍型，Hap _ 4（公谷 66 号）是缩短抽穗期的有利单倍型，Hap _ 7（六十日）是增加抽穗期的有利单倍型。

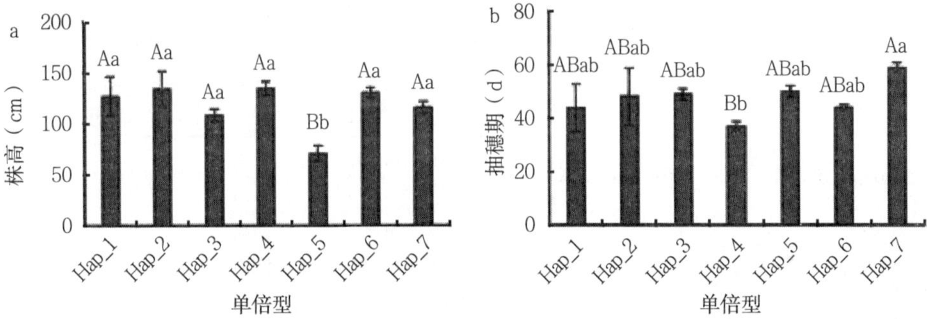

图 4－56 基于 *SiPRR73* 基因 SNPs 的单倍型效应分析

SiPRR37 基因 SNP 位点与表型性状的关联分析：利用 Tassel 5.0 软件中的 GLM 模型（群体结构 Q 矩阵作为协变量）和 MLM 模型（群体结构 Q 矩阵和亲缘关系 K 矩阵同时作为协变量）对 *SiPRR37* 基因中 47 个 SNPs 基因型数据与 160 份谷子材料 2 年 3 地所测的 10 个表型性状数据进行关联分析。2 种模型共检测到 5 个 SNP 位点与 8 个农艺性状显著或极显著关联，单个 SNP 变异可解释的表型贡献率为 0.014 24～0.079 3（表 4－27）。在海南乐东地理环境下，特异地检测到 SNP-38（Pos：49 130 849）与穗码数、穗长、穗质量和穗粗相关联，平均可解释的表型贡献率分别为 0.028 9、0.032 8、0.022 2 和 0.019 3。在河南洛阳地理环境下，特异地检测到 SNP-19（Pos：49 128 273）与叶片数和穗长相关联，平均可解释的表型贡献率分别为 0.052 0 和 0.038 3。在吉林地理环境下，特异地检测到 SNP-8（Pos：49 125 819）、SNP-14（Pos：49 127 109）和 SNP-17（Pos：49 127 278）分别与穗粒质量、千粒质量和抽穗期相关联，平均可解释的表型贡献率分别为 0.029 9、0.036 7 和 0.042 5。在河南洛阳和吉林省吉林市、公主岭市环境下共同检测到 SNP-19 与抽穗期相关，平均可解释的表型贡献率为 0.039 6。在海南乐东、河南洛阳和吉林省吉林市、公主岭市环境下，共同检测

到 SNP-17 与叶片数相关联，平均可解释的表型贡献率为 0.035 3。这表明 SNP-38、SNP-8 和 SNP-14 对谷子穗部性状有较大的影响，进而影响产量；SNP-17 和 SNP-19 对谷子从营养生长到生殖生长的转变有较大影响。

表 4-27　*SiPRR37* 基因序列多态性与谷子表型性状的关联分析

性状	SNP	位置	变异类型	*P* 值	表型贡献率（R^2）	环境	年份	模型
叶片数	SNP-17	49 127 278	C/T	**0.003 81**	0.033 1	海南	2015	GLM
				0.002 44	0.037 94	海南	2016	GLM
				0.014 69	0.026 99	河南	2015	GLM
				0.001 88	0.049 09	河南	2016	GLM
				0.032 37	0.022 02	吉林	2015	GLM
				0.004 21	0.043 06	吉林	2016	GLM
				0.006 12	0.032 61	海南	2015	MLM
				0.003 19	0.037 95	海南	2016	MLM
叶片数	SNP-19	49 128 273	C/T	**0.000 05**	0.072 76	河南	2015	GLM
				0.013 82	0.031 17	河南	2016	GLM
穗码数	SNP-38	49 130 849	C/A	**0.004 51**	0.037 93	海南	2015	GLM
				0.040 72	0.016 86	海南	2016	GLM
				0.005	0.039 3	海南	2015	MLM
				0.027 31	0.021 44	海南	2016	MLM
穗长	SNP-19	49 128 273	C/T	**0.003 11**	0.053 22	河南	2015	GLM
				0.043 11	0.023 43	河南	2016	GLM
	SNP-38	49 130 849	C/A	0.012 68	0.035 9	海南	2015	GLM
				0.004 79	0.031 18	海南	2016	GLM
				0.047 95	0.032 78	海南	2015	MLM
				0.027 09	0.031 18	海南	2016	MLM
穗质量	SNP-38	49 130 849	C/A	0.031 54	0.030 18	海南	2015	GLM
				0.034 45	0.014 24	海南	2016	GLM
				0.032 8	0.030 18	海南	2015	MLM
				0.035 2	0.014 25	海南	2016	MLM
穗粗	SNP-38	49 130 849	C/A	0.031 84	0.022 53	海南	2015	GLM
				0.024 95	0.016 13	海南	2016	GLM
				0.032 74	0.022 53	海南	2015	MLM
				0.026 36	0.016 14	海南	2016	MLM
抽穗期	SNP-19	49 128 273	C/T	**0.002 87**	0.039 72	河南	2015	GLM
				0.000 03	0.079 3	河南	2016	GLM
				0.017 4	0.023 6	吉林	2015	GLM
				0.015 38	0.029 35	吉林	2016	GLM
				0.003 65	0.039 72	河南	2015	MLM
				0.022 55	0.026 05	河南	2016	MLM

（续）

性状	SNP	位置	变异类型	P 值	表型贡献率（R^2）	环境	年份	模型
	SNP-17	49 127 278	C/T	**0.009 88**	0.027 69	吉林	2015	GLM
				0.000 64	0.057 24	吉林	2016	GLM
穗粒质量	SNP-8	49 125 819	T/C	0.045 82	0.032 69	吉林	2015	GLM
				0.049 94	0.027 04	吉林	2016	GLM
千粒质量	SNP-14	49 127 109	G/A	0.015 4	0.033 04	吉林	2015	GLM
				0.047 36	0.040 41	吉林	2016	GLM
				0.019 6	0.032 83	吉林	2015	MLM
				0.049 47	0.040 4	吉林	2016	MLM

注：常规体和粗体数字分别表示标记与相关性状达到显著水平（$P<0.05$）和极显著水平（$P<0.01$）。

SiPRR73 基因 SNP 位点与表型性状的关联分析：利用 Tassel 5.0 软件中的 GLM 模型（群体结构 Q 矩阵作为协变量）对 *SiPRR73* 基因中 23 个 SNPs 基因型数据与 160 份谷子材料 2 年 3 地所测的 10 个表型性状数据进行关联分析。结果共检测到 11 个 SNP 位点与 3 个农艺性状显著或极显著关联，单个 SNP 变异可解释的表型贡献率为 1.45%～4.80%（表 4－28）。在吉林省吉林市、公主岭市地理环境下，特异地检测到 SNP-1（Pos：49 506 646）、SNP-2（Pos：49 506 690）、SNP-3（Pos：49 506 705）、SNP-4（Pos：49 506 716）、SNP-5（Pos：49 506 717）、SNP-6（Pos：49 506 724）、SNP-7（Pos：49 506 726）、SNP-8（Pos：49 506 727）、SNP-9（Pos：49 506 732）与株高相关联，可解释的表型贡献率为 2.45%～3.55%；SNP-12（Pos：49 510 520）与抽穗期相关联，平均可解释的表型贡献率为 2.87%。在河南洛阳地理环境下，特异地检测到 SNP-13（Pos：49 510 568）与叶片数相关联，平均可解释的表型贡献率为 3.40%。在河南洛阳和吉林省吉林市、公主岭市环境下，SNP-12 与叶片数相关联，平均可解释的表型贡献率为 2.42%。在海南乐东、河南洛阳和吉林省吉林市、公主岭市环境下，共同检测到 SNP-13 与抽穗期相关联，平均可解释的表型贡献率为 3.05%。这表明 *SiPRR73* 基因对谷子的抽穗期、株高和叶片数有较大影响，是谷子适应广阔的地理环境的关键基因。

表 4－28　*SiPRR73* 基因序列多态性与谷子表型性状的关联分析

性状	SNP	等位变异	氨基酸变化	位置	P 值	表型贡献度 R^2（%）	年份	地点
株高 PH	SNP-1	G/T	—	49 506 646	**0.009**	3.52	2015	吉林
					0.030 6	2.45	2016	吉林

（续）

性状	SNP	等位变异	氨基酸变化	位置	P 值	表型贡献度 R^2（%）	年份	地点
株高 PH	SNP-2	C/T	T/M	49 506 690	**0.009**	3.52	2015	吉林
					0.0306	2.45	2016	吉林
株高 PH	SNP-3	A/G	H/R	49 506 705	**0.009**	3.52	2015	吉林
					0.030 6	2.45	2016	吉林
株高 PH	SNP-4	A/T	R/M；W；L	49 506 716	**0.009**	3.52	2015	吉林
					0.030 6	2.45	2016	吉林
株高 PH	SNP-5	G/T	R/M；W；L	49 506 717	**0.009**	3.52	2015	吉林
					0.030 6	2.45	2016	吉林
株高 PH	SNP-6	C/A	—	49 506 724	**0.009**	3.52	2015	吉林
					0.030 6	2.45	2016	吉林
株高 PH	SNP-7	C/G	A/G	49 506 726	**0.009**	3.52	2015	吉林
					0.030 6	2.45	2016	吉林
株高 PH	SNP-8	A/G	A/G	49 506 727	**0.009**	3.52	2015	吉林
					0.030 6	2.45	2016	吉林
株高 PH	SNP-9	G/T	G/V	49 506 732	**0.008 94**	3.55	2015	吉林
					0.029 96	2.48	2016	吉林
抽穗期 HS	SNP-12	C/T	—	49 510 520	0.043 85	1.70	2015	吉林
					0.004 34	4.04	2016	吉林
抽穗期 HS	SNP-13	G/A	M/I	49 510 568	0.018 08	2.33	2015	吉林
					0.002 2	4.65	2016	吉林
					0.031 7	1.45	2016	海南
					0.003 76	3.77	2015	河南
叶片数 NL	SNP-12	C/T	—	49 510 520	0.010 35	2.97	2015	河南
					0.041 46	2.15	2016	河南
					0.045 83	2.13	2016	吉林
叶片数 NL	SNP-13	G/A	M/I	49 510 568	**0.001 06**	4.80	2015	河南
					0.049 64	2.01	2016	河南

注：常规体和粗体数字分别表示标记与相关性状达到显著水平（$P<0.05$）和极显著水平（$P<0.01$）。

3. 讨论

作物性状改良的前提是其群体具有较为丰富的遗传多样性，而功能基因上核苷酸的变异（尤其是错义突变）是种群遗传多样性丰富的前提。材料丰富的表型多样性和核苷酸多样性是群体结构分析、连锁不平衡分析和关联分析的基础，对作物遗传育种具有重要意义[251]。谷子在几千年的驯化过程中出现了丰富的变异，本研究选用的供试材料在表型性状和光温敏感性上存在明显差异，在功能基因对谷子光温敏感适应性的研究上有较好的代表性。通过分布在谷子9条染色体上的大量的SNP进行群体结构分析，发现160份谷子大体可以分为2个亚群。*SiPRR37*基因组序列上共存在47个SNP位点，这些位点存在不同程度的连锁不平衡，这种LD现象可能是由于谷子在驯化过程中的选择压力所致，这些SNP位点共有52个单倍型多态性。*SiPRR73*基因组序列上共存在23个SNP位点，这些SNP位点共有13个单倍型多态性。以上结果也说明160份谷子材料的遗传多样性较好。*SiPRR37*基因编码区的SNP所形成的19个单倍型中有6个单倍型出现表型性状的极端值；*SiPRR73*基因编码区的SNP所形成的7个单倍型中有3个单倍型出现表型性状的极端值。这些单倍型可用于遗传育种中作物性状的改良。

全基因组关联研究（GWAS）正迅速成为许多农作物中快速发现标记-性状关联的标准工具[252]，对谷子*SiPRR37*和*SiPRR73*基因内的SNP与2年3地的表型性状关联分析，可以有效地识别与目的性状相关联的变异位点。本研究采用GLM和MLM 2种模型对*SiPRR37*基因内的SNP位点进行关联分析，确定了与8个表型关联的5个SNP位点，单个变异对表型的贡献度为1.424%～7.93%。SNP-17（49 127 278）与叶片数和抽穗期显著相关，叶片数和抽穗期在2年3地均极显著相关，这表明可以通过改变该位点核苷酸来同时改变谷子叶片数和抽穗期2个光温敏感性表型指标；SNP-38（49 130 849）同时与穗码数、穗长、穗质量、穗粗4个穗部性状显著相关，表明在育种中可以通过该位点改良谷子穗部的综合性状；SNP-8（49 125 819）和SNP-14（49 127 109）只在吉林长日照条件下关联到穗粒质量和千粒质量，表明SNP-8和SNP-14对谷子产量性状的影响与光周期和温度有较大关系。

虽然这些SNP位点出现在内含子区，不影响氨基酸序列，但是对基因的表达和在对基因整体功能的发挥上有重要作用。内含子通过选择性剪接可以丰富蛋白质的多样性，影响宿主基因的表达[253]，如玉米*Sh1*[254]和*Ub1*[255]、水稻*OsBP-73*[256]、拟南芥*MHX*[257]等。有研究表明位于基因5′UTR的内含子和编码区第一内含子的功能尤为突出[258-259]，例如水稻5-烯醇丙酮莽草酸-3-磷酸合酶（*5-enolpyruvylshikimate-3-phosphate*，*EPSP*）基因第一内含子能增强外源*GUS*基因表达[260]。*SiPRR37*基因编码区第一内含子有7 715bp的碱基，对其功能的影响可能是通过递归剪接来发挥作用的[261]。寻找递归剪接位点的主要依据是其在形成套索结构的过程中，剪接位点上游第5和第6 bp处的碱基基本都为“U”[261]；依此，本研究发现SNP 8（49125819）和SNP-14（49127109）都可能为递归剪接位点。谷子*SiPRR37*对光温敏感性和谷子地理适应性的调节可能就是这种特殊的位点变异造成的。本研究关联到了谷子

SiPRR37 基因控制抽穗期、穗长、穗码数、穗质量和千粒质量等重要光温敏感性状和产量性状的 SNP 位点，与前人的研究结果一致，说明和水稻等其他作物一样，*SiPRR37* 是控制谷子抽穗期、穗长和千粒质量的重要基因[221-222,226-228,262]。但对于非编码区 SNP 位点调控表型性状的分子机理还不清楚，有待进一步研究。

对 *SiPRR73* 基因内的 SNP 位点进行关联分析，确定了与抽穗期、株高和叶片数显著关联的 11 个 SNP 位点，单个变异对表型的贡献度为 1.45%～4.80%，其中抽穗期和叶片数是谷子光周期敏感性评价指标[156,263]。同时发现，与抽穗期相关联的 SNP 位点位于 *SiPRR73* 基因的 REC 结构域，该位点也与叶片数显著关联，这表明 *SiPRR73* 基因 REC 结构域特定位点的错义突变与谷子的光周期敏感性有关，该基因是调控谷子光周期敏感性的主要基因。此外，*SiPRR73* 基因从起始密码子到 REC 结构域之间的错义突变和 5′UTR 的突变与谷子株高显著关联，这与在小麦中的研究结果一致，*TaPRR73* 是控制作物株高、抽穗期和叶片数的主要基因[229]。以上研究表明 *SiPRR73* 基因是谷子适应广阔的地理环境的关键基因。

五、表达分析结合单倍型分析揭示谷子光敏色素基因光周期、非生物胁迫响应特性及表型效应

（一）光敏色素基因家族研究概述

1. 光敏色素基因的发现及进化关系

20 世纪中叶，美国科学家通过单光照射实验，发现单一的红光照射可以催化莴苣的萌发过程，但是远红光则恰恰相反。为了进一步确定这种神奇的现象是如何导致的，再次通过红光、远红光对莴苣种子轮流进行照射处理，他们发现种子萌发跟停止处理前接收到的最后一个光源相关[264]。这说明植物中似乎存在着一种特殊的“闸刀”，红光使其保持闭合接通，而远红光则反之。而且，“闸刀”是断开还是闭合仅仅跟最后一次处理有关。Borthwick 等推测这个“闸刀”可能是一种具有切换构型功能的色素。1959 年，双波长分光光度计的出现使得对这种色素的具体鉴定和研究成为可能。Butler 等对黄化的玉米幼苗以及芜菁进行检测后，再次观察到这种具有红光和远红光吸收特性和构型转变功能的“闸刀”蛋白，顺利完成提取后，首次将其命名为光敏色素[265]。

作为一种易溶于水的特殊色素蛋白，光敏色素相对分子质量为 2.5×10^5。一个光敏色素单体是由 1 个线性四吡咯生色团和 1 个脱辅基蛋白分子通过共价键连接而成，其中每个蛋白是通过 2 个分子质量在 120～127ku 的多肽片段聚合而成。光敏色素由 2 个结构域构成：一个是位于 N 末端的分子质量为 70ku 的具有光信号接收功能的光感受域，另一个是 C 末端的分子质量为 55ku 的具

有光信号转导功能的光调节域[266]。N 端感光区域又可以再分为 4 个连续的子域：P1、P2/PAS、P3/GAF（cGMP-stimulated phosphodiesterase）和 P4/PHY 区域（phytochrome）；C 端区域还可再分成 2 个子结构域：PAS-A/PAS-B 结构域和组氨酸激酶相关区域（HKRD，histidine kinase-related domain）[267-268]。在自然条件下，光敏色素蛋白常常彼此间相互结合并形成一种光敏色素二聚体，这种二聚体是通过 C 末端的氨基酸残基聚合而成[268]。红光或远红光会激发生色团的线性四吡咯环，从而导致光质异构化，形成红光吸收型或远红光吸收型两种不同构型的光敏色素并且这种结构上的不同也会导致功能上的差异[267]。PHY（phytochrome domain）区域紧邻 GAF 区域的 C 端，是保持吸收光谱完整所必需的组分[269]。光调节区含有 2 个 PAS（period circadian protein homolog 1/aryl hydrocarbon nuclear translocator/single-minded gene）同源重复序列和 1 个组氨酸激酶相关结构域 HKRD，此结构在光信号转导中发挥重要作用[270]。

光敏色素基因以多种多样的形式和功能存在于几乎所有的植物中，分别由多种亚家族组成。20 世纪 80 年代末 Sharrock 和 Quail 初次取得有多种光敏色素基因存在的直接证据[271]。现已证实不同植物中确实存在不同类型的光敏色素基因，并且其功能和作用方式根据其类型不同而有所差异。例如，在拟南芥中发现了 5 种不同类型的光敏色素基因，在番茄中发现了 7 种，在水稻中发现了 3 种，随后研究人员在玉米（*Zea Mays*）中鉴定出了 3 大类共 6 种不同类型的光敏色素基因（*PhyA1*、*PhyA2*、*PhyB1*、*PhyB2*、*PhyC1* 和 *PhyC2*）[272-275]。值得注意的是，禾本科作物中，光敏色素基因只存在 *PHYA*、*PHYB* 和 *PHYC* 3 个亚家族[276-277]。光敏色素超家族从光稳定性上可以分为 2 大类：光不稳定的Ⅰ型（PHYA）和光稳定的Ⅱ型（PHYB-E），而且其在植物中有 2 种存在形式：红光吸收型（Pr）和远红光吸收型（Pfr）。在黑暗条件下，远红光吸收型光敏色素会逐渐改变其自身构型从而转变为红光吸收型，并且不但随着转换的进行远红光吸收型光敏色素浓度降低，另一方面其本身也会受蛋白酶影响而被水解。尽管光敏色素的存在形式有所不同，但它们发挥作用主要通过 3 种不同的作用方式，分别是极低辐照度反应（VLFR）、低辐照度反应（LFR）和强辐射反应（HIR）。不同种类光敏色素的反应方式彼此间差异较大，其中 PHYA 主要调节极低辐照度和强辐照度这两种极端的辐照度反应，PHYB 则调节低辐照度反应[267]。

2. 光敏色素基因在光周期调控植物开花途径中的作用机制

分子遗传学的研究表明，在拟南芥叶片中的光敏色素 A（*phyA*），光敏色素 B（*phyB*），隐花色素 2（*CRY2*）都可以影响 *CONSTANTS*（*CO*）的表达，其中有的是通过直接作用，有的是通过间接作用，最终传递给生物钟蛋白，周期性地激活 *FT* 的表达，从而促进拟南芥成花[278-279]。在水稻、高粱等禾本科作物中，光周期的调控机制与拟南芥有较大差异。Ishikawa 等通过实验发现 *phyB* 是抑制水稻中 *Hd3a* 的主要基因。第一，*Hd1* 的过度表达导致 SD 条件下水稻开花期的推移，而这种作用需要 *phyB*，这说明 *Hd1* 对 *Hd3a* 转录的控制是受光照信号影响的；第二，日照长度的延长与延长的长度成比例地降低 *Hd3a* 表达；第三，*Hd1* 过表达植物中的 Hd1 蛋白水平在光照下不会改变。以上研究结果还证明由 *phyB* 参与的 *Hd3a* 表达抑制是水稻光周期的分子机制的组成部分。这种抑制的最终结果是开花的持续性抑制[280]。此外，*phyB* 还抑制 *Ehd1* 表达[281-282]。以上 2 种重要的机制都是由于 *phyB* 引起的 *Hd3a* 表达受到抑制，从而延长开花。在 Saïdou 等人进行的基因连锁研究中，观察到在珍珠粟中，决定开花时间的基因位于 *PHYC* 区[283]。Waller stein 研究发现，在短日照度或较低的光照强度下，长日照植物的花朵、种子或果实中光敏色素的表达丰度均有明显上升[284]。此外，近年来有大量关于光敏色素的报道表明，光敏色素不仅参与了开花和昼夜节律的调控，其在植物抗逆反应中也扮演着不可或缺的角色。

目前光敏色素基因在谷子中还没有报道，这些基因在谷子和水稻、玉米、高粱间是否具有相似的光周期调控模式，或者存在一定差异，是需要进一步揭示的问题。此外，除了避阴反应之外，关于光敏色素基因在禾本科作物中抗逆性的相关研究仍未见报道。因此，研究光敏色素基因在谷子光周期和逆境胁迫中的作用，对阐明谷子光周期敏感性和抗逆性形成的分子机制有重要意义。

3. 光敏色素基因在植物生长发育中的作用

植物在适应环境变化的过程中进化出一系列的光感受系统，对环境中光信号的变化进行感知从而做出反应。这些光感受器包括光敏色素（600～750nm）、隐花色素/促光素（320～500nm）、UV-B（282～320nm）。拟南芥光敏色素（包括 PHYA-E）主要调节对远红光（FR）和红光（R）的反应。光敏色素作为目前研究最为广泛的光受体之一，它们吸收光会触发信号传导级联，即光转导，最终通过一系列反应影响下游基因的表达丰度，参与调控种子萌发、幼苗脱黄化、生物钟节律和开花时间等生理过程[285]。

种子的休眠和萌发都取决于 2 个关键的环境组分，即光照和温度。植物中最重要的环境感受器是光敏色素，其调节植物由光诱导的发芽反应[286-290]。基于光敏色素诱导的种子萌发行为主要发生在 2 个阶段，分别是种子成熟和散播阶段。光敏色素是在可吸收红光的（Pr）异构体中合成的光可逆蛋白，吸收红光后会转化为可吸收远红光的（Pfr）异构体。Pfr 被认为是介导光诱导的发芽反应的生物活性异构体，尽管一些证据表明 Pr-Pfr 异二聚体或短期中间体也可能具有生物活性[291]。Donohue 等对缺失了光敏色素生色团的拟南芥突变体进行了调查，发现光敏色素 *Phy*2-1 突变型种子即使进行适宜的温度诱导也不会进入休眠，光敏色素介导的发芽途径的下调导致种子对寒冷的敏感性增加[289]。在拟南芥中，PHYs 感受光调控种子萌发的信号通路取得了显著进展。作为 2 种重要的植物激素，赤霉素和脱落酸对种子萌发过程的参与至关重要。作为光受体，PHYB 感知光信号后与转录因子 PIF1 互作进而促使 PIF1 降解，从而解除受 PIF1 抑制的 GA 合成代谢和信号基因，结果导致 GA 水平增加；在高水平 GA 条件下，GA 抑制 ABA 合成代谢基因的表达，刺激 ABA 分解代谢基因的表达，ABA 水平降低，GA/ABA 比值提高，促进种子萌发[292]。黑暗条件下，PHYB 蛋白主要表现为 Pr 形式，正如上文所说，这种形式并没有生理活性并且积累于细胞质中，而其下游靶标蛋白 PIF1 在细胞核中积累，通过调控 GA 信号转导和代谢抑制种子萌发[293-295]。在光条件下，PHYB 以具备生物活性的 Pfr 存在，在细胞核中 PHYB 与 PIF1 互作导致 PIF1 磷酸化后被 $CUL4^{COP1\text{-}SPA}$ E3 泛素连接酶降解，PIF1 降解后受其抑制的代谢被解除：①解除了 DAG1 和 SOM 对 GA 合成代谢的抑制；②解除了对 ABA 合成代谢的激活。结果导致种子中 GA 水平升高而 ABA 水平下降，使得种子萌发[296-297]。

4. 光敏色素在植物昼夜节律中的作用

前人通过长期研究发现，植物可以通过植株叶片中的光受体接收外界的日长变化信息，然后光受体将这些外源的信号进行转变并继续向下游传递，通过对这些信号进行响应，植物体内发生着众多受 24h 昼夜节律影响的生理和生化反应。植物的昼夜节律反应秩序性很强并由生物钟严格控制。高等植物的生物钟系统由输入途径（input pathway）、中央振荡器（central oscillator）、输出途径（output pathway）以及 1 个阀门效应器组成。在双子叶植物中，外界的日照时长改变的信息首先被光敏色素和隐花色素等光受体所捕获，通过这两者进入生物钟通路后，转换后的光信号使生物钟的中央振荡器产生相应的波动，进而影响了其途径并最终导致下游的生理和生化反应[298]。Somers 等观察到在红光处理下的拟南芥中，不管是降低红光的强度还是减少活性光敏色素蛋白 Pfr 的量，均能使拟南芥的生物钟变得延长。以上实验结果说明光敏色素蛋白很可能是生物钟接收红光信号的重要中介物。该课题组进一步构建了光敏色素 A 和光敏色素 B 的非等位基因突变体，通过研究发现，不同的光敏色素蛋白对光质的接收具有明显的选择性。其中 PHYB 主要感受光照强度较强的红光而 PHYA 则主要感受蓝光以及光照强度较弱的红光[299]。

在没有光照的条件下，植株体内的光敏色素 PHYB 蛋白为 Pr 型并缺乏生理活性，聚集在细胞质之中，由于其被惰化，因此比较稳定，不容易被降解。

PIF3 是一种存在于细胞核的转录因子，它不容易被降解而且可以使 *CCA1*（*circadian clock-associated 1*）和 *LHY*（*late elongated hypocotyl*）表达丰度下调。当黑夜结束时，早上的红光使细胞质中的 PHYB 蛋白构型发生改变，从生理钝化的 Pr 构型转化成活化的 Pfr 构型，这种结构上的变化使得光敏色素蛋白得以进入细胞核。在入核后，迅速与细胞核中累积的 PIF3 发生蛋白间互作并使得后者降解。细胞核中 PIF3 蛋白的量因此而减少，导致 *CCA1* 和 *LHY* 基因所受到的转录抑制作用减弱，其表达丰度上升，最终导致生物钟进入白天模式。另一方面，当夜晚降临时，光受体捕获到的最后一道光为远红光，此时与以上过程相反，光敏色素 PHYB 蛋白由具有生理活性的 Pfr 型转变为惰化的 Pr 型，不再进入细胞核，停止对 PIF3 的降解，此时 PIF3 重新得以在核内积累，*CCA1* 和 *LHY* 表达继续受抑制，此时生物钟运转至黑夜模式[300-302]。研究表明 PIF3 也会和 PHYA 结合，诱导 *CCA1* 的表达[303]。尽管 PIF3 和光敏色素之间的蛋白互作对植物的感光调节至关重要，但该过程只是生物钟的庞大而繁杂的光信号通路中的一部分，现已发现的位于光受体下游的生物钟的调节因子主要有 *GI*（*gigantea*）、*ZTL*（*zeitlupe*）、*FKF1*（*flavin-bindingkel chrepeatfbox 1*）和 *DET1*（*deetiolated 1*）等。

5. 光敏色素在植物抗逆中的作用

研究表明光敏色素作为一种重要的光受体，通过控制 *CBFs* 的表达丰度进而开启植物的低温驯化过程[304]。在拟南芥的 *phyB* 和 *phyD* 的功能缺失突变体中，当环境中的红光比例远大于远红光时，其关键的低温响应基因 *COR15a*（*cold regulated genes*，*COR*）的表达丰度相比对照组明显提高[304]。Sysoeva 等发现，在环境温度剧烈降低时，黄瓜中 *PHYB* 基因作为一个关键和必不可少的元件在耐受寒冷途径中发挥着重要的作用[305]。在短日照条件下，光敏色素作为中间媒介调节控制着拟南芥等双子叶植物的低温驯化刺激[306-307]。而使用长日照处理拟南芥时，其抗冷途径关键基因 *CBF* 由于 PHYB 与 PIF4、PIF7 之间的蛋白互作而表达量降低，这使植物通过“节流”策略来减少由于非必要的抗冷反应而带来的能量损失。短日照条件下则恰恰相反，植物通过光敏色素感受到日长变短后，光敏色素与其互作因子的结合作用降低，而此时 *CBFs* 受到的表达抑制消失，从而激活植物对低温的抵抗途径[308]。除了参与抗冷调控之外，有证据表明光敏色素在植物应对环境中的高温时也发挥着独特的作用。拟南芥植株在环境温度较高时，其生理形态主要表现与避阴反应类似，其下胚轴和叶柄相比于正常植株变得更加纤细，而它的花期也会因高温而前移[309]。有研究表明这种现象可能是由其互作因子 PIF4 导致的，PIF4 与植物中生长素的合成具有紧密联系，可以调节控制植物体内的 IAA 含量，正如我们知道的，生长素是引起下胚轴延长的关键激素[310-311]，而 PHYB 具有和

PIF4 互作的特性，因此 PHYB 通过与 PIF4 的结合，使细胞内 PIF4 的含量下降，从而进一步影响了生长素的合成和含量，最终导致植物的生长状态发生改变，使植物应对环境高温的抗性发生改变[312]。然而，关于植物的耐高温机制，也有一些不同的看法，例如有研究发现，植物通过光敏色素互作因子途径进行高温反应并不是由 PIF4 与 PHYs 或者 DELLA 的互作引起的，或许还有其他的未知途径[313]。除了以上光敏色素途径之外，植物耐受高温环境的能力还与其他光受体以及激素相关[314]。许多研究都证明了植物的光敏色素与环境温度之间可以发生互作。通过对拟南芥种子设置不同的温度处理，发现当环境温度不同时，引导种子萌发进程的光敏色素家族基因亦有所差异。当环境温度较高时，主要是 *PHYA* 引导种子发育进程；而当环境温度较低时，则是 *PHYE* 引导种子萌发进程。相比于以上两者，*PHYB* 表现出对环境温度更强的适应性，其在较宽的温度区域内都能参与种子的发育调控并在其中发挥至关重要的作用[315-316]。除了影响不同温度下的种子萌发以外，光敏色素作为成花过程中的关键调控基因在不同的环境温度下调控植物的开花。例如在环境温度较为寒冷时，刺激植物开花的光敏色素家族基因主要是 *PHYD*、*PHYE*，而当气温上升变得温暖时，*PHYB* 主导植物进入开花过程并发挥关键作用[317]。

光敏色素还与植物在水分胁迫环境下的抗性反应以及生物量的变化相关。在双子叶植物棉花中发现，在缺水条件下过表达 *PHYB* 的转基因植株相比于野生型在单株结铃数、籽棉产量以及单铃质量上都有增加[318]。在干旱条件下光敏色素对植物的抗性调节反应主要包括以下两个方面：①光敏色素通过控制叶片气孔的发育状态来降低蒸腾速率从而减少植物体内的水分流失[319-320]。当环境中的红光和远红光比例较大时，光敏色素 PHYB 大量从钝化状态转变为活化状态并进一步与下游的气孔发育相关基因进行互作反应，从而使叶片中气孔密度上升。在拟南芥的 *phyB* 缺失突变体中发现，突变体植株相比于野生型有着更少的单位面积气孔数，这使它显著地减少了水分的蒸发从而更好的耐受干旱[319]。在红光处理下的拟南芥中，*PHYB* 并非直接调节气孔的开启或闭合，而是通过控制中介基因 *MYB60* 的表达丰度来完成以上过程[321]。在单子叶植物水稻中，通过构建光敏色素 *phyB* 的突变体植株，发现其突变体相对于野生型植株叶面积更小，减少了水分从叶片往环境中的蒸腾，从而使耐受干旱环境的能力大大提高[322]。②光敏色素对植物抗旱调控不仅有以上描述的“节流”策略，还在“开源”策略中发挥着关键作用。研究表明，光敏色素调节控制植物木质部导管的粗细以及多少，最关键的是还影响植物根部的发育，从而增加对环境中水分的摄取以提高应对干旱的能力[323-325]。水稻 *OsPIL1* 对于节间伸长具有重要的作用，已经有研究表明它是植物在缺水环境中产生形态学变化过程中的重要调控因子[326]。此外有证据表明，光敏色素蛋白和植物水通道蛋白之间存在互作并会导致后者的生理活性发生改变，从而影响植物在缺水条件下的耐受能力[327]。有证据证明，光敏色素对植物耐旱能力的影响主要是依赖于脱落酸信号途径[328-329]。在水稻中，*PHYB* 捕获的光信号会向下发生级联反应从而降低其体内的脱落酸含量，并对该途径中的反应具有反向调节作用[330]。此外，*PHYB* 还能通过改变植株对脱落酸的敏感程度而使其耐旱能力得到提高[331]。在缺水环境下的烟草中，发现光敏色素缺失突变体 *pew1* 相比于对照植株含有更多的脱落酸及水分[332]。

近年来对拟南芥的光敏色素突变体的大量研究表明，光敏色素不仅具有对温度和干旱抗性的调控作用，还在植物对盐胁迫抗性的调节和控制中扮演关键角色。作为拟南芥耐盐调控途径中的一个关键组分，*STO* 基因对光敏色素以及蓝光信号途径都具有反向调节作用[333]。许多证据表明光敏色素蛋白和 STO 蛋白之间存在互作关系，但它们如何互作，如何完成信号的传递，这些机制目前还都未阐明[330]。此外，植物光敏色素蛋白中有一个重要的组成部分，即生色团，它的合成和细胞中血红素加氧酶（HO）密切相关，它的存在对光敏色素的合成是充分且必要的[334]。同时有研究表明，血红素加氧酶基因的表达丰度上升会提高植物对高盐环境的耐受能力[335]。在植物遭受环境中的高盐胁迫时，*STO* 和 *HO* 基因都参与了对抗盐胁迫的调控，尽管光敏色素已被证实与这两个蛋白都具有互作能力，但是光敏色素信号途径对植物抗盐特性的具体调节方式仍有待进一步阐明。

（二）谷子光敏色素基因的克隆与生物信息学分析

1. 材料与方法

（1）实验材料　本实验中所用的谷子品种为毛粟，经前期吉林省吉林市、公主岭市，河南省洛阳市，海南省乐东县 3 个不同光温环境 4 个实验点 2 年田间调查，评价为光温极度敏感型超晚熟谷子品种。

（2）主要实验器材　数显恒温水浴锅（上海力辰仪器科技有限公司），压力蒸汽灭菌器（上海申安医疗器械厂），K960 型 PCR 仪（杭州晶格科学仪器有限公司），149L 风冷变频两门冰箱（海尔公司），微量取液器［大龙兴创实验仪器（北京）股份公司］，DYY-2C 型双稳定时电泳仪（北京市六一仪器厂），气浴恒温振荡器（金坛市环宇科学仪器厂），电子分析天平（北京宏海永昌仪表技术开发中心），制冰机（广州冰泉制冷设备有限公司），智能人工气候箱，SW-CJ-1D 型单人净化工作台（苏州净化设备有限公司），ZF-7 型暗箱式三用紫外分析仪（上海嘉鹏科技有限公司），D3024R 型台式高速冷冻离心机（美国赛洛捷克公司），全自动凝胶成像分析系统（南京世研仪器设备有限公司），−80℃超低温冰箱（中科美菱低温科技股份有限公司），Multiskan Go 酶标仪［赛默飞世尔科技（中国）有限公司］，无酶移液枪头和无酶离心管均购自美国 AXYGEN 公司。

（3）相关试剂　超纯 RNA 提取试剂盒（北京康为世纪生物科技有限公司，货号：CW0581S），反转录试剂盒［第二代 cDNA 第一链合成试剂盒，宝日医生物技术（北京）有限公司，货号：6210A］，2×*Taq* MasterMix（Dye）（北京康为世纪生物科技有限公司，货号：CW0682M），LA *Taq*® with GC Buffer［宝日医生物技术（北京）有限公司，货号：RR013A］，DNA 凝胶快速回收试剂盒（北京康为世纪生物科技有限公司，货号：CW2302），零背景 pTOPO-TA/Blunt 通用克隆试剂盒（北京艾德莱生物科技有限公司），DH5α 感受态细胞［宝日医生物技术（北京）有限公司，货号：9057］，三羟甲基氨基甲烷、乙二胺四乙酸二钠、异戊醇、C_2H_5OH、蛋白胨、甘油、异丙醇、氯仿、酵母浸粉、氯化钠（北京索莱宝科技有限公司），引物均由北京博迈德生物技术有限公司合成，测序由生工生物工程（上海）股份有限公司完成。

（4）谷子材料的种植、培养和取样　选取毛粟单穗饱满种子均匀播种于装有营养土的 10cm×10cm 塑料方盆中，然后置于人工气候室于 25℃、14h 光照/10h 黑暗光温条件下萌发。等到幼苗长出两片叶时将其间歇用遮光布遮挡进行短日照（8h 光照/16h 黑暗）处理。在短日照下生长 14d 后，用严格灭菌的剪刀剪取谷子幼苗顶端第一、第二片叶，将叶片以伸展状态用锡箔纸包裹并做好标记后迅速放入液氮中，待叶片完全冷冻后放入－80℃冰箱储存，提取 RNA 时取出。

（5）毛粟叶片 RNA 的提取与纯化　RNA 提取在超净工作台中进行，并严格按照标准操作流程在 RNA 提取之前进行酒精喷雾以及紫外灯照射处理。实验中所用到的研钵及取样勺进行严格灭菌后，实验开始前再用 95%酒精充分烧灼，充分消除 RNase 污染。实验过程中要戴好手套及口罩，手套勤换。实验人员之间尽量减少交流，说话时务必要戴上口罩并与研钵保持 70cm 距离。

①将毛粟的叶片从超低温冰箱中取出转移至装有液氮的泡沫箱中，随后一切准备就绪后用无菌干净的镊子将其置入预冷的研钵中迅速研磨，在将叶片粉末加入裂解液之前，要一直保持其为冷冻状态，取研磨后颗粒较细的部分加入裂解液。

②取 40mg 叶片冻干粉放入 1mL 事先准备好的裂解液中，盖上离心管盖后迅速于漩涡振荡器剧烈振荡使细胞充分破碎裂解，振荡时要注意管内残留的液氮，边振荡边间歇性快速打开瓶盖放气，从而避免离心管炸裂，当充分摇匀后，在常温下静置 5min。

③向静置过后的样品裂解液中加入 200μL 氯仿，将离心管盖盖紧后，剧

烈振荡20s，室温放置2min。需要注意的是，此步骤中加入的氯仿非常容易从管口处泄漏，如果在管盖上用马克笔做样品标记的话，一定要防止氯仿洗掉样品标签或导致其模糊无法辨认，因此要分别在管身和瓶盖都做标记，并严格防止氯仿泄漏。

④将③中所得溶液用氯仿两两配平后，放入冷冻离心机中在4℃条件下12 000r/min离心15min，正常情况下此时样品应分为三层，分别是下层的红色有机相，中间层杂质以及上层的无色水相。其中总RNA主要存在于上层水相中。将水相溶液转移至新管。注意，此步骤中，吸取上层水相时，枪头不可插入过深，应随着液面下降缓慢深入，从而避免吸入中间层的蛋白等杂质影响后续实验。

⑤向④中所获溶液中加入用无RNase水事先配好的70%乙醇，颠倒混匀，不可使用漩涡振荡器。在此步骤中，所用乙醇试剂最好采用新打开的或者单独准备一瓶RNA提取专用的，避免RNA被污染和降解。

⑥将混匀后的溶液全部转至已插入收集管的吸附柱中。如果不能一次全部加完，可以分成多次加入。配平后放入低温冷冻离心机在4℃下12 000r/min离心30s并将吸附柱取出后倒掉废液，然后将吸附柱复位。

⑦将0.7mL RW1加入吸附柱中，4℃下12 000r/min离心30s。离心完毕后取出吸附柱倒掉离心管中的废液然后将吸附柱复位。

⑧吸取0.5mL事先已经加入过乙醇的RW2，将其加入吸附柱后在4℃下12 000r/min离心30s，并将吸附柱取出后倒掉废液，然后将吸附柱复位。

⑨重复⑧中操作。

⑩4℃下12 000r/min离心2min，扔掉收集管并小心将吸附柱开盖后放在平铺的无RNA酶手套上，置于超净工作台中晾5～6min，使吸附柱中残留的乙醇彻底挥发。

⑪取出一个新的无RNA酶离心管，将晾过之后的吸附柱插入其中。向吸附柱中央的尼龙膜上滴加40μL无RNA酶水，在常温下静置1.5min，在冬季室温较低时要延长静置时间。4℃下12 000r/min离心30s，获得初次溶解的总RNA溶液。

⑫重复步骤⑪。

⑬取2μL获得的RNA溶液进行质量检测，和1μL 6×loading buffer以及3μL RNase-Free water充分混匀，进行琼脂糖凝胶电泳，使用凝胶成像系统观测条带是否完整。

⑭将获得的RNA溶液用Multiskan GO酶标仪进行浓度检测，计算$OD_{260/280}$的比值并做好记录。

（6）cDNA的合成　反转录使用宝生物的第二代cDNA第一链合成试剂

盒，将总 RNA 进行反转录，具体操作步骤如下：

①按表 4－29 中所列组分进行反转录反应体系的配制，为避免提前反应此过程须在冰上进行。混匀后瞬时离心，置于 65℃条件下高温保持 300s，最后迅速转移至碎冰中降温使反转录引物结合在 RNA 模板链上。

表 4－29　反转录混合液

组分	体积
QT-primer（自己合成）	1μL
dNTP Mixture（10mmol/L each）	1μL
Total RNA	—
RNase-Free ddH_2O	补足至 10 μL

②按表 4－30 中所列组分进行反转录反应体系的混合，轻弹管壁缓慢混匀，瞬时离心收集反应液至管底并置于 42℃条件下令其反应 60min。

表 4－30　反转录反应体系

组分	体积
表 4－29 中变性后的反应液	10μL
5×PrimeScript™ Ⅱ Buffer	4μL
RNase Inhibitor（40U/μL）	0.5（20U）μL
PrimeScript™ Ⅱ RTase（200U/μL）	1（200U）μL
RNase-Free ddH_2O	补足至 20μL

③为了确保反转录体系中的酶失活并保持 cDNA 长片段的完整性，对试剂盒中实验方案稍作调整，将灭活过程由 85℃下 5s 调整为 70℃下保温 15min，随后将酶灭活后的 cDNA 溶液快速转移至碎冰中冷却，得到的 cDNA 在－20℃低温进行短期保存。

（7）引物设计　以水稻光敏色素基因氨基酸序列（登录号：A2XFW2.2）为查找序列，访问谷子基因组数据库 Phytozome（http：//phytozome-next.jgi.doe.gov）网站，用 BLAST 工具进行同源检索，获得谷子中相应的同源序列，根据这些序列信息，使用 DNAMAN 7.0 设计基因扩增引物并使用 NCBI 的 Primer Blast（https：//www.ncbi.nlm.nih.gov/）进行引物特异性在线检验，获得 *SiPHYA*、*SiPHYB*、*SiPHYC* 基因特异性引物序列，参考文献设计反转录锚定引物 QT 及其巢式引物序列（表 4－31）[336]。实验中所用引物均由北京鼎国昌盛生物技术有限责任公司合成。

表 4-31　3 个光敏色素基因部分 cDNA 序列扩增所用引物

引物名称	引物序列
PHYA-F	GGCAACTGGTTGTCTGG
PHYA-R	TTCCTTATTCTCCTCCTCA
PHYB-F	CTCGCTGCTCAACCCGCTAT
PHYB-R	TCGCCAGGACAGGCAAACC
PHYC-F	CGAGGTTCGTTCCTTTCC
PHYC-R	GCTGTTTACAGTTCTGGGTGC
QT	CCAGTGAGCAGAGTGACGAGGACTCGAGCTCAAGCT$_{(17)}$
Q0	CCAGTGAGCAGAGTGACG
Q1	GAGGACTCGAGCTCAAGC

SiPHYA、*SiPHYB*、*SiPHYC* 基因部分 CDS 序列扩增：PCR 所用扩增体系为 25μL，采用康为世纪生物科技有限公司生产的 2×*Taq* Plus MasterMix（Dye），具体反应体系如下。

①扩增体系（25μL）（表 4-32）：

表 4-32　扩增体系

组分	体积
模板 cDNA	1.0μL
2×*Taq* Plus MasterMix（Dye）	12.5μL
正向 Primer	0.5μL
反向 Primer	0.5μL
ddH_2O	补足至 25μL

②PCR 扩增程序：

循环参数：

94℃　5min

94℃　30s

58℃　40s　34 个循环（94℃ 30s、58℃ 40s、72℃ 80s）

72℃　80s

72℃　5min

扩增完成后放入 4℃冰箱保存。

（8）目的基因两侧 CDS 序列的获取　根据之前获得的部分 CDS 序列在靠近 3′端的位置继续设计特异引物，进行剩余 CDS 序列的扩增，引物信息参见表 4-33。

表 4-33　CDS 侧翼序列克隆所用引物

引物名称	引物序列
A-5FCD	CCCGCTATATTATGCGTACTTGC
A-5RCD	AGCAAGCTTGTAAGACTGCAAAG
3C-PHYAF	TGTACGGCGATGGTATTCGG
3C-PHYAR	TGATCTGGCAGCAATGTGGT
5C-PHYBF	ATGGCGTCGGGCAGCCGC
5C-PHYBR	AATCATTCGCACCCGGTTCT
5C-PHYCF	ATTTGCTCCTGTTCCCCTCG
5C-PHYCR	GATGTGCCTCTCCTTTGCCT
Z-PHYB3′-2	CCAGCGGAAAATGGCTGGGT
Z-PHYC3′-2	TGTGGCCAGCCCAGAGCTTC

以特异引物结合反转录寡聚核苷酸引物上的锚定引物 Q0：5′-CCAGTGAGCAGAGTGACG-3′，以第一链 cDNA 为模板进行扩增。将获得的 PCR 产物用无菌水稀释 100 倍，以稀释后的首轮 PCR 产物作为模板，使用锚定引物 Q1 及特异引物进行巢式扩增。通过数据库查询，发现剩余未克隆序列 GC 含量较高，因此采用 *TaKaRa LA Taq*® with GC Buffer 进行 PCR 扩增，并结合 Touch Down PCR 技术，具体扩增程序为：94℃预变性 5min；94℃变性 40s，65℃退火 40s，72℃延伸 1min，4 个循环；随后退火温度从 65℃降至 56℃，每次降 3℃，循环数分别为 8、18、4，至此共 34 个循环；最后 72℃延伸 5min，4℃保存。以 PCR 扩增产物为模板、巢式引物 Q1 和基因特异引物为上下游引物进行巢式扩增。PCR 扩增程序为：94℃预变性 3min；94℃变性 30s，53℃退火 45s，72℃延伸 1min，35 个循环；72℃延伸 5min，最后 4℃保存。反应体系如表 4-34。

表 4-34　反应体系

组分	体积
模板 cDNA	1.0μL
2×GC Buffer Ⅰ	12.5μL
dNTP（2.5mmol/L）	2.0μL
引物 F	1.0μL
引物 R	1.0μL
LA-Taq	0.25μL
ddH_2O	补足至 25μL

反应完成后放入 4℃保存。

（9）PCR 产物回收纯化

①取 100μL 目的基因扩增产物，在 0.8%的琼脂糖凝胶中进行电泳。随后

在紫外灯下用洁净的解剖刀切下目标条带。注意，该过程要尽可能迅速和准确。将切下的凝胶块放入无菌离心管中称重并记录。

②向离心管中加入和凝胶体积相同的 Buffer PG 并放入 50℃水浴锅中，间隔 3min 颠倒混匀直至凝胶充分溶解。

③用移液枪吸取 200μL 的 PS 并尽量加入到吸附柱中央的位置，静置 1min 后在 4℃条件下 13 000r/min 离心 2min 并弃掉废液。

④将②中凝胶溶解液转移至已经完成柱平衡的吸附柱，在室温条件下静置 2～3min，在冬季室温较低时可适当延长时间，随后放入离心机 13 000r/min 离心 1min，弃掉废液。

⑤向柱子中缓慢加入 450μL 事先加入过乙醇的 PW 溶液，室温条件下静置 6min 后 13 000r/min 离心 1min。

⑥重复⑤中操作后 13 000r/min 离心 1min，弃掉所有废液。

⑦根据 PCR 产物条带亮度向柱子中加入 35～40μL Buffer EB，静置数分钟，使 DNA 片段充分洗脱，随后 13 000r/min 离心 5min 收集洗脱液，并置于－20℃保存。

（10）连接转化　将以上纯化收集后的 DNA 片段，连接到 pTOPO Vector，按照表 4－35 的反应体系进行连接反应溶液的配制，按顺序加入各组分后轻弹管壁，并使用掌上离心机将其收集至管底，设置 37℃孵育 10min，然后迅速插入碎冰中冷却，将连接产物转入 DH5α 大肠杆菌感受态细胞中，37℃过夜培养后挑选阳性克隆测序。

表 4－35　连接体系

组分	体积
DNA 片段	0.5～8μL
pTOPO Vector	1μL
10×Enhancer	1μL
ddH_2O	补足至 10μL

转化实验操作步骤如下：

①将 DH5α 大肠杆菌感受态细胞从－80℃超低温冰箱中轻柔取出并放在冰上等待其慢慢融化，该过程大概需要 3min。

②将以上所获连接产物全部加入至装有感受态细胞的离心管中，柔和弹动数次然后放在未融化的冰上静置 20min。

③将离心管插入塑料泡沫中置于 42℃恒温水浴锅中热激 45s 后迅速取出并插入碎冰之中，冷却 90s。

④向离心管中加入 450μL 事先灭菌且不含 Amp 的 LB 液体培养基，轻弹使菌体重悬，切记不可用移液枪吸打。然后将离心管水平放置于恒温摇床中，37℃、180r/min 摇 1h。

⑤吸取 200μL 复苏后的菌液加入到含有 Amp 的平板培养基上进行涂板，并于 37℃黑暗条件下过夜培养。

⑥用灭菌后的牙签挑取单菌落并接种于装有 800μL 灭过菌的 LB 液体培养基（已加入 Amp）的离心管中，置于恒温摇床中于 37℃、200r/min 培养 6h 后，吸取 1μL 菌液作为模板进行 PCR 扩增检测，扩增程序及所用特异引物均与之前 RT-PCR 相同。最后将电泳条带符合片段预期大小的菌液送生工生物工程（上海）股份有限公司测序。

（11）谷子光敏色素基因的生物信息学分析　从 Phytozome 数据库(https://phytozome-next.jgi.doe.gov）下载豫谷 1 号的光敏色素基因转录序列 *SiPHYA*（Seita.9G113600.1）、*SiPHYB*（Seita.9G427800.1）、*SiPHYC*（Seita. 9G089700.1)，与本研究获得的毛粟对应基因 cDNA 序列进行比对，分析变异位点。利用在线软件 ProtScale（https://web.expasy.org/protscal/）分析蛋白的亲水性和疏水性；用 ProtParam 在线工具（https://web.expasy.org/protparam）对蛋白进行理化性质分析。用 SOPMA（https://npsa-pbil.ibcp.fr/cgi-bin/npsa_automat.pl? page＝npsa _sopma.html）和 SWISS-MODEL 软件（https://swissmodel.expasy.org/）预测蛋白质的二级和三级结构。利用 ScanProsite 软件（https://prosite.expasy.org/scanprosite/）分析蛋白保守结构域。利用 DisProt 软件（https://dabi.temple.edu/external/disprot/predictor.php）预测蛋白的磷酸化位点；Cell-PLoc（https://www.csbio.sjtu.edu.cn/bioinf/plant/）在线工具进行亚细胞定位预测。

从 NCBI（https://blast.ncbi.nlm.nih.gov/Blast.cgi）中下载不同物种的光敏色素基因编码的蛋白序列，使用 MEGA7.0 软件构建基于氨基酸序列的系统发育进化树。使用 MEME（https://meme-suite.org/meme/index.html）寻找玉米、高粱、水稻、谷子和拟南芥光敏色素家族基因中的 motif 并分析，使用 TBtools 对进化树和检测到的 motif 进行作图。

2. 结果与分析

毛粟叶片总 RNA 的提取：对谷子超晚熟品种毛粟进行叶片总 RNA 的提取，随后使用琼脂糖凝胶电泳观察提取的 RNA 质量，发现所获得的总 RNA 的质量较高（图 4－57)。进一步使用酶标仪对 RNA 溶液进行超微量测定，发现 OD_{260} 与 OD_{280} 的比值处于 1.95～2.15 之间。这些结果说明了我们所提取的 RNA 比较完整，符合后期实验的要求。

SiPHYA、*SiPHYB*、*SiPHYC* 基因的克隆及测序：以毛粟叶片总 RNA

为模板，反转录后用表 4－31 中 3 对基因特异引物进行 PCR 扩增，将产物进行琼脂糖凝胶电泳后得到 3 条单一和清晰的亮带（图 4－58），均大于2 000bp，符合预期大小。

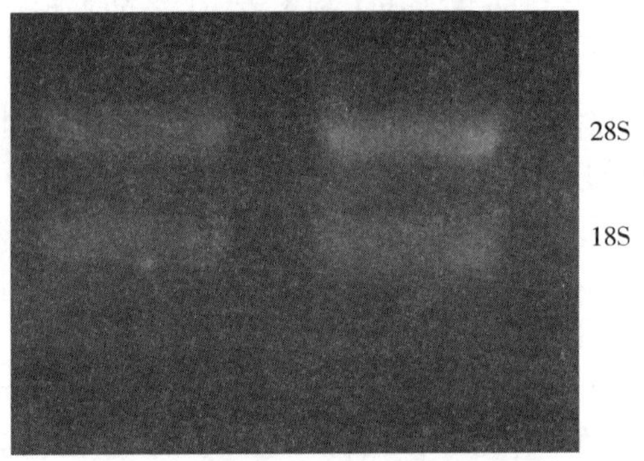

图 4－57　毛粟叶片总 RNA 电泳结果

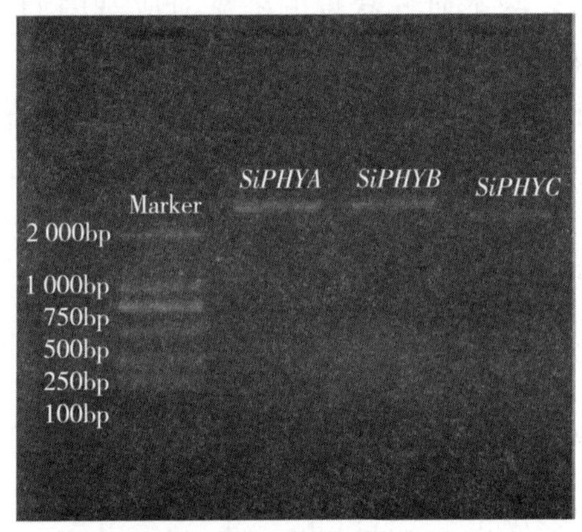

图 4－58　*SiPHYA*、*SiPHYB*、*SiPHYC* 基因部分扩增片段电泳结果

将 RT-PCR 扩增产物经纯化后连接到 pTOPO 克隆载体上，再转化大肠杆菌 DH5α 感受态细胞，挑选阳性克隆菌液送往生工生物工程（上海）股份有限公司测序部进行测序，将每个基因获得的片段进行拼接，获得 *SiPHYA*、*SiPHYB*、*SiPHYC* 完整 cDNA 序列，长度分别为 3 981bp、3 953bp 和 3 764bp，其中 CDS 长度分别为 3 396bp、3 507bp 以及 3 408bp（图 4－59，图 4－60和图 4－61），分别编码了 1 131、1 168、1 135 个氨基酸。

通过和豫谷 1 号 3 个基因的氨基酸序列比对分析发现，毛粟 SiPHYA 氨基酸序列与豫谷 1 号相比存在 3 个突变位点，分别是第 2 个氨基酸由脯氨酸突变为丝氨酸，第 210 个氨基酸由苯丙氨酸突变为丝氨酸，第 599 个氨基酸由丙氨酸突变为苏氨酸（图 4－62）。而 SiPHYB 的氨基酸序列与豫谷 1 号完全一致（图 4－63）。毛粟 SiPHYC 除了第 66、231 和 273 处的氨基酸与豫谷 1 号不同外，它在第 1 030 个氨基酸之后发生了移码突变，导致终止密码子发生后移，这些氨基酸的变化可能导致蛋白功能上的改变（图 4－64）。

5′-CCCGCTATATTATGCGTACTTGCTCGCCGAGCGAGAGTCGCCGGGGGATGAGCGTCGGCCTC
CAGCTCCAGGGCTCACTCCGCTCGCGCTCCTCCGCCACCACCGACCCGTAGGCGGAGTGATATCC
AGTGGATAAGACCCTTTGAGTGGTCCAAGAGCTTGAGATCGAGACAGGAA**ATG**CCTTCCTCGAG
GCCTACTCAGTCTTCCACTTCATCCAGCAGGACTCGCCAGAGCTCCCGAGCGAGGATATTAGCA
CAAACAACCCTTGATGCTGAACTGAATGCTGAGTATGAAGAATCTGGTGATTCCTTTGATTAC
TCCAAGTTGGTTGAAGCGCAGCGGACTGCTCCACCTGAGCAGCAAGGGCGTTCAGAGAAGGT
CATAGCCTACTTGCAGCACATTCAGAGAGGAAAGCTAATCCAACCATTTGGTTGCTTGTTGGCC
CTTGATGAGAAGAGCTTCCGGGTCATTGCATTCAGTGAGAATGCTCCAGAAATGCTTACAAC
AGTCAGCCATGCCGTGCCTAATGTTGATGGTCCCCCAAAGTTAGGAATTGGCACCAATGTGCG
CTCCCTTTTCACTGACCCTGGTGCCACAGCACTGCAGAAGGCACTAGGATTTGCTGACGTTTCT
TTGCTGAATCCTATTCTAGTTCAATGCAAGACCTCAGGCAAGCCATTCTATGCCATTGTTCA
TAGGGCAACTGGTTGTCTGGTGGTGGATTTTGAGCCTGTGAAACCTACAGAATTTCCTGCCA
CTGCTGCTGGGGCTTTGCAGTCTTACAAGCTTGCTGCTAAGGCAATCTTCAAGATCCAGTCA
CTACCAGGTGGGAGCATGGAGGCCTTATGCAATACTGTGGTTAAGGAAGTCTTTGACCTTAC
AGGTTACGACAGGGTTATGGCTTACAAGTTCCACGAAGATGAGCATGGGGAGGTCTTTGCCGA
GATCACAAAACCTGGTATTGAGCCTTATCTTGGCCTTCACTATCCGGCCACTGATATCCCTCAA
GCTGCCAGGTTTCTTTTCATGAAGAACAAAGTACGAATGATCTGTGATTGTCGTGCAAGATCT
GTGAAGATTATTGAAGACGAGGCACTCTCCATTGATATTAGCTTGTGTGGTTCAACTCTTAG
AGCACCACACAGTTGTCACCTTCAGTATATGGAGAACATGAACTCAATTGCATCCCTTGTCAT
GGCTGTTGTGGTCAATGAAAATGAAGAAGATGATGAACCCGAGCCTGAGCAACCACCACAGC
AGCAGAAGAAGAAGAGGCTGTGGGGTCTCATTGTTTGCCACCATGAGAGCCCCAGATATGTCC
CGTTTCCACTGCGCTATGCTTGTGAATTCTTAGCACAAGTGTTTGCTGTCCATGTCAACAAGG
AGTTTGAATTAGAGAAGCAGATACGAGAGAAAAGCATTCTACGAATGCAAACAATGCTCTCT
GACATGCTATTCAGGGAAGCATCTCCCTTGAGTATCATATCTGGGAGTCCAAATATCATGGAC
CTAGTTAGATGTGATGGTGCCGCTCTTTTGTATGGGGACAAAGTATGGCGCCTCCAAACGGCT
CCAACTGAGTCTCAGATACGTGATATTGCTTTCTGGCTTTCAGAAGTTCATAGGGATTCCACTG
GCTTGAGTACTGACAGCCTCCAGGATGCTGGATATCCAGGAGCTGCCTCCCTTGGTGACATGA
TTTGTGGAATGGCAGTGGCTAAGATAACTTCCAAGGATGTTCTTTTCTGGTTCAGGTCACAT
ACAGCTGCTGAAATCAAATGGGGAGGTGCAAAGCATGATCCATCTGATAAGGACGACAACAG
AAGGATGCACCCAAGGTTGTCCTTCAAGGCATTCCTTGAGGTTGTCAAGATGAAGAGTTTGC
CATGGAATGACTATGAGATGGATGCTATTCACTCATTGCAACTTATACTTAGAGGTACACTG
ACTGATGCCATGAAGCCGGCCCGGGCATCTGTTTTAGATAACCAGATTGGTGACCTCAAACTT
GATGGGCTTGCTGAATTGCAGGCAGTGACAAGTGAAATGGTTCGCCTAATGGAAACAGCAAC
TGTTCCGATCTTGGCAGTAGATGGCAATGGATTGGTCAATGGATGGAATCAAAAGGTAGCAG
AATTGACGGGATTGAGAGTTGATGAGGCTATAGGAAGACACATACTTACACTTGTGGAGGAT
TCTTCTGTATCAACTGTTCAGAGGATGCTATACTTAGCTCTACAGGGCAGAGAAGAGAAGGA
GGTTCGGTTTGAGTTGAAAACACATGGCTCCAAGAGGGATGATGGCCCTGTTATCTTGGTTGT
AAATGCTTGTGCCAGTCGTGACCTTCATGACCACGTTGTTGGGGTGTGCTTTGTAGCCCAAGA
TATGACTGTTCATAAGTTGGTCATGGATAAATTCACTCGTGTTGAAGGGGACTACAAGGCAA
TCGTTCACAACCCGAACCCACTCATTCCTCCCATATTTGGTGCTGACCAATTTGGGTGGTGCTC

TGAGTGGAATGCAGCCATGACCAAGCTTACTGGGTGGCACAGAGATGATGTGATTGATAAGA
TGCTCCTTGGTGAGGTTTTTGATAGCAGCAATGCTTCATGCCTTTTGAAGAACAAAGACGCAT
TTGTGCATCTCTGCATCATCATCAACAGTGCATTAGCCGGTGACGAGGCAGAAAAGGCTCCAT
TTGGCTTCTTTGACCGGAATGGGAAGTACATTGAGTGTCTTCTTTCAGTGAACAGAAAAGTA
AATGCAGATGGTGTTGTCACCGGAGTGTTCTGTTTCATTCATGTTCCTAGTGATGAGCTGCAG
CATGCACTACATGTGCAGCAAGCCTCGGAGCAGACAGCAGTAAGGAGGTTGAAGGCTTTCTCG
TACATGCGACATGCCATAAACAAACCTCTCTCAGGTATGCTTTATTCTAGGGAAGCGCTCAAG
AGCACAGGTCTGAATGAAGAGCAGATGAGGCAGGTCCATGTCGCGGATAGTTGTCATCACCA
GCTAAACAAGATACTTACCGACTTGGATCAAGATAACATAACTGACAAGTCAAGTAGTTTGG
ATTTGGATATGGCTGAATTTGTGTTGCAAGATGTGGTGGTGGCTGCAGTCAGTCAAGTACTG
ATAGGTTGCCAGGGTAAAGGATCAGAGTTTCTTGCAATCTGCCAGAGAGATTCATGAAGCA
AAAAGTGTACGGCGATGGTATTCGGCTCCAGCAGATCCTCTCTGACTTCCTATTTGTTTCAGT
GAAGTTCTCTCCTGCTGGAGGTTCTGTTGATATCTCTTCCAAACTGACTAAGAACAGCATTGG
AGAAAATCTCCATCTCATAGACCTGGAGCTAAGGATAAAGCAGCAGGGAACAGGAGTCCCAG
CAGAAATAATATCACAAATGTATGAGGAGGAGAATAAGGAACAATCAGAAGAGGGCTTGAG
CCTTCTTGTTTCTAGAAACCTTCTGAGGCTCATGAATGGTGATATTCGTCACATGAGGGAAGC
TGGCATGTCAACATTCATCCTTACCGCTGAACTTGCTTCTGCCCCTACCGCCCCTGGACAA**TGA**
AGCCAACACTGCAACGAGTGGTTATCAAATGGTCTCTTTTGAGTTCATTCGGAAAGCCAGGTA
GTTCGTGGAGATGGGAATGCTGCAGCCTGTAGAGCCACTGAATGCATAAATAAGATTGACTT
GTATGGTTGTTTGTCAGGGGAAAAAAATGTTGTACGGGCATAGAAGGTTCTGTACTTCTGCC
ATGTTTCTACATGTTATCCAACCGTGTAGGTTTTCTTTCAGCAGCGAAAAATTCCTACCGTGT
AAGTTTCAAGTTCAAGTTAACATGAATAAAGTGTCAAATTTAGCTGCAGATAGGTGTCCTCT
TTCTGCTTATCAGCCCATGCGCCGTGCTTGTGCTGGTACAGTGTACTTGGTGTGGTGTAACTG
TGTAAGTTGACGTACCACATTGCTGCCAGATCA-3′

图 4-59 *SiPHYA* 基因 cDNA 序列

注：粗体分别为起始密码子和终止密码子，下划线为引物序列。（下同）

5′-**ATG**GCGTCGGGCAGCCGCGCCACGCCCACGCGCTCCCCCTCCTCCGCGCGGCCCGCGGCGCCGC
GTCACGCGCACCACCACCACCACTCGCAGTCCACGTCCCAAACGGGCGGGGGAGGGGGAGGAGG
TGGCGGCGGGGGCGGCGCGGCCACAGCGGCCACGGAGTCGGTCTCCAAGGCCGTGGCTCAGTAC
AACCTGGACGCGCGCCTCCACGCGGTGTTCGAGCAGTCGGGCGCGTCGGGCCGCAGCTTCGACT
ACTCCCAGTCGCTGCGCGCGCCGCCCACCCCGTCCTCCGAGCAGCAGATCGCCGCCTACCTTTCCC
GCATCCAGCGCGGCGGCCACATCCAGCCCTTCGGCTGCACGCTCGCCGTCGCCGACGACTCCTCC
TTCCGCCTCCTCGCCTTCTCCGAGAACGCCGCCGACCTGCTCGACCTGTCGCCGCACCACTCCGT
CCCCTCGCTCGACTCCGCGGCGCCGCCCCCTGTCTCCCTGGGTGCCGACGCGCGCCTCCTCTTCT
CCCCCTCGTCCGCGGTCCTCATGGAGGGCGCCTTCGCTGCGCGCGAGATCTCGCTGCTCAACCCG
CTATGGATCCACTCCAGGGTCTCTGCCAAGCCGTTCTACGCCATCCTCCACCGCATCGACATCGG
CGTCGTCATCGACCTCGAGCCCGCCCGCACCGAGGACCCCGCGCTCTCCATCGCCGGTGCAGTCC
AGTCCCAGAAACTCGCGGTCCGCGCCATCTCCCGCCTTCAGGCGCTACCCGGCGGGGACGTCAA
GCTGCTCTGCGACACTGTCGTGGAGCACGTCCGCGAGCTCACGGGTTACGATCGTGTCATGGTG
TACAGGTTCCATGAAGACGAGCACGGGGAAGTTGTTGCTGAGTGCCGGCGCGATAACCTTGAG
CCGTACCTCGGGTTGCATTATCCCGCCACAGATATCCCCCAGGCGTCCCGCTTCCTGTTCCGGCA
GAACCGGGTGCGAATGATTGCCGATTGTCATGCCACGCCGGTGAGAGTCATTCAAGATCCTGG
GCTGTCACAGCCTCTGTGTTTGGTTGGCTCTACGCTGCGCGCCCCACACGGGTGCCATGCGCAG

TACATGGCGAACATGGGTTCCATTGCATCACTTGTTATGGCGGTCATCATTAGCAGTGGTGG
TGACGATGAGCAAACAACGCGCGGCGGCATCTCATCGGCAATGAAGTTGTGGGGGTTGGTTG
TGTGCCACCATACATCGCCACGGTTTATCCCTTTTCCATTGAGGTATGCTTGTGAGTTTCTCAT
GCAGGCCTTTGGGCTGCAACTCAACATGGAGTTGCAGCTTGCGCACCAGCTATCGGAGAAGCA
CATTTTGCGAACACAAACGCTGTTGTGTGACATGTTACTGCGTGATTCGCCAACTGGCATTGT
CACACAGAGCCCTAGCATCATGGACCTTGTGAAGTGCGATGGGGCTGCACTTTATTATCATG
GGAAGTACTATCCATTGGGTGTCACTCCCACTGAGTCTCAAATTAAGGATATTATCGAGTGGT
TGACAGTGTGTCATGGGGACTCAACAGGCCTCAGCACAGATAGCCTGGCTGATGCAGGCTACC
ATGGTGCTGCTGCATTAGGCGATGCCGTGTGTGGAATGGCAGTAGCCTATATTACGCCAAGT
GATTACTTGTTTTGGTTCCGGTCACACACAGCTAAGGAAATCAAATGGGGTGGTGCGAAGC
ATCACCCAGAGGATAAGGATGATGGTCAGAGGATGCACCCGCGGTCATCATTCAAGGCATTT
CTTGAAGTAGTTAAAAGCAGAAGCCTACCATGGGAGAATGCAGAAATGGATGCAATACATTC
CTTGCAGCTCATATTGCGCGACTCCTTCAGAGATGTTGCGGAGGGCACTAGTAACTCAAAAG
CCATTATCAATGGACAAGTTCAGCTTGGGGAGCTAGAATTGCGGGGTATAAATGAGCTTAGC
TCCGTAGCAAGAGAGATGGTCCGGTTGATAGAGACAGCAACAGTCCCTATATTTGCGGTAGA
TACTGATGGATGTATAAATGGTTGGAATGCAAAGATTGCCGAGTTGACAGGCCTTTCAGTTG
AGGAGGCTATGGGCAAATCACTGGTAAATGATCTTATCTTCAAGGAATCTGAGGAGATAGTC
GAAAAGTTACTCTCGCGAGCTTTAAGAGGTGAGGAAGACAAAAATGTGGAGATAAAGCTGA
AGACATTTGGGCCAGAGCAATCAAAGGACCAATATTTGTTATTGTCAATGCTTGTTCCAGT
AGAGATTACACAAAAAATATTGTTGGTGTCTGTTTTGTTGGACAAGATGTCACAGGACAAAA
GGTGGTCATGGATAAATTTGTCAACATACAAGGGGATTACAAAGCTATTGTACACAATCCAA
ATCCTCTGATACCCCCAATTTTTGCGTCAGATGAGAATACTTGTTGTTCAGAATGGAACACA
GCCATGGAAAAACTTACAGGATGGTCGAGAAGTGAAGTTGTTGGTAAGCTTCTTATTGGAG
AGGTATTTGGAAATATTTGTCGACTTAAGGGCCCAGATGCATTGACAAAGTTCATGGTTGTC
CTTCACAATGCTATAGGAGGAGACGATTATGAGAAGTTCCCTTTTTCATTTTTCGATAAGA
ATGGAAAGTATGTGCAGGCCTTATTGACTGCCAACACAAGGAGCAAAACGGATAGTAAGTC
CATTGGGGCCTTTTGTTTCTTGCAGATTGCAAGCGCCGAATTACAGCAAGCCTTTGAGATTC
AGAGACAACAAGAAAAGAAGTGTTATGCAAGGATGAAAGAATTGGCCTATATTTGCCAGGA
GATAAAGAATCCTCTTAGTGGCATCCGATTTACCAACTCTCTGTTGCAGATGACTGATTTAAA
TGATGACCAGAGGCAGTTCCTTGAAACTAGCTCTGCTTGTGAGAAACAGATGTCCAAGATTG
TAAAGGACGCCAGTCTCCAAAGTATTGAGGATGGCTCTTTGGTGCTTGAGAAAGGTGAATTT
TCTCTTGGAAGTGTCATGAATGCTGTTGTCAGCCAAGCAATGATATTGTTGAGAGAGAGGGA
TATACAGCTTATTCGGGATATCCCTGATGAAATCAAGGATGCATCAGCATATGGTGATCAAT
ATAGAATTCAACAAGTTTTGTCTGAATTCTTGCTAAGCATGGTGCAGTTTGCTCCAGCGGAAA
ATGGCTGGGTAGAAATACAAGTCAGACCAAATGTAAAACAAAATTCTGACGGAACAAATACA
GCGCTTTTCATGTTCAGGTTTGCCTGTCCTGGCGAGGGCCTTCCCCCTGACATCGTACAGGAT
ATGTTCAGCAATTCTCGCTGGTCAACCCATGAAGGCATTGGGCTAAGCACATGCAGGAAGAT
CCTCAAATTAATGGGTGGTGAAGTCCAATACATTAGGGAGTCCGAGCGGAGTTTCTTCCTCAT
CGTCCTCGAGCTGCCCCAACCTCGGCCAGCAGCTAGGAGAGAAATCAGT**TGA**TACGTTAAGC
TCAGCGCTGACTTTACCCAACTGCTCGGTCAACGAGGTGACCTGAGCTCCCCTGATAAGAAG
GAACCTAATCTACGAGAAGCCTGGAAACCAATACGACTCGGATGAAGCACATCAGAGCTCCC
ATGGTGAGTCCTGTTATTCTCGGTGTCTTTGAAGAGGCTGTTTCCGGTGCGCCACTTTAAGTC
CGGATGTCCAAAGATCAGAGTTCATGCAGGCTAGTAATGTATACAGGCGGCAAATGTGGCAC

TTAGGGTAGACCCATGACCGGCTCCACGTAGTACATAAGTTGTTATTAGCTTATATGTATATA
ATCTGTCGTGTACTATGCATAAGGAGCTGTATCAACTCCAACGGTTGTATTTTGCAGGCCTTC
CCAGGCCTACTGCACTTAATCGAGCATTTGGTTTCCTTGGAAAAAAAAAAAAAAAAAAAA-3′

图 4-60 *SiPHYB* 基因 cDNA 序列

5′-ATTTGCTCCTGTTCCCCTCGCAGCTGCAGCGCCGCCGCGGCTAGTCCGGTAGCGGGGAAGG
AGGAGGAGGAAGGGGGGATTGGGTTGGGGGGCGGCGGAG**ATG**TCGTCATCGCGGTCCAACAA
CCGGGGGACATGCTCCCGGAGCAGCTCGGCGCGGTCCAAGCACAGCGCGCGGGTGGTGGCGC
AGACGCCCGTGGACGCGCAGCTGCACGCCGAGTTCGAGGGCTCCCAGCGCCACTTCGACTACT
CCTCGTCGGTGGGCGCCGCCAACCGCCCTTTGGCCAGCACCAGCACCGCCTCCGCCTACCTCC
AGACCATGCAGCGGGGCCGCTACATCCAGCCCTTCGGCTGCCTGCTCGCCGTCCACCCGGACA
CCTTCGCGCTGCTCGCCTACAGCGAGAACGCGCCCGAGATGCTCGACCTCACGCCGCACGCCG
TCCCCACCATCGACCAGCGGGACGCGCTCGCCGTCGGCGCCGACGTGCGCACGCTCTTCCGCT
CCCAAAGCTCCGTCGCGCTGCACAAGGCCGCCACCTTCGGGGAGGTCAACCTGCTCAACCCCA
TCCTCGTGCATGCCAGGACGTTGGGGAAGCCCTTCTACGCCATTATGCACCGCATCGACGTCGG
CCTCGTCATCGATCTCGAGCCGGTCAACCCCGCCGACGTCCCGGTCACCGCTGCGGGCGCGCTC
AAGTCGTACAAGCTCGCCGCCAAGGCTATCTCCAGGCTGCAGTCGCTGCCCAGCGGGAACCTCT
CGCTGCTCTGCGATGTCCTTGTCCGTGAGGTGAGCAAGCTCACGGGCTACGACAGGGTCATGGC
GTACAAGTTCCATGAGGATGAGCACGGCGAGGTTATCGCCGAGTGCAGGAGATCTGATCTGG
AGCCGTATCTTGGCCTGCACTACCCAGCCACCGACGTCCCACAGGCGTCCAGGTTTCTCTTTAT
GAAGAACAAAGTGCGGATGATATGCGATTACTCTGCTGTTCCAGTGAAGATCATTCAGGAT
TATAGCCTAGCACAGCCTCTCAGCCTATGTGGTTCCACGCTCCGGGCTCCCCATGGTTGCCATG
CGCAATACATGGCAAACATGGGCTCTGTTGCGTCGCTTGTGATGTCAGTAACTATAAACGAAGAT
GAGGAGGATGAGGATACTGGGAGTGACCAGCAGCCCAAAGGCAGGAAGCTGTGGGGGCTGGT
GGTCTGCCATCACACGAGCCCGAGGTTCGTTCCTTTCCCGCTAAGGTATGCTTGCGAGTTTCTC
TTGCAAGTGTTCGGCATACAGCTCAACAAGGAGGTAGAACTGGCTGCTCAGGCAAAGGAGAG
GCACATCCTCCGAACGCAAACCCTTCTGTGTGACATGCTCTTGCGGGATGCCCCTGTTGGGAT
ATTTACCCAGTCGCCTAATGTGATGGATCTAGTAAAGTGTGATGGAGCTGCACTGTACTACC
AAAACCAGCTTTGGGCGCTCGGATCGGTTCCCTCCGAGGCAGAGATAAAGAGCATTGTCGC
ATGGCTGCAGGAGAACCATGATGGTTCAACTGGGCTGAGTACTGACAGCTTAGTGGAAGCG
GGTTATCCTGGTGCTGCTGCACTTCGTGAGGTTGTGTGCGGCATGGCAGCCATAAAGATCT
CTTCCAAAGATTTCATCTTCTGGTTCCGAGCCCACACAGCAAAGGAGATCAAGTGGGGTGG
AGCTAAGCATGAAGCAGTGGATGCAGATGAGAACGGCAGGAAGATGCATCCACGATCTTCG
TTCAAGGCCTTCTTGGAGGTGGTTAAATGGAGAAGTGTTCCCTGGGAGGATGTTGAAATGGA
CGCTATCCATTCTTTGCAGTTAATATTACGTGGCTCCCTGCAAGATGAAGATGCCAACAGAAA
CAATGTAAGGACCATTGTAAAAGCTCCATCTGAGGATACGAAGAAGATTCAGGGGCTACTTGA
ACTAAGGACAGTTACTGATGAGATGGTCCGCTTAATTGAGACAGCAACTGCCCCTATCTTGGC
TGTTGATATTGCCGGTAACATAAATGGATGGAACAATAAAGCCGCAGAACTAACTGGATTACC
TGTTATGGAAGCCATAGGGAGGCCTCTGGTAGATCTTGTCATGTCTGATTCTGTTGAAGTGGT
TAAACAGATTTTGGACTCAGCTTTACAAGGAATTGAGGAGCAAAATCTGGAAATCAGGCTTAA
AACATTCAATCAACAGGAATGCAATGGCCCTGTAATTTTGATGGTCAACTCCTGCTGCAGTCG
GGACCTTTCAGAGAAAGTTGTTGGAGTTTGCTTTGTAGCACAAGATTTGACTGGGCAGAAGAT
GATTATGGATAAATATACTAGGATACAAGGAGACTATGTTGCCATAGTGAAGAACCCCAGCG
AGCTCATCCCTCCCATATTTATGATCAATGATCTTGGTTCCTGCTTAGAGTGGAATGAAGCTA

TGCAGAAGATTACCGGTATGAAGAGGGAAGATGCCATTGACAAGTTGTTAATTGGGGAGGTT
TTCACCCTTCATGATTATGGCTGTAGGGTGAAAGATCATGCTACTCTAACGAAACTTAGCATA
CTGATGAACACAGTGATTTCGGGTCAGGATCCCGGGAAACTCCCTTTTGGTTTCTTCAACACA
GATGGCAAGTATGTGGAATCCCTTCTCACAGCAAATAAGAGGACAAATGCTGAGGGCAAGAT
CACCGGTGCTCTTTGCTTCCTGCATGTGGCCAGCCCAGAGCTTCAGCATGCTCTCCAGGTGCAG
AAAATGTCTGAGCAAGCGGCTACAAACAGCTTTAAGGAATTGACCTACATTCGCCAAGAAT
TAAGGAACCCACTCAATGGCATGCAATTTACACATAGTTTATTGGAACCTTCCGAGTTGAC
AGAGGAACAGAGGCGGCTTGTTGCATCTAATGTTCTCTGTCAGGATCAGCTGAAAAAGATTT
TGCATGACACTGATCTTGAAAGCATTGAACAGTGCTATATGGAGATGAACACAGTAGAATT
CAAACTTGAGGAAGCTCTGAATACAGTCCTCATGCAAGGCATGTCTCTGGGCAAGGAAAAA
CGGATTTCTATTGAACGTGATTGGCCTGTGGAAGTATCATGCATGCACCTCTATGGAGACAA
TTTAAGGCTTCAGCAGGTTCTAGCAGACTACCTGGCATGCACTCTTCAATTCACCCAACCAG
CCGAAGGACCTATTGTACTCCAAGTCATTCCCAAGAAGGAAAATATTGGGTCTGGCATGCAG
ATTGCTCATTTAGAGTTCAGGATTGTCCATCCAGCACCGGGTGTCCCAGAGGCCCTAATACAA
GAAATGTTCCGGCACAACCCAGAGATGTCTAGGGAGGGCCTCGGCCTGTACATAAGCCAGAA
GCTAGTGAAGACGATGAGCGGCACAGTACAGTACCTCCGGGAAGCCGACAGCTCATCGTTC
ATTGTCCTGGTAGAGTTCCCGGTCGCCCAGCTCAGCAGCAAGCGGTCCAAGCCTTCGACAAG
TAGATTC**TGA**CGCTCTTGCACCCAGAACTGTAAACAGCATTCCCTCCACTGAGAGCTCGGC
TGTGTTAAATAGTCAAATGTAGCAAGTTTGAAGCATCGTTGGTCGTCTTTGTATCTGGCA
CGGTCTTTGTAATGCGGATAGATTTGGTCGTTTCAGGAGTTGGCTAGGTGTAGTGTAACTTT
AACCGAGAACTGGATGCGTATGTTGAGTTGTGAGAATGAATAAAAGCTCCACATTTATTC
TTCAAAAAAAAAAAAAAAAAAAAA-3′

图 4-61　*SiPHYC* 基因 cDNA 序列

```
maosu-siphya MPSSRPTQSSTSSSRTRQSSRARILAQTTLDAELNAEYEESGDSFDYSKLVEAQRTAPPE60
yugu1-siphya MSSSRPTQSSTSSSRTRQSSRARILAQTTLDAELNAEYEESGDSFDYSKLVEAQRTAPPE60
             * **********************************************************

maosu-siphya QQGRSEKVIAYLQHIQRGKLIQPFGCLLALDEKSFRVIAFSENAPEMLTTVSHAVPNVDG120
yugu1-siphya QQGRSEKVIAYLQHIQRGKLIQPFGCLLALDEKSFRVIAFSENAPEMLTTVSHAVPNVDG120
             ************************************************************

maosu-siphya PPKLGIGTNVRSLFTDPGATALQKALGFADVSLLNPILVQCKTSGKPFYAIVHRATGCLV180
yugu1-siphya PPKLGIGTNVRSLFTDPGATALQKALGFADVSLLNPILVQCKTSGKPFYAIVHRATGCLV180
             ************************************************************

maosu-siphya VDFEPVKPTEFPATAAGALQSYKLAAKAIFKIQSLPGGSMEALCNTVVKEVFDLTGYDRV240
yugu1-siphya VDFEPVKPTEFPATAAGALQSYKLAAKAISKIQSLPGGSMEALCNTVVKEVFDLTGYDRV240
             ***************************** ******************************

maosu-siphya MAYKFHEDEHGEVFAEITKPGIEPYLGLHYPATDIPQAARFLFMKNKVRMICDCRARSVK300
yugu1-siphya MAYKFHEDEHGEVFAEITKPGIEPYLGLHYPATDIPQAARFLFMKNKVRMICDCRARSVK300
             ************************************************************

maosu-siphya IIEDEALSIDISLCGSTLRAPHSCHLQYMENMNSIASLVMAVVVNENEEDDEPEPEQPPQ360
yugu1-siphya IIEDEALSIDISLCGSTLRAPHSCHLQYMENMNSIASLVMAVVVNENEEDDEPEPEQPPQ360
             ************************************************************
```

```
maosu-siphya  QQKKKRLWGLIVCHHESPRYVPFPLRYACEFLAQVFAVHVNKEFELEKQIREKSILRMQT420
yugu1-siphya  QQKKKRLWGLIVCHHESPRYVPFPLRYACEFLAQVFAVHVNKEFELEKQIREKSILRMQT420
              ************************************************************

maosu-siphya  MLSDMLFREASPLSIISGSPNIMDLVRCDGAALLYGDKVWRLQTAPTESQIRDIAFWLSE480
yugu1-siphya  MLSDMLFREASPLSIISGSPNIMDLVRCDGAALLYGDKVWRLQTAPTESQIRDIAFWLSE480
              ************************************************************

maosu-siphya  VHRDSTGLSTDSLQDAGYPGAASLGDMICGMAVAKITSKDVLFWFRSHTAAEIKWGGAKH540
yugu1-siphya  VHRDSTGLSTDSLQDAGYPGAASLGDMICGMAVAKITSKDVLFWFRSHTAAEIKWGGAKH540
              ************************************************************

maosu-siphya  DPSDKDDNRRMHPRLSFKAFLEVVKMKSLPWNDYEMDAIHSLQLILRGTLTDAMKPARAS600
yugu1-siphya  DPSDKDDNRRMHPRLSFKAFLEVVKMKSLPWNDYEMDAIHSLQLILRGTLTDAMKPARTS600
              **********************************************************.*

maosu-siphya  VLDNQIGDLKLDGLAELQAVTSEMVRLMETATVPILAVDGNGLVNGWNQKVAELTGLRVD660
yugu1-siphya  VLDNQIGDLKLDGLAELQAVTSEMVRLMETATVPILAVDGNGLVNGWNQKVAELTGLRVD660
              ************************************************************

maosu-siphya  EAIGRHILTLVEDSSVSTVQRMLYLALQGREEKEVRFELKTHGSKRDDGPVILVVNACAS720
yugu1-siphya  EAIGRHILTLVEDSSVSTVQRMLYLALQGREEKEVRFELKTHGSKRDDGPVILVVNACAS720
              ************************************************************

maosu-siphya  RDLHDHVVGVCFVAQDMTVHKLVMDKFTRVEGDYKAIVHNPNPLIPPIFGADQFGWCSEW780
yugu1-siphya  RDLHDHVVGVCFVAQDMTVHKLVMDKFTRVEGDYKAIVHNPNPLIPPIFGADQFGWCSEW780
              ************************************************************

maosu-siphya  NAAMTKLTGWHRDDVIDKMLLGEVFDSSNASCLLKNKDAFVHLCIIINSALAGDEAEKAP840
yugu1-siphya  NAAMTKLTGWHRDDVIDKMLLGEVFDSSNASCLLKNKDAFVHLCIIINSALAGDEAEKAP840
              ************************************************************
maosu-siphya  FGFFDRNGKYIECLLSVNRKVNADGVVTGVFCFIHVPSDELQHALHVQQASEQTAVRRLK900
yugu1-siphya  FGFFDRNGKYIECLLSVNRKVNADGVVTGVFCFIHVPSDELQHALHVQQASEQTAVRRLK900
              ************************************************************

maosu-siphya  AFSYMRHAINKPLSGMLYSREALKSTGLNEEQMRQVHVADSCHHQLNKILTDLDQDNITD960
yugu1-siphya  AFSYMRHAINKPLSGMLYSREALKSTGLNEEQMRQVHVADSCHHQLNKILTDLDQDNITD960
              ************************************************************

maosu-siphya KSSSLDLDMAEFVLQDVVVAAVSQVLIGCQGKGIRVSCNLPERFMKQKVYGDGIRLQQIL1020
yugu1-siphya KSSSLDLDMAEFVLQDVVVAAVSQVLIGCQGKGIRVSCNLPERFMKQKVYGDGIRLQQIL1020
              ************************************************************

maosu-siphya SDFLFVSVKFSPAGGSVDISSKLTKNSIGENLHLIDLELRIKQQGTGVPAEIISQMYEEE1080
yugu1-siphya SDFLFVSVKFSPAGGSVDISSKLTKNSIGENLHLIDLELRIKQQGTGVPAEIISQMYEEE1080
              ************************************************************

maosu-siphya  NKEQSEEGLSLLVSRNLLRLMNGDIRHMREAGMSTFILTAELASAPTAPGQ1131
yugu1-siphya  NKEQSEEGLSLLVSRNLLRLMNGDIRHMREAGMSTFILTAELASAPTAPGQ1131
              ***************************************************
```

图 4-62　毛粟与豫谷 1 号 SiPHYA 氨基酸序列比对

```
maosu-siphyb  MASGSRATPTRSPSSARPAAPRHAHHHHHSQSTSQTGGGGGGGGGGGGAATAATESVSKA60
yugu1-siphyb  MASGSRATPTRSPSSARPAAPRHAHHHHHSQSTSQTGGGGGGGGGGGGAATAATESVSKA60
              ************************************************************

maosu-siphyb  VAQYNLDARLHAVFEQSGASGRSFDYSQSLRAPPTPSSEQQIAAYLSRIQRGGHIQPFGC120
yugu1-siphyb  VAQYNLDARLHAVFEQSGASGRSFDYSQSLRAPPTPSSEQQIAAYLSRIQRGGHIQPFGC120
              ************************************************************

maosu-siphyb  TLAVADDSSFRLLAFSENAADLLDLSPHHSVPSLDSAAPPPVSLGADARLLFSPSSAVLM180
yugu1-siphyb  TLAVADDSSFRLLAFSENAADLLDLSPHHSVPSLDSAAPPPVSLGADARLLFSPSSAVLM180
              ************************************************************

maosu-siphyb  EGAFAAREISLLNPLWIHSRVSAKPFYAILHRIDIGVVIDLEPARTEDPALSIAGAVQSQ240
yugu1-siphyb  EGAFAAREISLLNPLWIHSRVSAKPFYAILHRIDIGVVIDLEPARTEDPALSIAGAVQSQ240
              ************************************************************

maosu-siphyb  KLAVRAISRLQALPGGDVKLLCDTVVEHVRELTGYDRVMVYRFHEDEHGEVVAECRRDNL300
yugu1-siphyb  KLAVRAISRLQALPGGDVKLLCDTVVEHVRELTGYDRVMVYRFHEDEHGEVVAECRRDNL300
              ************************************************************

maosu-siphyb  EPYLGLHYPATDIPQASRFLFRQNRVRMIADCHATPVRVIQDPGLSQPLCLVGSTLRAPH360
yugu1-siphyb  EPYLGLHYPATDIPQASRFLFRQNRVRMIADCHATPVRVIQDPGLSQPLCLVGSTLRAPH360
              ************************************************************

maosu-siphyb  GCHAQYMANMGSIASLVMAVIISSGGDDEQTTRGGISSAMKLWGLVVCHHTSPRFIPFPL420
yugu1-siphyb  GCHAQYMANMGSIASLVMAVIISSGGDDEQTTRGGISSAMKLWGLVVCHHTSPRFIPFPL420
              ************************************************************

maosu-siphyb  RYACEFLMQAFGLQLNMELQLAHQLSEKHILRTQTLLCDMLLRDSPTGIVTQSPSIMDLV480
yugu1-siphyb  RYACEFLMQAFGLQLNMELQLAHQLSEKHILRTQTLLCDMLLRDSPTGIVTQSPSIMDLV480
              ************************************************************
maosu-siphyb  KCDGAALYYHGKYYPLGVTPTESQIKDIIEWLTVCHGDSTGLSTDSLADAGYHGAAALGD540
yugu1-siphyb  KCDGAALYYHGKYYPLGVTPTESQIKDIIEWLTVCHGDSTGLSTDSLADAGYHGAAALGD540
              ************************************************************

maosu-siphyb  AVCGMAVAYITPSDYLFWFRSHTAKEIKWGGAKHHPEDKDDGQRMHPRSSFKAFLEVVKS600
yugu1-siphyb  AVCGMAVAYITPSDYLFWFRSHTAKEIKWGGAKHHPEDKDDGQRMHPRSSFKAFLEVVKS600
              ************************************************************

maosu-siphyb  RSLPWENAEMDAIHSLQLILRDSFRDVAEGTSNSKAIINGQVQLGELELRGINELSSVAR660
yugu1-siphyb  RSLPWENAEMDAIHSLQLILRDSFRDVAEGTSNSKAIINGQVQLGELELRGINELSSVAR660
              ************************************************************

maosu-siphyb  EMVRLIETATVPIFAVDTDGCINGWNAKIAELTGLSVEEAMGKSLVNDLIFKESEEIVEK720
yugu1-siphyb  EMVRLIETATVPIFAVDTDGCINGWNAKIAELTGLSVEEAMGKSLVNDLIFKESEEIVEK720
              ************************************************************

maosu-siphyb  LLSRALRGEEDKNVEIKLKTFGPEQSKGPIFVIVNACSSRDYTKNIVGVCFVGQDVTGQK780
yugu1-siphyb  LLSRALRGEEDKNVEIKLKTFGPEQSKGPIFVIVNACSSRDYTKNIVGVCFVGQDVTGQK780
              ************************************************************

maosu-siphyb  VVMDKFVNIQGDYKAIVHNPNPLIPPIFASDENTCCSEWNTAMEKLTGWSRSEVVGKLLI840
yugu1-siphyb  VVMDKFVNIQGDYKAIVHNPNPLIPPIFASDENTCCSEWNTAMEKLTGWSRSEVVGKLLI840
              ************************************************************
```

```
maosu-siphyb  GEVFGNICRLKGPDALTKFMVVLHNAIGGDDYEKFPFSFFDKNGKYVQALLTANTRSKTD900
yugu1-siphyb  GEVFGNICRLKGPDALTKFMVVLHNAIGGDDYEKFPFSFFDKNGKYVQALLTANTRSKTD900
              ************************************************************

maosu-siphyb  SKSIGAFCFLQIASAELQQAFEIQRQQEKKCYARMKELAYICQEIKNPLSGIRFTNSLLQ960
yugu1-siphyb  SKSIGAFCFLQIASAELQQAFEIQRQQEKKCYARMKELAYICQEIKNPLSGIRFTNSLLQ960
              ************************************************************

maosu-siphyb  MTDLNDDQRQFLETSSACEKQMSKIVKDASLQSIEDGSLVLEKGEFSLGSVMNAVVSQAM1020
yugu1-siphyb  MTDLNDDQRQFLETSSACEKQMSKIVKDASLQSIEDGSLVLEKGEFSLGSVMNAVVSQAM1020
              ************************************************************

maosu-siphyb  ILLRERDIQLIRDIPDEIKDASAYGDQYRIQQVLSEFLLSMVQFAPAENGWVEIQVRPNV1080
yugu1-siphyb  ILLRERDIQLIRDIPDEIKDASAYGDQYRIQQVLSEFLLSMVQFAPAENGWVEIQVRPNV1080
              ************************************************************

maosu-siphyb  KQNSDGTNTALFMFRFACPGEGLPPDIVQDMFSNSRWSTHEGIGLSTCRKILKLMGGEVQ1140
yugu1-siphyb  KQNSDGTNTALFMFRFACPGEGLPPDIVQDMFSNSRWSTHEGIGLSTCRKILKLMGGEVQ1140
              ************************************************************

maosu-siphyb  YIRESERSFFLIVLELPQPRPAARREIS1168
yugu1-siphyb  YIRESERSFFLIVLELPQPRPAARREIS1168
              ****************************
```

图 4-63 毛粟与豫谷 1 号 SiPHYB 氨基酸序列比对

```
maosu-siphyc  MSSSRSNNRGTCSRSSSARSKHSARVVAQTPVDAQLHAEFEGSQRHFDYSSSVGAANRPL60
yugu1-siphyc  MSSSRSNNRGTCSRSSSARSKHSARVVAQTPVDAQLHAEFEGSQRHFDYSSSVGAANRPL60
              ************************************************************

maosu-siphyc  ASTSTASAYLQTMQRGRYIQPFGCLLAVHPDTFALLAYSENAPEMLDLTPHAVPTIDQRD120
yugu1-siphyc  ASTSTVSAYLQTMQRGRYIQPFGCLLAVHPDTFALLAYSENAPEMLDLTPHAVPTIDQRD120
              ***** ******************************************************

maosu-siphyc  ALAVGADVRTLFRSQSSVALHKAATFGEVNLLNPILVHARTLGKPFYAIMHRIDVGLVID180
yugu1-siphyc  ALAVGADVRTLFRSQSSVALHKAATFGEVNLLNPILVHARTLGKPFYAIMHRIDVGLVID180
              ************************************************************

maosu-siphyc  LEPVNPADVPVTAAGALKSYKLAAKAISRLQSLPSGNLSLLCDVLVREVSKLTGYDRVMA240
yugu1-siphyc  LEPVNPADVPVTAAGALKSYKLAAKAISRLQSLPSGNLSLLCDVLVREVSELTGYDRVMA240
              ************************************************** *********

maosu-siphyc  YKFHEDEHGEVIAECRRSDLEPYLGLHYPATDVPQASRFLFMKNKVRMICDYSAVPVKII300
yugu1-siphyc  YKFHEDEHGEVIAECRRSDLEPYLGLHYPATDIPQASRFLFMKNKVRMICDYSAVPVKII300
              ********************************.***************************

maosu-siphyc  QDDSLAQPLSLCGSTLRAPHGCHAQYMANMGSVASLVMSVTINEDEEDEDTGSDQQPKGR360
yugu1-siphyc  QDDSLAQPLSLCGSTLRAPHGCHAQYMANMGSVASLVMSVTINEDEEDEDTGSDQQPKGR360
              ************************************************************

maosu-siphyc  KLWGLVVCHHTSPRFVPFPLRYACEFLLQVFGIQLNKEVELAAQAKERHILRTQTLLCDM420
yugu1-siphyc  KLWGLVVCHHTSPRFVPFPLRYACEFLLQVFGIQLNKEVELAAQAKERHILRTQTLLCDM420
              ************************************************************
```

```
maosu-siphyc  LLRDAPVGIFTQSPNVMDLVKCDGAALYYQNQLWALGSVPSEAEIKSIVAWLQENHDGST480
yugu1-siphyc  LLRDAPVGIFTQSPNVMDLVKCDGAALYYQNQLWALGSVPSEAEIKSIVAWLQENHDGST480
              ************************************************************

maosu-siphyc  GLSTDSLVEAGYPGAAALREVVCGMAAIKISSKDFIFWFRAHTAKEIKWGGAKHEAVDAD540
yugu1-siphyc  GLSTDSLVEAGYPGAAALREVVCGMAAIKISSKDFIFWFRAHTAKEIKWGGAKHEAVDAD540
              ************************************************************

maosu-siphyc  ENGRKMHPRSSFKAFLEVVKWRSVPWEDVEMDAIHSLQLILRGSLQDEDANRNNVRTIVK600
yugu1-siphyc  ENGRKMHPRSSFKAFLEVVKWRSVPWEDVEMDAIHSLQLILRGSLQDEDANRNNVRTIVK600
              ************************************************************

maosu-siphyc  APSEDTKKIQGLLELRTVTDEMVRLIETATAPILAVDIAGNINGWNNKAAELTGLPVMEA660
yugu1-siphyc  APSEDTKKIQGLLELRTVTDEMVRLIETATAPILAVDIAGNINGWNNKAAELTGLPVMEA660
              ************************************************************

maosu-siphyc  IGRPLVDLVMSDSVEVVKQILDSALQGIEEQNLEIRLKTFNQQECNGPVILMVNSCCSRD720
yugu1-siphyc  IGRPLVDLVMSDSVEVVKQILDSALQGIEEQNLEIRLKTFNQQECNGPVILMVNSCCSRD720
              ************************************************************

maosu-siphyc  LSEKVVGVCFVAQDLTGQKMIMDKYTRIQGDYVAIVKNPSELIPPIFMINDLGSCLEWNE780
yugu1-siphyc  LSEKVVGVCFVAQDLTGQKMIMDKYTRIQGDYVAIVKNPSELIPPIFMINDLGSCLEWNE780
              ************************************************************

maosu-siphyc  AMQKITGMKREDAIDKLLIGEVFTLHDYGCRVKDHATLTKLSILMNTVISGQDPGKLPFG840
yugu1-siphyc  AMQKITGMKREDAIDKLLIGEVFTLHDYGCRVKDHATLTKLSILMNTVISGQDPGKLPFG840
              ************************************************************
maosu-siphyc  FFNTDGKYVESLLTANKRTNAEGKITGALCFLHVASPELQHALQVQKMSEQAATNSFKEL900
yugu1-siphyc  FFNTDGKYVESLLTANKRTNAEGKITGALCFLHVASPELQHALQVQKMSEQAATNSFKEL900
              ************************************************************

maosu-siphyc  TYIRQELRNPLNGMQFTHSLLEPSELTEEQRRLVASNVLCQDQLKKILHDTDLESIEQCY960
yugu1-siphyc  TYIRQELRNPLNGMQFTHSLLEPSELTEEQRRLVASNVLCQDQLKKILHDTDLESIEQCY960
              ************************************************************

maosu-siphyc MEMNTVEFKLEEALNTVLMQGMSLGKEKRISIERDWPVEVSCMHLYGDNLRLQQVLADYL1020
yugu1-siphyc MEMNTVEFKLEEALNTVLMQGMSLGKEKRISIERDWPVEVSCMHLYGDNLRLQQVLADYL1020
              ************************************************************

maosu-siphyc ACTLQFTQPAEGPIVLQVIPKKENIGSGMQIAHLEFRIVHPAPGVPEALIQEMFRHNPEM1080
yugu1-siphyc ACTLQFTQPAKDLLYSKSFPRRKILG-------LACRLLI--------------------1080
              **********

maosu-siphyc SREGLGLYISQKLVKTMSGTVQYLREADSSSFIVLVEFPVAQLSSKRSKPSTSRF1135
yugu1-siphyc -------------------------------------------------------
```

图 4－64　毛粟与豫谷 1 号 SiPHYC 氨基酸序列比对

SiPHYA、*SiPHYB* 和 *SiPHYC* 基因编码蛋白的氨基酸组成分析：SiPHYA 蛋白包含了 20 种常见氨基酸，由 1 131 个氨基酸组成，该蛋白的分子式为 $C_{5542}H_{8826}N_{1534}O_{1669}S_{57}$，相对分子质量为 125 477.74，等电点（pI）为 5.81。SiPHYA 蛋白一级结构氨基酸组成中，亮氨酸（Leu，116 个，10.26%）和丙氨

酸（Ala，94 个，8.31%）含量较高，而半胱氨酸（Cys，22 个，1.95%）、酪氨酸（Tyr，22 个，1.95%）和色氨酸（Trp，10 个，0.88%）相对含量较少。其中带负电荷的氨基酸（Asp+Glu）有 144 个，带正电荷的氨基酸（Arg+Lys）有 120 个。蛋白质不稳定指数计算结果为 50.28，为不稳定蛋白。它的脂溶指数为 91.14，总平均疏水指数（GRAVY）为−0.171。从整体上看，SiPHYA 蛋白的亲水氨基酸多于疏水氨基酸，初步判断 SiPHYA 为亲水蛋白。

SiPHYB 蛋白包含了 20 种常见氨基酸，共由 1 168 个氨基酸组成，该蛋白的分子式为 $C_{5655}H_{8943}N_{1583}O_{1710}S_{53}$，相对分子质量为 128 166.97，等电点（pI）为 5.93。毛粟 SiPHYB 蛋白一级结构氨基酸组成，和 SiPHYA 蛋白相似，其中亮氨酸（Leu，111 个，9.50%）和丙氨酸（Ala，104 个，8.90%）含量较高，而半胱氨酸（Cys，24 个，2.05%）、酪氨酸（Tyr，26 个，2.23%）和色氨酸（Trp，11 个，0.94%）相对含量较少。此外，带负电荷的氨基酸（Asp+Glu）有 135 个，带正电荷的氨基酸（Arg+Lys）有 114 个。不稳定指数计算结果为 49.10，为不稳定蛋白。它的脂溶指数为 87.96，总平均疏水指数（GRAVY）为−0.160。从整体上看，SiPHYB 蛋白的亲水氨基酸多于疏水氨基酸，初步判断 SiPHYB 为亲水蛋白。

SiPHYC 蛋白包含了 20 种常见氨基酸，共由 1 135 个氨基酸组成，该蛋白的分子式为 $C_{5558}H_{8884}N_{1538}O_{1675}S_{59}$，相对分子质量为 125 944.52；该蛋白的等电点（pI）为 5.87。与 SiPHYA 和 SiPHYB 相似，毛粟 SiPHYC 蛋白一级结构氨基酸组成中，亮氨酸（Leu，95 个，8.37%）和丙氨酸（Ala，95 个，8.37%）含量较高，而半胱氨酸（Cys，23 个，2.03%）、酪氨酸（Tyr，26 个，2.29%）和色氨酸（Trp，10 个，0.88%）相对含量较少。此外，带负电荷的氨基酸（Asp+Glu）有 136 个，带正电荷的氨基酸（Arg+Lys）有 115 个。蛋白不稳定指数计算结果为 52.58，为不稳定蛋白。它的脂溶指数为 93.14，总平均疏水指数（GRAVY）为−0.149。从整体上看，SiPHYC 蛋白的亲水氨基酸多于疏水氨基酸，初步判断 SiPHYC 为亲水蛋白（图 4 - 65）。

SiPHYA、*SiPHYB* 和 *SiPHYC* 基因编码蛋白亲/疏水性预测与分析：不同的氨基酸与水的亲和力不同，对组成蛋白质不同位置的氨基酸进行亲、疏水性分析和预测是寻找蛋白质跨膜结构的关键。在亲、疏水性预测中，氨基酸位点得分越高，则说明疏水性越强，越低则说明越亲水。通过 ProtScale 软件对 *SiPHYA*、*SiPHYB* 和 *SiPHYC* 编码蛋白的亲水性进行预测，发现 SiPHYA 蛋白质肽链的第 362 位氨基酸疏水性分值最低，为−3.322，第 339 位氨基酸分值最高，达到 2.844。SiPHYB 蛋白质肽链的第 577 位氨基酸疏水性分值最低，为−3.311，第 378 位氨基酸分值最高，达到 2.878。SiPHYC 蛋白质肽链的第 347 位氨基酸疏水性分值最低，为−3.189，第 222 位氨基酸分值最高，

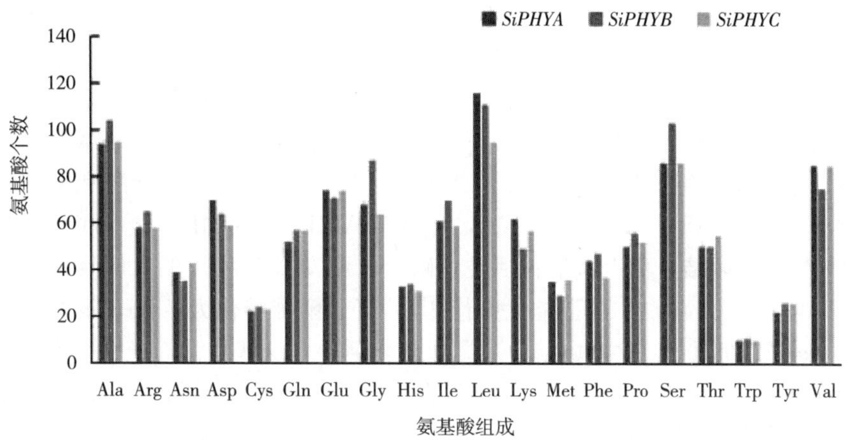

图 4-65　*SiPHYA*、*SiPHYB* 和 *SiPHYC* 基因编码蛋白的氨基酸组成

达到 2.422。将所有氨基酸亲、疏水性分值进行加和，SiPHYA、SiPHYB 和 SiPHYC 蛋白中氨基酸亲疏水性总值分别为−185.679、−184.265 和−161.472。因此从整体来看这 3 个蛋白的亲水区明显多于疏水区，推测 *SiPHYA*、*SiPHYB* 和 *SiPHYC* 基因编码的蛋白为亲水性蛋白（图 4-66）。

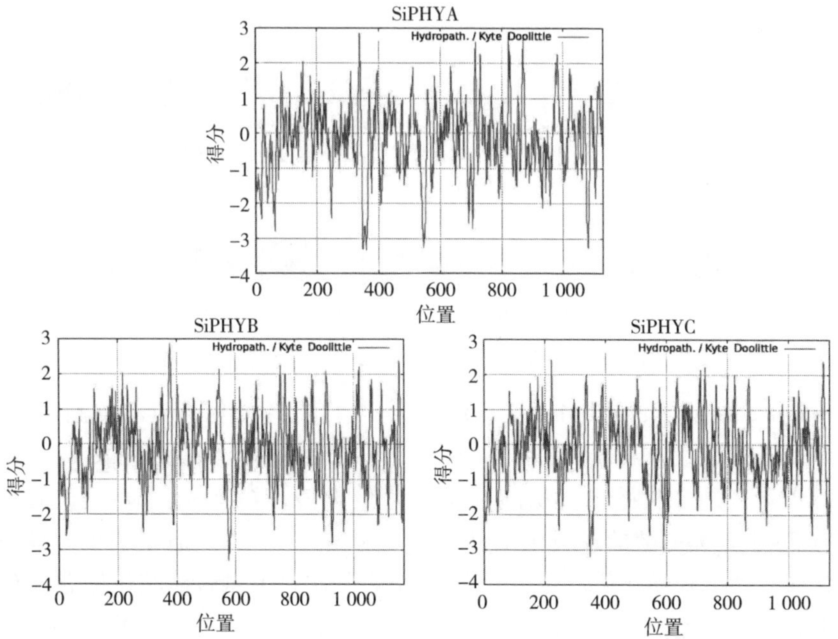

图 4-66　SiPHYA、SiPHYB 和 SiPHYC 蛋白亲/疏水性预测

SiPHYA、*SiPHYB* 和 *SiPHYC* 基因编码蛋白结构域分析：利用 Scan Prosite 在线分析软件对 SiPHYA、SiPHYB 和 SiPHYC 进行功能结构域预测。

结果表明，SiPHYA、SiPHYB 和 SiPHYC 蛋白均含有 GAF、PAS、HisKA、HATPase_C 结构域，除以上结构域外，SiPHYA 和 SiPHYC 还拥有一个 PAC 结构域，PAC 基序出现在几乎所有已知 PAS 基序子集的 C 末端，它被认为有助于 PAS 结构域折叠。GAF 结构域是存在于植物色素和 cGMP 特异性磷酸二酯酶中的结构域，该域与 PAS 域具有相似的折叠。腺苷酸和鸟苷酸环化酶分别催化 ATP 和 GTP 形成第二信使 cAMP 和 cGMP，这些底物通过与调节性 GAF 域结合而上调催化活性。磷酸二酯酶催化相反的水解反应，依赖 cGMP 的 3′,5′-环磷酸二酯酶催化鸟苷-3′,5′-环磷酸酯转化为鸟苷-5′-磷酸。与之相似，cAMP 也通过 GAF 域结合来调节催化活性，这些活性与光敏色素的光可逆转换性相关。此外还有光调节域 PHY（Phytochrome domain）紧邻 GAF 区域的 C 端，是保持吸收光谱完整所必需的组分。光调节区含有 2 个 PAS 同源重复序列和 1 个组氨酸激酶相关结构域 HisKA（Histidine-kinase-related domain），此结构在光信号引起的级联反应中有着不可或缺的地位（图 4-67）。

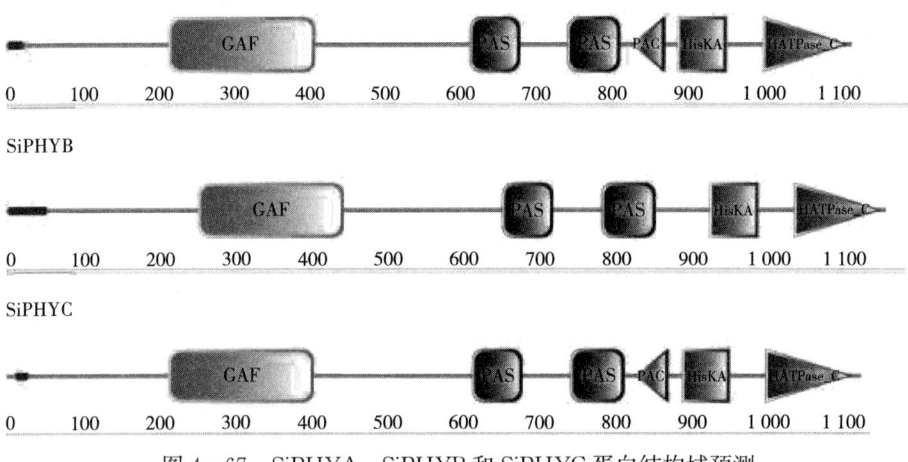

图 4-67 SiPHYA、SiPHYB 和 SiPHYC 蛋白结构域预测

SiPHYA、*SiPHYB* 和 *SiPHYC* 编码蛋白质磷酸化位点的预测与分析：通过对 SiPHYA、SiPHYB 和 SiPHYC 进行激酶修饰位点预测，发现在 SiPHYA 蛋白的多肽链中丝氨酸的磷酸化位点最多，有 53 个，其次是苏氨酸，有 29 个，酪氨酸的磷酸化位点最少，为 8 个；SiPHYB 蛋白的多肽链中同样是丝氨酸的磷酸化位点最多，为 73 个，其次是苏氨酸磷酸化位点，有 31 个，酪氨酸磷酸化位点为 13 个；SiPHYC 蛋白的多肽链中丝氨酸（Ser）、苏氨酸（Thr）和酪氨酸（Tyr）磷酸化位点分别为 61、27 和 9 个（图 4-68）。横向对比后发现 SiPHYB 磷酸化位点最多。通过以上预测说明，在谷子中 SiPHYA、SiPHYB 和 SiPHYC 极有可能被丝氨酸蛋白激酶、苏氨酸蛋白激酶

和酪氨酸蛋白激酶进行磷酸化修饰而被激活从而调控下游基因的表达。

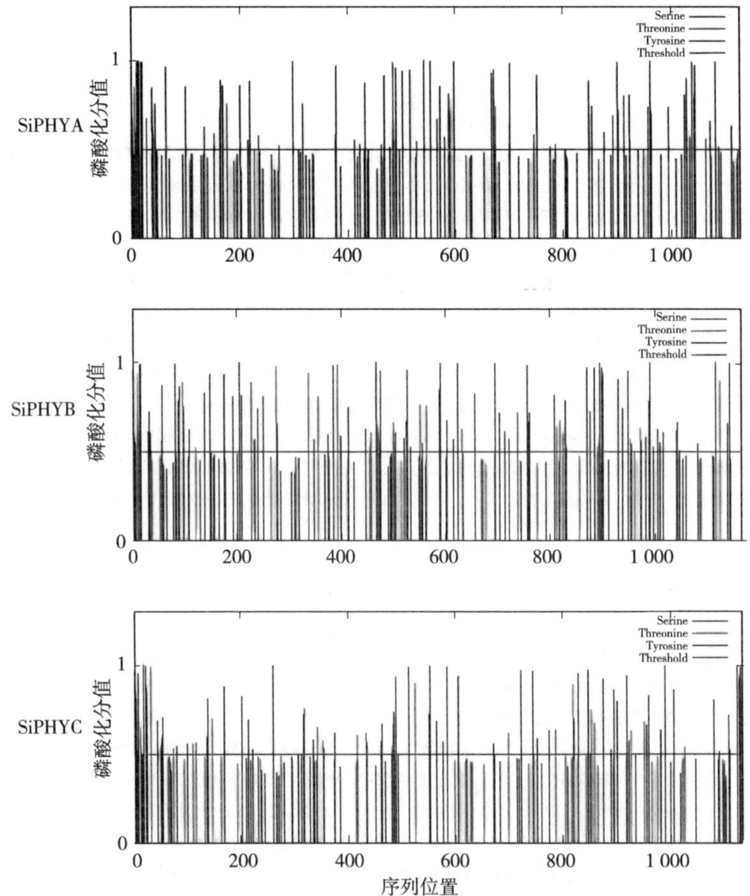

图 4-68　SiPHYA、SiPHYB 和 SiPHYC 蛋白磷酸化位点预测

SiPHYA、SiPHYB 和 SiPHYC 蛋白的二、三级结构预测分析：利用 SOPMA 在线分析软件对 SiPHYA、SiPHYB 和 SiPHYC 蛋白二级结构进行预测。结果表明，SiPHYA 蛋白的二级结构组成与其他物种中的同源蛋白类似，均以 α 螺旋和无规则卷曲为主。α 螺旋有 536 个，所占比例为 47.39%；无规则卷曲 368 个，所占比例为 32.54%；延伸链 166 个，所占比例为 14.68%；β 转角 61 个，所占比例为 5.39%（图 4-69）。SiPHYB 蛋白的二级结构组成与 SiPHYA 类似，均以 α 螺旋和无规则卷曲为主，α 螺旋有 547 个，所占比例为 46.83%，无规则卷曲 398 个，所占比例为 34.08%，延伸链 165 个，所占比例为 14.13%，β 转角 58 个，所占比例为 4.97%（图 4-70）。SiPHYC 蛋白的二级结构组成与 SiPHYA 和 SiPHYB 类似，均以 α 螺旋和无规则卷曲为主，α 螺旋有 537 个，所占比例为 47.31%，无规则卷曲 374 个，

所占比例为 32.95%，延伸链 163 个，所占比例为 14.36%，β 转角 61 个，所占比例为 5.37%（图 4－71）。SiPHYA、SiPHYB 和 SiPHYC 蛋白三级结构模型如图 4－72 所示。

```
         10        20        30        40        50        60        70
          |         |         |         |         |         |         |
MPSSRPTQSSTSSSRTRQSSRARILAQTTLDAELNAEYEESGDSFDYSKLVEAQRTAPPEQQGRSEKVIA
ccccccccccccccccccchhhhhhhhhhhhhhhhhhhhhhhccccccchhhhhcccccccccchhhhhh
YLQHIQRGKLIQPFGCLLALDEKSFRVIAFSENAPEMLTTVSHAVPNVDGPPKLGIGTNVRSLFTDPGAT
hhhhhctttcccttceeeeeccttheeeehhhcchhhhhhccccccccccccheeeccchheeecccchh
ALQKALGFADVSLLNPILVQCKTSGKPFYAIVHRATGCLVVDFEPVKPTEFPATAAGALQSYKLAAKAIF
hhhhhhhhcchhhccceeeeccccccceeeeeecccteeeeecccccccccccchhhhhhhhhhhhhhhh
KIQSLPGGSMEALCNTVVKEVFDLTGYDRVMAYKFHEDEHGEVFAEITKPGIEPYLGLHYPATDIPQAAR
hhhcccccchhhhhhhhhhhhhhhttccheeeeecccttthhhhhhhhhttcchheeeccccccccthhh
FLFMKNKVRMICDCRARSVKIIEDEALSIDISLCGSTLRAPHSCHLQYMENMNSIASLVMAVVVNENEED
hhhhhtcheeeecttccceeeecccccccceeeehhhccccccchhhhhhhhhhhhheeeeeeecccccc
DEPEPEQPPQQQKKKRLWGLIVCHHESPRYVPFPLRYACEFLAQVFAVHVNKEFELEKQIREKSILRMQT
cccccccccccccchheeeeeeeccccccccccchhhhhhhhhhhhhhhhhhhhhhhhhhhhhhhhhhhh
MLSDMLFREASPLSIISGSPNIMDLVRCDGAALLYGDKVWRLQTAPTESQIRDIAFWLSEVHRDSTGLST
hhhhhhhtccccceeeccccchhheehtttceeeetcceeeetccccchhhhhhhhhhhhtcccccccch
DSLQDAGYPGAASLGDMICGMAVAKITSKDVLFWFRSHTAAEIKWGGAKHDPSDKDDNRRMHPRLSFKAF
hhhhhttccthhhhhhhhhhhhhhhhcttceeeeecccccheeeetcccccccccccccccccccchhhh
LEVVKMKSLPWNDYEMDAIHSLQLILRGTLTDAMKPARASVLDNQIGDLKLDGLAELQAVTSEMVRLMET
hhhhhttccccchhhhhhhhhhhhhhhhhhhhhccccchhhhhhhhhhhhhhhhhhhhhhhhhhhhhhhh
ATVPILAVDGNGLVNGWNQKVAELTGLRVDEAIGRHILTLVEDSSVSTVQRMLYLALQGREEKEVRFELK
tccceeeecttcceetcchhhhhhttcchhhhhhhhhhhhhhhhhhhhhhhhhhhhhhtcccccceeeee
THGSKRDDGPVILVVNACASRDLHDHVVGVCFVAQDMTVHKLVMDKFTRVEGDYKAIVHNPNPLIPPIFG
eccccccccceeeeeeehccccccccceeeeeeecccccchhhhhhhhhhhhttchheeeccccccccceee
ADQFGWCSEWNAAMTKLTGWHRDDVIDKMLLGEVFDSSNASCLLKNKDAFVHLCIIINSALAGDEAEKAP
ccttcchhhhhhhhhhhtcchhhhhhhhhhhhhhecccccheecccccchhhhhhhhhhhhhccccccccc
FGFFDRNGKYIECLLSVNRKVNADGVVTGVFCFIHVPSDELQHALHVQQASEQTAVRRLKAFSYMRHAIN
eeeecttttchhhheeehccccccttceeeeeeehhhcchhhhhhhhhhhhhhhhhhhhhhhhhhhhhhhc
KPLSGMLYSREALKSTGLNEEQMRQVHVADSCHHQLNKILTDLDQDNITDKSSSLDLDMAEFVLQDVVVA
cchhhhhhhhhhhhhhcccchhhhhhhhhhhhhhhhhhhhhhhhhhhhhhhhhhhhhhhhhhhhhhhhhhh
AVSQVLIGCQGKGIRVSCNLPERFMKQKVYGDGIRLQQILSDFLFVSVKFSPAGGSVDISSKLTKNSIGE
hhhhhhhhhhhttheeehccccccchheeeetcchhhhhhhhhhhhhhhhecccttcceeeeeeecccchhcc
NLHLIDLELRIKQQGTGVPAEIISQMYEEENKEQSEEGLSLLVSRNLLRLMNGDIRHMREAGMSTFILTA
ccceeeeeeeeecccccccchhhhhhhhhhtcccccchhhhhhhhhhhhhhhhttcheehhhttcceeeeee
ELASAPTAPGQ
ecccccccccc
```

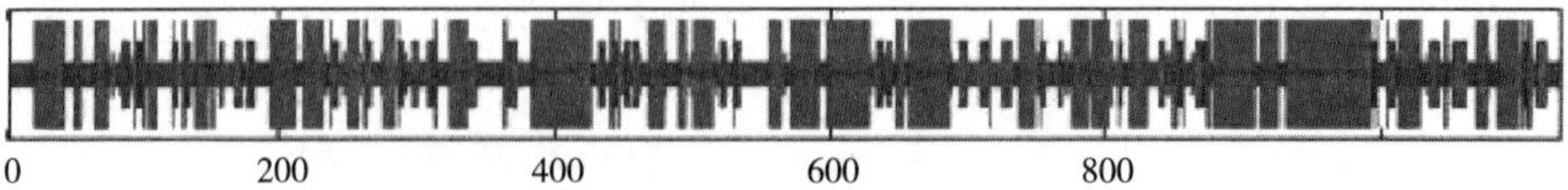

0　200　400　600　800

图 4－69　SiPHYA 蛋白的二级结构预测

c. 无规则卷曲　e. 延伸链　h. α 螺旋　t. β-转角（下同）

```
         10        20        30        40        50        60        70
          |         |         |         |         |         |         |
MASGSRATPTRSPSSARPAAPRHAHHHHHSQSTSQTGGGGGGGGGGGGAATAATESVSKAVAQYNLDARL
hcttcccccccccccccccccccccccccccccccccccccccccccchhhhhhhhhhhhhhhhhhhhhh
HAVFEQSGASGRSFDYSQSLRAPPTPSSEQQIAAYLSRIQRGGHIQPFGCTLAVADDSSFRLLAFSENAA
hhhhhhtcccccccchhhheecccccccchhhhhhhhhhhcttcccchttceeeeecctttheeeehcccch
DLLDLSPHHSVPSLDSAAPPPVSLGADARLLFSPSSAVLMEGAFAAREISLLNPLWIHSRVSAKPFYAIL
hhhhhcccccccccccccccheeeccchhheeccchhhhhhhhhhhcchhhcccheeehcccccceeeee
HRIDIGVVIDLEPARTEDPALSIAGAVQSQKLAVRAISRLQALPGGDVKLLCDTVVEHVRELTGYDRVMV
etcctteeeeeccccccccccceehhhhhhhhhhhhhhhhhhhhccccchhhhhhhhhhhhhhhttccheee
YRFHEDEHGEVVAECRRDNLEPYLGLHYPATDIPQASRFLFRQNRVRMIADCHATPVRVIQDPGLSQPLC
eeccctttrhhhhhhhhhttccheeeecccccccchhhhhhhhhtcheeeecccccceeeeccccccccee
LVGSTLRAPHGCHAQYMANMGSIASLVMAVIISSGGDDEQTTRGGISSAMKLWGLVVCHHTSPRFIPFPL
ehhhhhcccccchhhhhhhhhhhhheeeeeeeccccccccccccccccccheeeeeeeccccccccccch
RYACEFLMQAFGLQLNMELQLAHQLSEKHILRTQTLLCDMLLRDSPTGIVTQSPSIMDLVKCDGAALYYH
hhhhhhhhhhhhhhhhhhhhhhhhhhhhhhhhhhhhhhhhhhtcccceeecccccchheeehtttceeeet
GKYYPLGVTPTESQIKDIIEWLTVCHGDSTGLSTDSLADAGYHGAAALGDAVCGMAVAYITPSDYLFWFR
cceeeeecccccchhhhhhhhhhhhtcccccccchhhhhhttccthhhhhhhhhhhhhhhhcttceeeeec
SHTAKEIKWGGAKHHPEDKDDGQRMHPRSSFKAFLEVVKSRSLPWENAEMDAIHSLQLILRDSFRDVAEG
cccchheeetccccccccccccccccccchhhhhhhhhhttccccchhhhhhhhhhhhhhhhhhhhcccc
TSNSKAIINGQVQLGELELRGINELSSVAREMVRLIETATVPIFAVDTDGCINGWNAKIAELTGLSVEEA
ccccchhhhhhhhhhhhhhhhhhhhhhhhhhhhhhhhhhtccceeeecttccehtcchhhhhhttcchhhh
MGKSLVNDLIFKESEEIVEKLLSRALRGEEDKNVEIKLKTFGPEQSKGPIFVIVNACSSRDYTKNIVGVC
hhhhhhhhhhhhcchhhhhhhhhhhhhtccchhhheeehhccccccccceeeeeehccccccccceeeee
FVGQDVTGQKVVMDKFVNIQGDYKAIVHNPNPLIPPIFASDENTCCSEWNTAMEKLTGWSRSEVVGKLLI
eecccccchhhhhhhhhhhcttchhheeecccccccceeeccccccchhhhhhhhhhhhhtcchhhhhhhhh
GEVFGNICRLKGPDALTKFMVVLHNAIGGDDYEKFPFSFFDKNGKYVQALLTANTRSKTDSKSIGAFCFL
hhhhccheecccccchhhhhhhhhhhhhccccccccceeeecttttchhhheeehcccccchttcceeeeeeh
QIASAELQQAFEIQRQQEKKCYARMKELAYICQEIKNPLSGIRFTNSLLQMTDLNDDQRQFLETSSACEK
hhcchhhhhhhhhhhhhhhhhhhhhhhhhhhhhhhccchhhhhhhhhhhhhhhccchhhhhhhhhhhhhhh
QMSKIVKDASLQSIEDGSLVLEKGEFSLGSVMNAVVSQAMILLRERDIQLIRDIPDEIKDASAYGDQYRI
hhhhhhhhhhhhhhhhhhhhhhhhhhhhhhhhhhhhhhhhhhhhhttheeehcccthhceeeecccchhh
QQVLSEFLLSMVQFAPAENGWVEIQVRPNVKQNSDGTNTALFMFRFACPGEGLPPDIVQDMFSNSRWSTH
hhhhhhhhhhhhecccccceeeeeecccccccccccccceeeeeeeeecccccccchhhhhhhhhhcccccc
EGIGLSTCRKILKLMGGEVQYIRESERSFFLIVLELPQPRPAARREIS
ttchhhhhhhhhhhhttceeehhhtccceeeeeeecccccccccccche
```

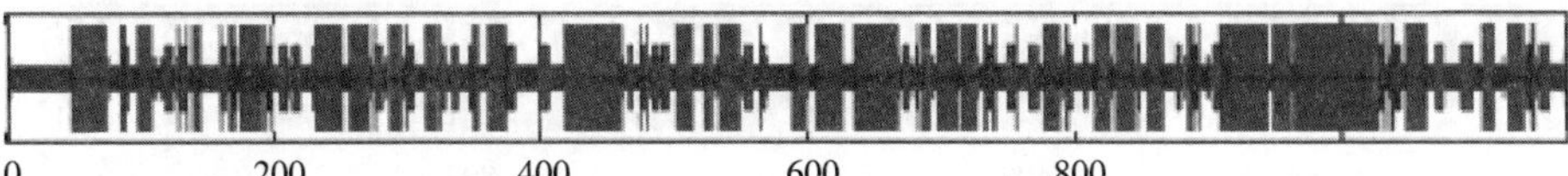

图 4－70　SiPHYB 蛋白的二级结构预测

```
          10        20        30        40        50        60        70
           |         |         |         |         |         |         |
MSSSRSNNRGTCSRSSSARSKHSARVVAQTPVDAQLHAEFEGSQRHFDYSSSVGAANRPLASTSTASAYL
ecccccccccccccccccccchhhhhhhhhhhhhhhhhhhhcccccccchhhheecccccccchhhhhhhh
QTMQRGRYIQPFGCLLAVHPDTFALLAYSENAPEMLDLTPHAVPTIDQRDALAVGADVRTLFRSQSSVAL
hhhctttccctttceeeeeccttheeeehhhcchhhhhhcccccccccccchheeccchhheeccchhhhh
HKAATFGEVNLLNPILVHARTLGKPFYAIMHRIDVGLVIDLEPVNPADVPVTAAGALKSYKLAAKAISRL
hhhhhhcchhhcccheeehcccccceeeeeeccctteeeecccccccccccchhhhhhhhhhhhhhhhhh
QSLPSGNLSLLCDVLVREVSKLTGYDRVMAYKFHEDEHGEVIAECRRSDLEPYLGLHYPATDVPQASRFL
hcccccchhhhhhhhhhhhhhhttccheeeeeeccctttthhhhhhhhhttcchheeeccccccccthhhhh
FMKNKVRMICDYSAVPVKIIQDDSLAQPLSLCGSTLRAPHGCHAQYMANMGSVASLVMSVTINEDEEDED
hhhtcheeeecttccceeeecccccccceeeehhhhcccccchhhhhhhhtchhhheeeeeecccccccc
TGSDQQPKGRKLWGLVVCHHTSPRFVPFPLRYACEFLLQVFGIQLNKEVELAAQAKERHILRTQTLLCDM
ccccccccchheeeeeeeccccccccccchhhhhhhhhhhhhhhhhhhhhhhhhhhhhhhhhhhhhhhhhh
LLRDAPVGIFTQSPNVMDLVKCDGAALYYQNQLWALGSVPSEAEIKSIVAWLQENHDGSTGLSTDSLVEA
hhccccceeeecccchheeehtttceeeetcceeeetccccchhhhhhhhhhhhccccccccchhhhhht
GYPGAAALREVVCGMAAIKISSKDFIFWFRAHTAKEIKWGGAKHEAVDADENGRKMHPRSSFKAFLEVVK
tccthhhhhhhhhhhhhhhhhcttceeeeeccccchheeeetcccccccccccccccccccchhhhhhhhhh
WRSVPWEDVEMDAIHSLQLILRGSLQDEDANRNNVRTIVKAPSEDTKKIQGLLELRTVTDEMVRLIETAT
ttccccchhhhhhhhhhhhhhhhhhhhhcccccccchhhhhhhhhhhhhhhhhhhhhhhhhhhhhhhhhhtc
APILAVDIAGNINGWNNKAAELTGLPVMEAIGRPLVDLVMSDSVEVVKQILDSALQGIEEQNLEIRLKTF
cceeeecttccehtcchhhhhhttcchhhhhhhhhhhhhhhhhhhhhhhhhhhhhhhtcccchheeeeehc
NQQECNGPVILMVNSCCSRDLSEKVVGVCFVAQDLTGQKMIMDKYTRIQGDYVAIVKNPSELIPPIFMIN
cccccccceeeeeehccccccccceeeeeeecccccchhhhhhhhhhhcttchhheeccccccccceeecc
DLGSCLEWNEAMQKITGMKREDAIDKLLIGEVFTLHDYGCRVKDHATLTKLSILMNTVISGQDPGKLPFG
ttcchhhhhhhhhhhhtcchhhhhhhhhhhhhhhcchhheecccccchhhhhhhhhhhhhccccccccccee
FFNTDGKYVESLLTANKRTNAEGKITGALCFLHVASPELQHALQVQKMSEQAATNSFKELTYIRQELRNP
eeccttttchhhhheehcccccccccceeeeeehhhcchhhhhhhhhhhhhhhhhhhhhhhhhhhhhhhhccc
LNGMQFTHSLLEPSELTEEQRRLVASNVLCQDQLKKILHDTDLESIEQCYMEMNTVEFKLEEALNTVLMQ
hhhhhhhhhhhhhhccchhhhhhhhhhhhhhhhhhhhhhhhhhhhhhhhttthhhhhhhhhhhhhhhhhhhhh
GMSLGKEKRISIERDWPVEVSCMHLYGDNLRLQQVLADYLACTLQFTQPAEGPIVLQVIPKKENIGSGMQ
hhhhhhhttceeeecccchhhhheeecccchhhhhhhhhhhhhhhhhecccttccceeeeecccccccccccc
IAHLEFRIVHPAPGVPEALIQEMFRHNPEMSREGLGLYISQKLVKTMSGTVQYLREADSSSFIVLVEFPV
eeeeeeeeecccccccchhhhhhhhhhhhccccctttcehhhhhhhhhhhhhttceeehcttccceeeeeeeccc
AQLSSKRSKPSTSRF
cccccccccccccee
```

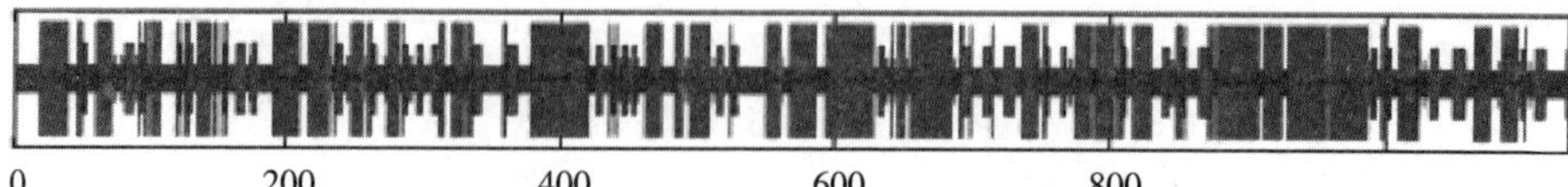

图 4－71　SiPHYC 蛋白的二级结构预测

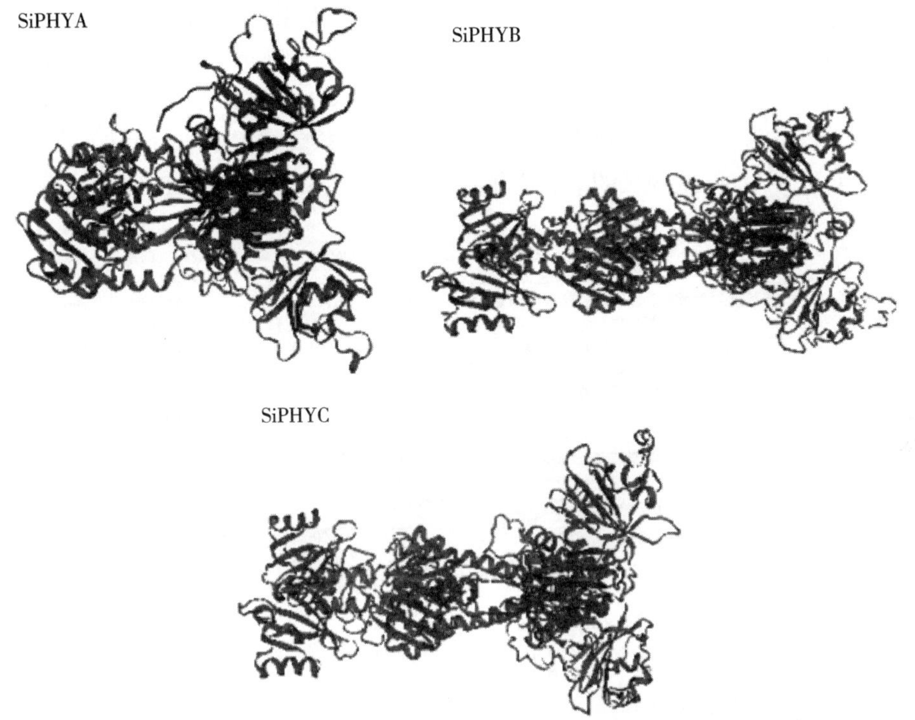

图 4－72　SiPHYA、SiPHYB 和 SiPHYC 蛋白的三级结构预测

谷子 SiPHYA、SiPHYB 和 SiPHYC 蛋白亚细胞定位预测：亚细胞定位预测发现 SiPHYA、SiPHYB 和 SiPHYC 蛋白均定位于细胞核中（表 4－36）。

表 4－36　SiPHYA、SiPHYB 和 SiPHYC 蛋白的亚细胞定位预测

蛋白名称	预测结果
SiPHYA	细胞核
SiPHYB	细胞核
SiPHYC	细胞核

基于 domain 分析谷子光敏色素家族成员：通过光敏色素家族重要代表成员 *SiPHYB* 编码的氨基酸序列在 Phytozome 数据库（https：//phytozome-next. jgi. doe. gov）对谷子进行全基因组范围内 blast 搜索，检索出 18 个可能的家族成员，下载其氨基酸序列后，使用 TBtools 对序列 ID 进行简化处理后，提交至 NCBI 进行蛋白检索。将检索后的结果使用 query _ def 进一步去重后，发现剩余 12 个可能的家族成员。使用 NCBI 的 CDD research 功能（https：//www. ncbi. nlm. nih. gov/Structure/bwrpsb/bwrpsb. cgi）进行进一步的筛选后，发现这 12 个成员均含有光敏色素相关保守结构域，可能为潜在的光敏色素

家族成员。再次使用TBtools进行可视化处理后，得到以下结果（图4-73）。从图中结构域对比可以看出，谷子中只有4个潜在的光敏色素家族成员。经过序列比对，分别是我们之前所克隆出的*SiPHYA*（Seita. 9G113600）、*SiPHYB*（Seita. 9G427800）和*SiPHYC*（Seita. 9G089700），以及1个拥有PHY、PAS和HATPase结构域的潜在光敏色素家族成员（Seita. 8G083500）。

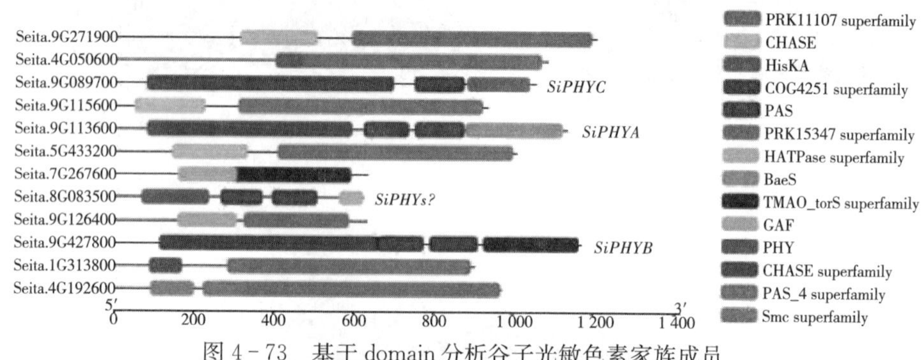

图4-73 基于domain分析谷子光敏色素家族成员

基于PHYA、PHYB和PHYC蛋白序列的系统发育树构建：从NCBI、Phytozome数据库下载获得了已报道的植物PHYA、PHYB和PHYC蛋白序列，加上本研究克隆获得的SiPHYA、SiPHYB和SiPHYC蛋白序列，利用MEGA6.0软件，选择NJ法构建系统发育树，结果表明，SiPHYA、SiPHYB和SiPHYC与C_4作物高粱和玉米同源蛋白进化关系较近，其次是禾本科C_3植物水稻，而与双子叶植物拟南芥的进化关系较远。整体上看，PHYB与PHYC在进化上属于同一分支，而PHYA则属于另一分支。通过使用MEME寻找和分析这些蛋白的motif发现，光敏色素基因在进化上十分保守（图4-74）。

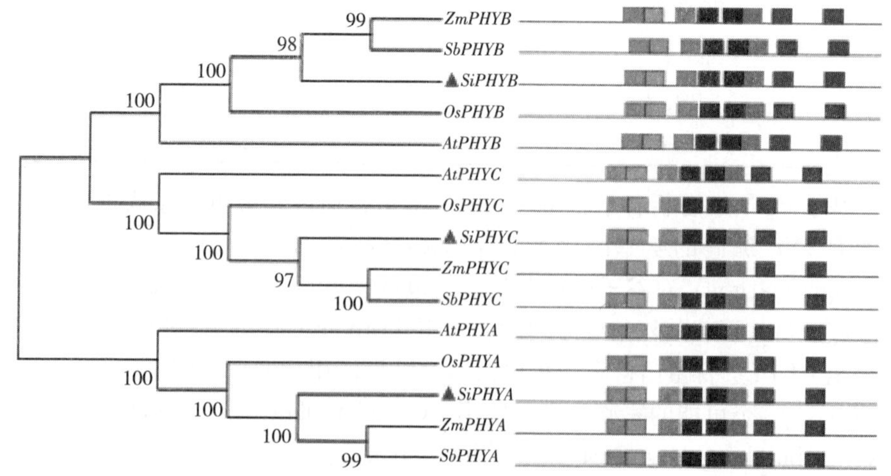

图4-74 基于PHYA、PHYB和PHYC氨基酸序列构建的系统发育树

3. 讨论

本研究以毛粟为实验材料，对其光敏色素家族 3 个主要成员 *SiPHYA*、*SiPHYB* 和 *SiPHYC* 基因分别进行克隆，获得 3 条大小分别为 3 981bp、3 953bp和 3 764bp 的 cDNA 片段，其中 CDS 长度分别为 3 396bp、3 507bp 以及 3 408bp，分别编码了 1 131、1 168、1 135 个氨基酸。氨基酸序列比对结果显示，毛粟作为 1 个光周期极度敏感的谷子材料，其 *SiPHYA* 编码的氨基酸序列与豫谷 1 号参考基因序列高度同源，但存在 3 个突变位点，分别是第 2 位氨基酸由脯氨酸突变为丝氨酸，第 210 位氨基酸由苯丙氨酸突变为丝氨酸，第 599 位氨基酸由丙氨酸突变为苏氨酸，这 3 处变异都没有发生在预测的保守结构域中，应该对功能影响不大。而 *SiPHYB* 编码的氨基酸序列与豫谷 1 号完全一致，说明 *SiPHYB* 基因在进化上更保守。值得一提的是，在毛粟中，其 *SiPHYC* 编码蛋白除了第 66、231 和 273 位的氨基酸与豫谷 1 号不同外，还在第 1 030 个氨基酸处发生了移码突变，导致位于其后的氨基酸发生较大改变，终止密码子的位置也发生后移，比豫谷 1 号参考基因序列多编码了 82 个氨基酸，这些氨基酸的变化位于其蛋白 C 端的 HATPase _ C 结构域。前人研究表明，光敏色素分子内的信号传递以及向下游的信号转导功能的实现主要依赖于 C 端 HATPase _ C 结构域中的 160 个氨基酸残基[337]。因此本研究中发现的毛粟 *SiPHYC* 移码突变很可能导致光信号转导功能上的改变。

对这 3 个基因的氨基酸序列分析表明，它们的氨基酸组成和各种化学性质非常相似，各种氨基酸的含量几乎相同，与玉米中报道的研究结果一致[338]。这一方面表明谷子中光敏色素 *SiPHYA*、*SiPHYB* 和 *SiPHYC* 基因具有很高的同源性，另一方面说明它们可能存在功能上的冗余。功能结构域预测结果表明，*SiPHYA*、*SiPHYB* 和 *SiPHYC* 基因编码蛋白均含有 GAF、PAS、HisKA、HATPase _ C 结构域。除以上结构域外，*SiPHYA* 和 *SiPHYC* 还拥有一个 PAC 结构域，PAC 基序出现在几乎所有已知 PAS 基序的子集的 C 末端，它被认为有助于 PAS 结构域折叠[339]。GAF 结构域是存在于植物色素和 cGMP 特异性磷酸二酯酶中的结构域，该域与 PAS 域具有相似的折叠。腺苷酸和鸟苷酸环化酶分别催化 ATP 和 GTP 形成第二信使 cAMP 和 cGMP，这些产物通过与调节性 GAF 域结合而上调催化活性。磷酸二酯酶催化相反的水解反应，依赖 cGMP 的 3′，5′-环磷酸二酯酶催化鸟苷-3′，5′-环磷酸酯转化为鸟苷-5′-磷酸酯。cAMP、cGMP 通过与 GAF 域结合调节催化活性与光敏色素的光可逆转换性相关[337,340]。这些结构域与玉米和小麦中的对应结构域高度同源，拥有这些结构域的基因一般都与植物的感光特性息息相关，参与光周期途径的开花调控[338,341]。这一方面可以从光敏色素基因出发佐证植物在亲缘关系上的远近，另一方面也表明在植物进化的过程中光敏色素基因的这些结构域是稳定和保守的，是维持光敏色素结构和功能的基本单元。因此，*SiPHYA*、*SiPHYB* 和 *SiPHYC* 基因很可能参与对谷子抽穗开花的调控。通过亚细胞定位以及信号肽预测分析发现毛粟 SiPHYA、SiPHYB 和 SiPHYC 蛋白均为核定位蛋白，而且没有检测到信号肽，这与小麦和玉米中的研究结果一致，说明这些基因可能具有转录因子的功能[341-342]。对毛粟 SiPHYA、SiPHYB 和 SiPHYC 蛋白进行激酶修饰位点预测，发现这 3 个蛋白多个位点具有磷酸化修饰的可能性，这可能对 SiPHYA、SiPHYB 和 SiPHYC 蛋白在光信号的捕获、传递以及对下游基因的转录调控过程中具有重要意义。

通过在全基因组范围内对含有光敏色素基因相关结构域的潜在光敏色素家族成员进行检索，最终发现了 12 个可能的家族成员。基于结构域进行作图后，确定出 4 个具有明显光敏色素家族特征的基因成员。这 4 个成员之中，除了我们克隆的 *SiPHYA*、*SiPHYB* 和 *SiPHYC* 外，还有一个 *PHYA-like* 基因（Seita. 8G083500）拥有 PHY、PAS 以及 HATPase 结构域，该基因可能也具有同 *SiPHYA*、*SiPHYB* 和 *SiPHYC* 相似的功能及特性，有待进一步研究。此外，*PHYA*、*PHYB* 和 *PHYC* 基因在不同物种间有着高度保守的特性。系统发育树表明，谷子光敏色素基因与单子叶植物同源基因进化关系比较近，与双子叶植物同源基因进化关系较远，这与玉米中的研究情况一致[277]。

本研究通过 RT-PCR 技术获得了谷子超晚熟品种毛粟的光敏色素 *SiPHYA*、*SiPHYB* 和 *SiPHYC* 基因的完整编码区序列，并根据所获序列进行了系统全面的生物信息学分析，这些研究结果有助于更深入地探索这些基因在谷子生长发育过程中尤其是光周期调控中的功能及分子调控机理，同时对加速谷子的分子育种进程具有重要意义。

（三）谷子光敏色素基因在不同光周期条件下的表达分析

1. 材料与方法

（1）实验材料　供试材料为谷子农家品种毛粟，具有对光温敏感、长日照条件超晚熟的特点。

（2）主要实验器材　数显恒温水浴锅（上海力辰仪器科技有限公司），－80℃超低温冰箱（中科美菱低温科技股份有限公司），压力蒸汽灭菌器（上海申安医疗器械厂），K960 型 PCR 仪（杭州晶格科学仪器有限公司），149L 风冷变频两门冰箱（海尔公司），DYY-2C 型双稳定时电泳仪（北京市六一仪器厂），气浴恒温振荡器（金坛市环宇科学仪器厂），制冰机（广州冰泉制冷设备有限公司），智能人工气候箱（江南仪器），SW-CJ-1D 型单人净化工作台（苏州净化设备有限公司），WFH-203B 暗箱式紫外分析仪（上海精科实业有限公司），D3024R 型台式高速冷冻离心机（美国赛洛捷克公司），全自动凝胶成像分析系统（南京世研仪器设备有限公司），无酶移液枪头和无酶离心管均购自美国 AXYGEN 公司，Thermo Multiskan GO 酶标仪［赛默飞世尔科技（中国）有限公司］，实时荧光定量 PCR 仪（上海罗氏制药有限公司）。

（3）相关试剂　RNA 提取试剂盒（北京康为世纪生物科技有限公司，货号：CW0581S），反转录试剂盒［宝日医生物技术（北京）有限公司，货号：RR047Q］，实时荧光定量 PCR 试剂盒［宝日医生物技术（北京）有限公司，货号：RR820L］，DL2000 DNA Marker、核酸染料 Goldview 购自北京博迈德生物科技有限公司，琼脂糖购自西班牙 BIOWEST 公司。

（4）植物材料的培养和处理　将毛粟单穗饱满种子均匀地撒播于装有四分之三营养土的 15cm×15cm 小塑料盆中，然后放入智能人工气候箱中在 25℃、12h 光照/12h 黑暗条件下培养。等到谷子幼苗生长出 2 片叶时，开始转入温室进行长、短日照处理。其中长日照处理光照时间为：6：00—21：00；短日照处理光照时间为：6：00—15：00。除使用不同的光周期处理外，其余生长条件均保持一致。

（5）采样和保存

①昼夜表达实验样品的采集：当谷苗在不同光周期环境中生长至 5 叶期时，采集完全展开的植株上部的第一、第二片叶。从光照开始时（6：00）进行第一次取样，此后每间隔 3h 取一次样，连续取样两昼夜即 48h。样品做好标记，每次取样 2 份，设置 2 个生物学重复以及 3 次实验重复。

②不同叶期的实验样品的采集：长日照、短日照处理的谷苗从 3 叶期开始采样，采样时间为早上光照开始 3h 之后，每个叶期重复取样 3 次，长日照、短日照均取样至 9 叶期。取样时用灭菌过的手术剪快速剪下完全展开的顶端第一、第二片叶，保存方法同上。每次取样 2 份，设置 2 个生物学重复以及 3 次实验重复。

（6）毛粟叶片总 RNA 的提取　同“（二）谷子光敏色素基因的克隆与生物信息学分析”中提取步骤。

（7）RNA 质量和浓度的检测　同“（二）谷子光敏色素基因的克隆与生物信息学分析”中实验步骤。

（8）反转录　在本实验中，我们采用 20μL 体系，反转录中所有样品使用的 RNA 的量均保持一致，为 1 000ng。详细步骤如下：

①在进行反转录实验之前，首先进行基因组 DNA 去除反应，按照表 4－37 配制反应体系，充分混匀后使用掌上离心机将溶液收集至管底，在 42℃条件下反应 2min。反应结束后应迅速取出并插入碎冰中冷却。

表 4-37 基因组 DNA 去除体系

组分	体积
5×gDNA Eraser Buffer	2.0μL
gDNA Eraser	1.0μL
Total RNA	3.0～4.0μL
RNase-Free ddH_2O	补足至 10μL

②按照表 4-38 进行反转录反应体系配制。

表 4-38 反转录反应体系

组分	体积
步骤①中的反应液	10.0μL
PrimeScript™ RT Enzyme Mix Ⅰ	1.0μL
RT Primer Mix	4.0μL
5×PrimeScript Buffer 2 (for Real Time)	4.0μL
RNase-Free ddH_2O	1.0μL
总体积	补足至 20μL

③置于 37℃条件下使其反应 30min。

④置于 85℃ 5s，使其中的酶灭活以免对后续实验产生影响，随后置于冰上充分冷却，放入−20℃短期保存。

(9) 荧光定量引物设计　利用软件 DNAMAN 5.0 结合 NCBI 中的在线 Primer BLAST 功能，以前一节中获得的 *SiPHYA*、*SiPHYB* 和 *SiPHYC* 的 CDS 序列为模板，设计基因的实时荧光定量引物，参照文献合成内参引物。各引物序列如表 4-39 所示，所有引物合成均由北京鼎国昌盛生物技术有限责任公司完成。

表 4-39 荧光定量实验所用引物信息

引物名称	引物序列 (5′-3′)
QPHYA-F	AACAGTGCATTAGCCGGTGA
QPHYA-R	TCCGGTGACAACACCATCTG
QPHYB-F	GAAGTTGTTGCTGAGTGCCG
QPHYB-R	AATCATTCGCACCCGGTTCT
QPHYC-F	TTCGTTCCTTTCCCGCTA
QPHYC-R	ATGTGCCTCTCCTTTGCCT
SiActin-F	GGCAAACAGGGAGAAGATGA[235]
SiActin-R	GAGGTTGTCGGTAAGGTCACG[235]

（10）*SiPHYA*、*SiPHYB* 和 *SiPHYC* 实时荧光定量 PCR 分析　以不同处理的毛粟叶片的 cDNA 第一链为模板，使用 Q 系列引物对目标基因片段进行扩增，以 *Actin* 引物扩增内参基因 *Actin* 部分片段作为参考。定量 PCR 试剂为 TB Green™ *Premix Ex Taq*™ Ⅱ（TaKaRa）。操作过程严格遵照试剂盒中的使用说明，采用 $2^{-\Delta\Delta CT}$的方法计算结果[343]。实验设置 3 次独立的重复，用 Excel 16.0 计算标准差并作图。

具体操作步骤如下：

①按表 4-40 中所列组分在冰上进行 Real time PCR 反应预混液的配制，随后分装至荧光定量专用八连排（AXYGEN）。盖好管盖后，轻柔的弹动管底 3～5 次，使反应液中的各个组分均匀混合，并使用掌上离心机将其收集至管底。注意，由于该反应中有荧光染料的参与，因此在配置时务必避免强光直接照射。

表 4-40　qRT-PCR 反应体系

试剂	体积
cDNA	1.0
TB Green™ *Premix Ex Taq*™ Ⅱ（Tli RNaseH Plus）	5.0μL
Forward Primer（10μmol/L）	1.0μL
Reverse Primer（10μmol/L）	1.0μL
ddH_2O	2.0μL
总体积	10μL

②将以上分装好的八连排放入罗氏实时荧光定量 PCR 仪，按照以下 PCR 反应程序进行反应：

95℃　30s

95℃　5s
60℃　34s
95℃　15s
60℃　1min
（以上 40 个循环）

95℃　15s

③利用 LightCycler® 96 SW 1.1 软件分析扩增后的溶解曲线及扩增曲线并计算 ΔΔCT 值，采用 $2^{-\Delta\Delta CT}$法进行相对表达量的计算。使用 Excel 16.0 计算标准差和绘制直方图。

2. 结果与分析

总 RNA 的提取与检测：对毛粟不同处理下的叶片总 RNA 进行提取，随后使用琼脂糖凝胶电泳观察提取的 RNA 质量，发现 28S rRNA 和 18S rRNA 位置处均有明亮单一的条带，而且前者的条带亮度明显高于后者，这说明本实验中所获得的总 RNA 的质量较高（图 4－75）。进一步使用酶标仪对 RNA 溶液进行超微量测定，发现 OD_{260} 与 OD_{280} 的比值处于 1.93～2.12 之间。这些结果说明了我们所提取的 RNA 比较完整，符合后期实验的要求。

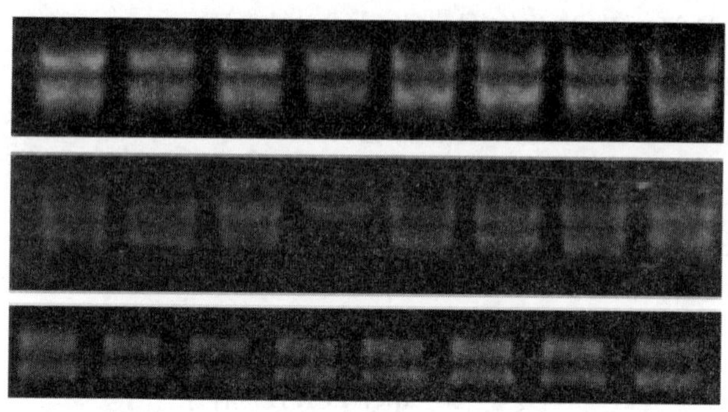

图 4－75　部分样本的总 RNA 电泳结果

不同光周期条件下谷子光敏色素基因昼夜表达分析：通过图 4－76 实时荧光定量 PCR 结果可以发现，无论短日照还是长日照，毛粟 *SiPHYA* 基因在叶片中的相对表达量总体表现为光照弱黑暗强的特点，短日照条件 *SiPHYA* 在光照开始时（6：00）出现 1 个小的表达峰，黑暗 6h 表达量达到 1 个更高的峰值；长日照条件光照结束时（21：00）出现 1 个小的表达峰，黑暗 6h 表达量同样达到 1 个更高的峰值。虽然短日照、长日照 *SiPHYA* 基因均出现 2 个表达峰，但是短日照表达峰明显高于长日照，且在昼夜 24h 内除凌晨 3：00 外，*SiPHYA* 基因在短日照条件的表达量均高于长日照。以上结果说明 *SiPHYA* 表达具有昼夜节律性，且受光周期调控。

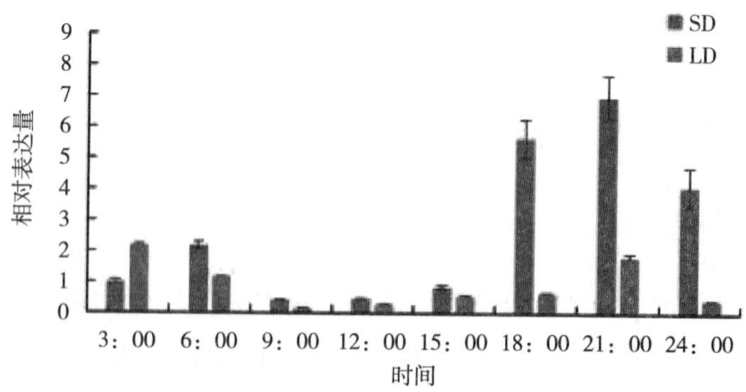

图 4－76　不同光周期条件下 *SiPHYA* 基因的昼夜表达规律

SD. 短日照（下同）　LD. 长日照（下同）

由图 4 - 77 可以看出，*SiPHYB* 基因与 *SiPHYA* 相似。在短日照条件下，早晨 6：00 光照开始时表达量出现 1 个小峰，光照结束 6h（21：00）表达量到达 1 个更高的峰值，随后开始剧烈下降，在光照停止 12h（凌晨 3：00）表达量最低；而在长日照条件下，*SiPHYB* 基因在光照 9h（15：00）表达量达到最高峰，直到光照结束时（21：00）表达量均维持较高水平，随后在黑暗 6h（凌晨 3：00）时表达量又出现 1 个小峰。除了凌晨 3：00 外，昼夜 24h 内 *SiPHYB* 基因在短日照条件的表达量均高于长日照。以上结果说明 *SiPHYB* 基因在短日照、长日照间表达存在较大差异，明显受光周期调控。

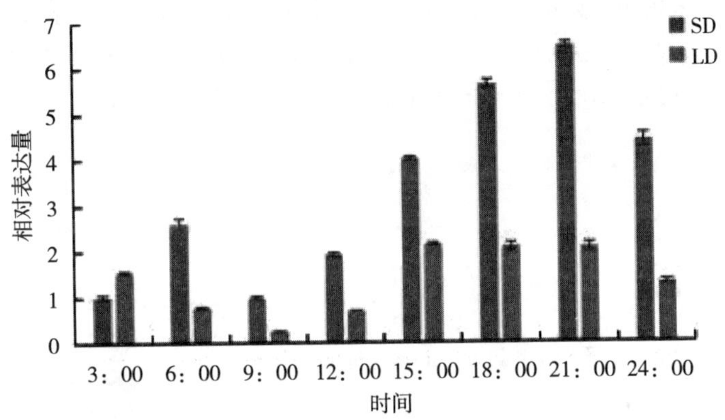

图 4 - 77　不同光周期条件下 *SiPHYB* 基因的昼夜表达规律

在短日照条件下，早晨 6：00 光照开始时，*SiPHYC* 的表达量出现 1 个小峰，光照 3h 表达量下降，3h 后直到光照结束（15：00）*SiPHYC* 的表达量逐渐升高，光照结束 3h（18：00）达到最高峰，随后黑暗条件表达量一直降低（图 4 - 78）。而在长日照条件下，*SiPHYC* 基因从早晨 6：00 光照开始 6h 内表达水平均较低，光照 9h 表达达到 1 个峰值，光照 12h（18：00）仍维

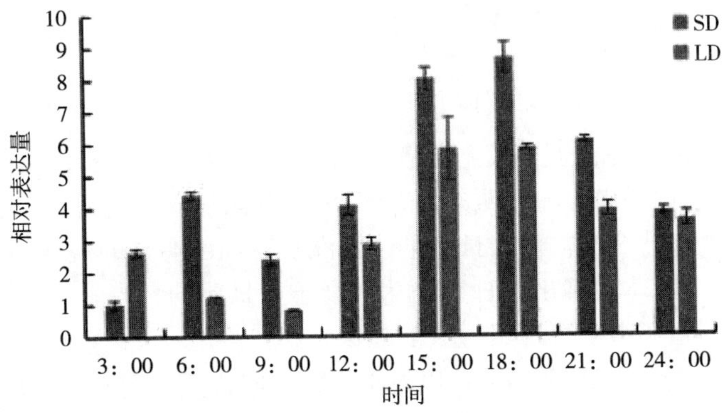

图 4 - 78　不同光周期条件下 *SiPHYC* 基因的昼夜表达规律

持高表达水平，光照结束（21：00）开始基因表达量逐渐下降。以上结果表明 *SiPHYC* 基因短日照条件表达峰出现在暗期，而长日照条件出现在光照期，且除了凌晨 3：00，昼夜 24h 内短日照条件 *SiPHYC* 基因表达量均高于长日照，短日照、长日照条件 *SiPHYC* 基因呈现完全不同的昼夜表达模式。

从图 4－79 可以看出，谷子光敏色素基因 *SiPHYA*、*SiPHYB* 和 *SiPHYC* 在长日照条件下的表达量普遍低于短日照条件；无论长日照还是短日照 *SiPHYA* 的表达峰值都要高于另外 2 个基因；*SiPHYA*、*SiPHYB* 长短日照均表现双峰表达模式，而 *SiPHYC* 短日照条件表现为双峰表达模式，长日照条件表现为单峰表达模式，且短日照 *SiPHYC* 最高表达峰值要比 *SiPHYA*、*SiPHYB* 提前 3h 出现，长日照条件 *SiPHYB* 和 *SiPHYC* 最高表达峰均出现在光照 9h，而 *SiPHYA* 最高表达峰出现在黑暗 6h。

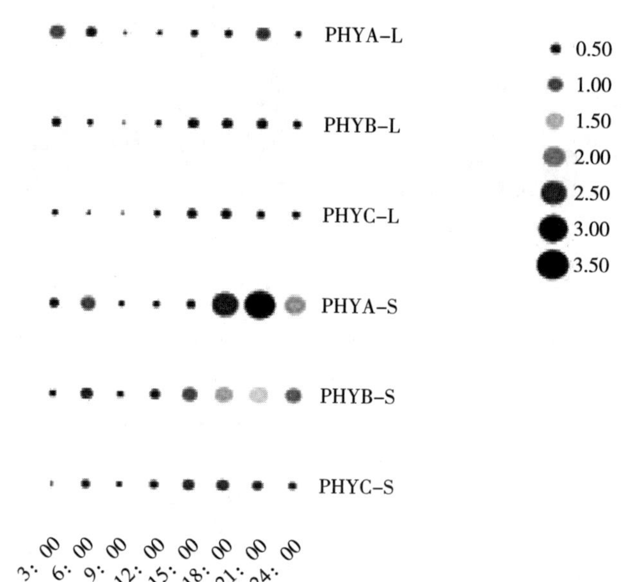

图 4－79　不同光周期条件下谷子光敏色素基因的昼夜表达热图

不同光周期条件谷子光敏色素基因不同发育时期表达分析：由实时荧光定量 PCR 结果可以看出，短日照条件 *SiPHYA* 基因从 3 叶期到 9 叶期基本呈现出逐渐下降的表达规律，而长日照条件则没有表现出明显的规律性，3 叶至 7 叶期 *SiPHYA* 基本表现出短日照表达量高于长日照的特点，而 8 叶期、9 叶期长日照表达量要高于短日照（图 4－80）。

由实时荧光定量 PCR 结果可以看出，在不同日照长度下，*SiPHYB* 基因在从 3 叶期到 9 叶期的谷子叶片中均有表达。在短日照条件下，*SiPHYB* 基因在 3 叶至 5 叶期的表达量要高于 6 叶至 9 叶期；而在长日照条件下，

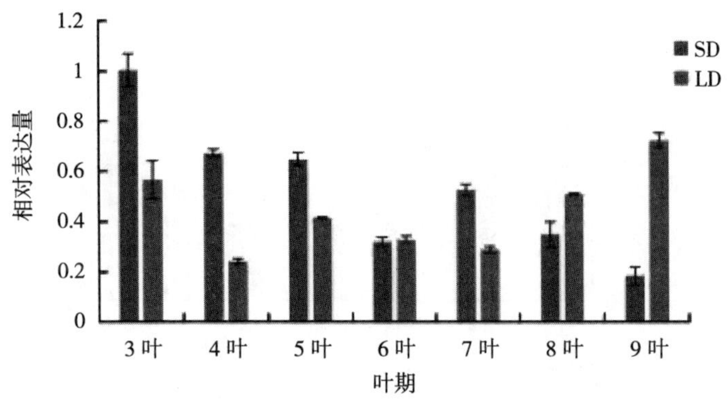

图4-80　不同光周期条件下 *SiPHYA* 基因不同发育时期表达规律

SiPHYB 的表达量在3叶、4叶期明显高于5叶至8叶期，但在9叶期表达量突然达到顶峰。除9叶期外，其他各个发育时期 *SiPHYB* 在短日照的表达量均高于长日照（图4-81）。

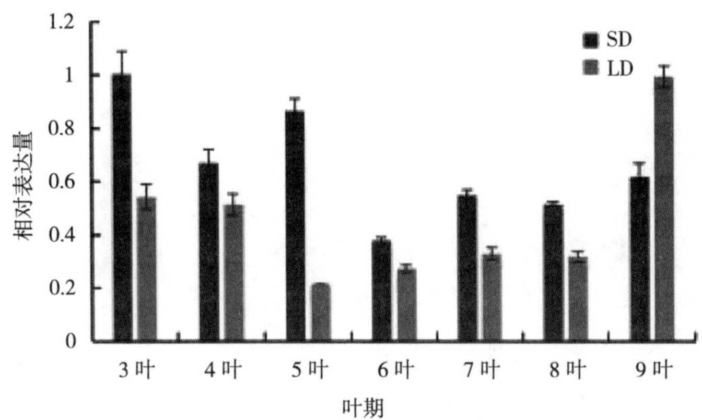

图4-81　不同光周期条件下 *SiPHYB* 基因不同发育时期表达规律

由实时荧光定量PCR结果可以看出，在不同光周期条件下，*SiPHYC* 基因在谷子叶片中从3叶期到9叶期均有表达（图4-82）。在短日照条件下，*SiPHYC* 基因在3叶至5叶期的表达量明显高于6叶至9叶期；在长日照条件下，*SiPHYC* 基因3叶、4叶期表达量明显高于5叶至8叶期，与9叶期表达量接近，在3叶至9叶期整个发育时期 *SiPHYC* 在短日照的表达量均高于长日照。

在长日照条件下，*SiPHYA*、*SiPHYB* 和 *SiPHYC* 在9叶期表达均达到峰值，但是 *SiPHYA*、*SiPHYB* 表达峰均高于 *SiPHYC*；在短日照条件下，*SiPHYA*、*SiPHYB* 和 *SiPHYC* 均表现出3叶至5叶期表达量高、6叶至8叶期表达量低的特点，不同的是 *SiPHYA* 9叶期表达量仍较低，而 *SiPHYB*

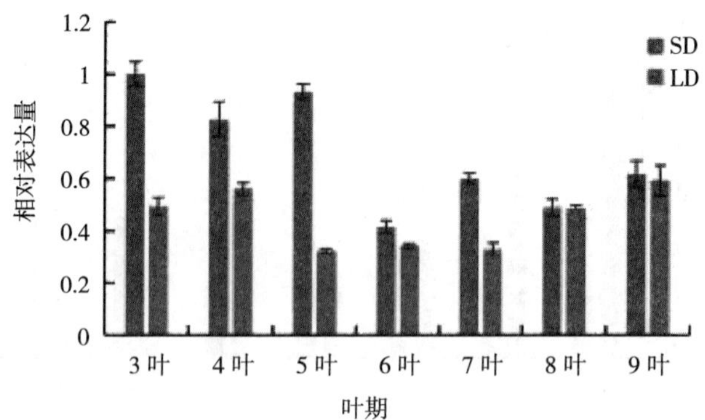

图 4-82 不同光周期条件下 *SiPHYC* 基因不同发育时期表达规律

和 *SiPHYC* 9 叶期表达量又升高。不同光周期条件 3 个基因在不同发育时期表达模式既有相同之处，也存在一定的差异（图 4-83）。

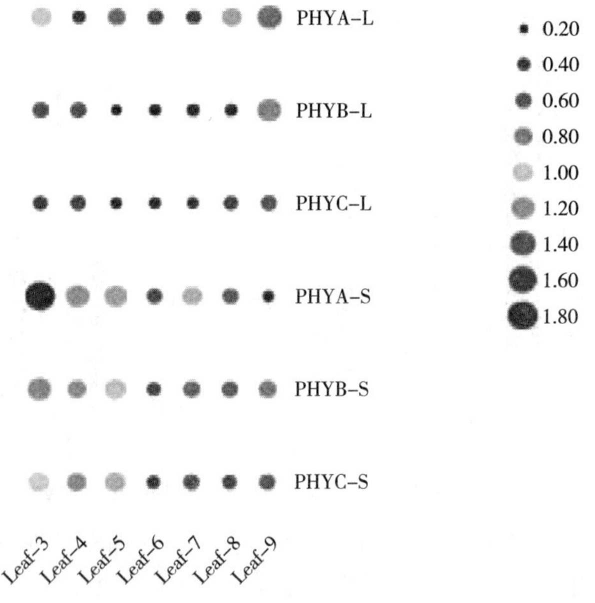

图 4-83 不同光周期条件下谷子光敏色素基因不同发育时期表达热图

3. 讨论

植物的生长和发育离不开光，作为植物重要的光受体，光敏色素基因在植物生长发育中的功能已经有大量的研究成果发表。普遍认为的是，光敏色素家族成员各有分工，分别参与了幼苗的光形态建成、作物密植后产生的避阴性反应以及花期的调控等很多生理生化途径的调节[267,344-345]。前人利用模式植物拟南芥曾对光敏色素家族基因开展过细致的研究，在使用长日照处理拟南芥植株时，发现拟南芥的 *CRY2* 与 *PHYA* 均能通过和生物钟途径中相关的基因进行相互作用而导致开花期提前[307]。Somers 等观察到在红光处理下的拟南芥中，不管是降低红光的强度还是减少活性光敏色素蛋白 Pfr 的量，均能使拟南芥的生物钟变得延长。以上实验结果说明光敏色素蛋白很可能是生物钟接收红光信号的重要中介物。该课题组进一步构建了光敏色素 A 和光敏色素 B 的非等位基因突变体，通过研究发现，不同的光敏色素蛋白对光质的接收具有明显的选择性，其中 *PHYB* 主要接受光照强度较高的红光而 *PHYA* 则主要接受蓝光以及光照强度较弱的红光[299]。尽管拟南芥中光敏色素基因的功能机制已有许多研究，但近年来科学家发现在禾谷类作物中，光敏色素基因的功能和信号机制与双子叶植物有较大差异。

在禾本科作物中，对光敏色素基因的表达模式和功能研究最为透彻的是水稻和玉米[274,346]。Takano 等从水稻中分别分离到了 *PHYA* 和 *PHYB* 的光敏色素突变体植株，并利用它们构建了所有的双突变体组合。通过研究发现，*phyA*、*phyB* 双突变体完全丧失了对远红光的感知能力，而 *phyB* 或 *phyC* 的单一突变在长日照条件下能引起中等程度的早花，单基因 *phyA* 突变对开花时间的影响很小，但是当 *phyA* 突变分别与 *phyB* 或 *phyC* 突变相结合时则会引起开花期急剧提前的现象。这表明在水稻花期调控中，*phyA* 和 *phyB*、*phyC* 分为两大类基因并存在一定的功能协同，并且在功能上 *phyA* 和 *phyB* 起主要作用[274]。而在玉米中，Sheehan 等通过 Northern blot 和半定量实验分析发现玉米的光敏色素基因受光的严格调节和控制[346]。

尽管一系列证据表明，光敏色素基因在禾本科作物的昼夜节律感知和光周期调控中发挥着重要的作用，但在谷子中至今尚未有关于光敏色素的相关研究发表。本研究以谷子超晚熟品种毛粟作为实验材料，设置了长日照和短日照条件，通过实时荧光定量 PCR 技术对谷子光敏色素基因 *SiPHYA*、*SiPHYB* 和 *SiPHYC* 的昼夜表达规律、不同发育时期表达规律进行了研究。通过研究我们发现谷子 *SiPHYA*、*SiPHYB* 和 *SiPHYC* 基因均呈现昼夜节律性表达。其中无论在长日照条件还是短日照条件下，*SiPHYA* 基因对灯光的开闭表现十分敏感且迅速，昼夜表达实验表明，其在黑暗条件下表达最为强烈，在黑暗 3h 后出现单日最高表达峰，当白天来临后，表达量又迅速下降，这与 Sheehan 在玉米中所获得的半定量结果相一致[346]。而且，在玉米中通过实时荧光定量 PCR 结果表明，*ZmPHYA* 在黑暗条件下的表达丰度很高，达到了其在红光和白光下的 3 到 4 倍。在本研究中，*SiPHYA* 在黑暗中到达表达高峰时转录丰度达到了光照下的 14.85 倍。本研究还发现，*SiPHYA* 在短日照光周期条件下的表达量远远超过了长日照，而玉米光敏色素 A 的两个不同转录本都受光周期的调节，在短日照条件下其表达丰度是长日照下的 2～5 倍，这与本研究中的结果相一致[346]。谷子和玉米同属于禾本科 C_4 作物，*PHYA*

基因的表达规律在谷子和玉米中出现了较为相似的结果，从侧面说明了谷子和玉米在进化上亲缘关系较为相近。

本研究所用的谷子品种毛粟对光周期极敏感，在海南低纬度条件下 20 多 d 就能够抽穗，而在洛阳、吉林中高纬度条件下几乎不抽穗，这是由于纬度不同导致的光周期差异造成的[347]。研究表明 *phyA* 参与拟南芥开花时间的调节[348]。在双子叶模式植物拟南芥中，其蓝光受体基因 *CRY2* 可以和 *phyA* 共同与拟南芥生物钟传导链中的相关基因发生作用，从而促进在长日照条件下的成花过程[307]。而在水稻中恰恰相反，水稻中 *PHYA* 的存在使抑花因子 *GRAIN NUMBER* 的表达受到诱导，从而间接降低了 EHD1 的蛋白丰度，导致其对水稻的诱花作用大大减弱并最终延迟了开花[349]。本实验中不同光周期条件下 *SiPHYA* 的叶期表达规律的研究表明，随着谷子叶龄增加，*SiPHYA* 在长、短日照下的表达规律出现了截然相反的情况。在长日照条件下，营养生长后期随着叶龄的增加 *SiPHYA* 诱导表达，而短日照条件下营养生长后期表达趋势为降低。推测长日照条件下，*SiPHYA* 的表达量水平逐渐升高，从而抑制谷子抽穗开花，而短日照条件下，表达水平下降导致对开花的抑制效果减弱，从而使短日照条件下提前开花，推测毛粟长日照条件抽穗期极端延迟和 *SiPHYA* 基因高表达有一定关系，这和前人在水稻中的研究结果相同[349]。

前人的研究表明，植物中不同的光敏色素在细胞中的丰度也有较大差异，在拟南芥中以光敏色素 B 蛋白丰度最高，而光敏色素 C、D、E 等相对较低，而且与前者在许多功能上存在冗余[350-351]。本研究发现，无论在长日照或短日照条件下，*SiPHYB* 相比于 *SiPHYC*，都有更高的表达量，与前人在拟南芥中的研究结果相一致[351]。这可能表明在光周期调控中，*SiPHYB* 比 *SiPHYC* 行使更为关键的调节作用，对双子叶和单子叶植物的研究均发现 *PHYB* 的功能丧失突变体表现出开花期提前的现象[277,352-353]。在本研究中，毛粟在长日照条件培养至 9 叶期时 *SiPHYB* 表达量突然升高，远高于短日照，这种高表达可能和长日照谷子抽穗期的延迟有关。在表达模式上，相比于 *SiPHYA*，*SiPHYB* 和 *SiPHYC* 的表达规律更为接近，具体表现为它们有更相似的昼夜节律性表达模式。在短日照条件下，*SiPHYB* 和 *SiPHYC* 在 1d 中都有 2 个相似的表达峰，第 1 个表达峰在早上 6：00，即光照开始时。第 2 个表达峰 *SiPHYB* 比 *SiPHYC* 推迟了 3h，在晚上 21：00，也就是关灯 6h 后。这说明短日照条件下 *SiPHYC* 比 *SiPHYB* 能更快感知光暗变化从而将环境信号传递给下游基因，也可能将信号传递给 *SiPHYB*，但它们在谷子中具体的互作调控机制还需进行更为深入的研究。牛骧等研究了在不同波长光处理下的 2 个玉米光敏色素 C 转录本的表达情况，发现黑暗到任何光质转换 1h 后至 24h 期间，2 个 *ZmPHYC* 的转录丰度绝大多数情况下均在自身黑暗条件相对表达丰度以下的范围内起伏，这与本实验中的昼夜表达实验研究结果相同[354]。在长日照条件下，玉米中 *ZmPHYC* 转录表达在进入光照阶段 10h 和进入黑暗阶段 4h 时均有一个峰值[354]，而本研究中长日照条件下 *SiPHYC* 的起峰时间在光照 9h，光照 12h 仍维持峰值表达水平，在黑暗中并未发现另 1 个表达峰，这种差异的具体原因仍需进一步研究。水稻是短日照植物，当使用长日照处理水稻 *phyC* 功能缺失突变体植株时，它们相比于野生型植株提前 1 周就开始启动成花进程。而水稻 *phyA* 和 *phyC* 的双重突变对于开花的促进效应更加明显，这说明可以通过抑制水稻 *PHYC* 的表达活性从而使其开花进程加快，而 *PHYA* 和 *PHYC* 在抑制开花方面具有加和效应[274,355]。在本实验中，*SiPHYB* 和 *SiPHYC* 在长日照条件下随着叶龄增加表达量逐渐上升，而短日照条件下表达量相对较低，这说明随着生殖期的接近，长日照条件下，*SiPHYB* 和 *SiPHYC* 的表达水平较高，从而抑制抽穗开花；而短日照条件下，由于感知到光照时间的减少，*SiPHYB* 和 *SiPHYC* 的表达量下降，这导致对开花的抑制效果减弱，从而造成了短日照条件下的开花期提前。但是长日照作物小麦的 *PHYC* 可以通过相互作用来诱导 *PPD1* 的表达上调来加快成花进程，与水稻中功能相反，说明 *PHYC* 在长日照、短日照植物中的功能存在差异[344]。

从横向对比来看，无论是长日照还是短日照条件下，谷子中 *SiPHYA*、*SiPHYB* 和 *SiPHYC* 基因有着相似的表达模式，但是 *SiPHYA* 的表达丰度最高，而且对环境中光的变化反应最为敏感和强烈，这说明 *SiPHYA* 可能在谷子光周期调控开花中起主要作用。

（四）谷子光敏色素基因在不同非生物胁迫条件下的表达模式

1. 材料与方法

（1）实验材料　同“（三）谷子光敏色素基因在不同光周期条件下的表达分析”。

（2）主要实验器材　同“（三）谷子光敏色素基因在不同光周期条件下的表达分析”。

（3）相关试剂　同“（三）谷子光敏色素基因在不同光周期条件下的表达分析”。

（4）植物材料的培养和处理　选取毛粟单穗饱满种子均匀地播种在装有营养土的 10cm×10cm 塑料盆中，在相对湿度 70%、14h 光照/10h 黑暗光周期、25℃条件下的人工气候室培养。生长至 3 叶期时定苗，每盆留苗 5 株，生长至 4 叶期时分别进行模拟干旱、自然干旱、喷施 ABA、盐、热 5 种胁迫处理，每种胁迫处理 10 盆，2 个重复。

模拟干旱胁迫处理：将幼苗放入含有20% PEG的1/2 Hoagland's培养液中，pH为7.0，处理时间为12h。

盐胁迫处理：将幼苗放入含有250mmol/L NaCl的1/2 Hoagland's培养液中，pH为7.0，处理时间为12h。

ABA胁迫处理：用100μmol/L的ABA溶液对营养土培养的幼苗叶片均匀喷施，处理时间为12h。

热胁迫处理：将营养土培养的幼苗放入42℃的恒温光照培养箱中，光周期条件仍为14h光照/10h黑暗，处理时间为12h。

自然干旱处理：采用自然控水的办法，对营养土培养的幼苗进行停水处理，同时对照组正常给水浇灌，处理时间为7d。

对照设置：PEG和盐胁迫实验的对照组均为在1/2 Hoagland's培养液中正常生长的幼苗，自然干旱、ABA胁迫以及热胁迫处理的实验材料均为在营养土中正常生长的幼苗。

(5) 样品的采集和保存　模拟干旱胁迫（PEG处理）、盐胁迫、ABA胁迫以及热胁迫处理的幼苗，分别在处理后的0.5、1、2、4、6、8、10、12h取样，第一次取样时间为上午10：00。自然干旱处理在断水后的第1、3、5、7d的上午9：00分别取样。以上所有取样均为植株顶端第一、第二片叶，所取样品迅速放入液氮中保存。每次取样2份，设置2个生物学重复以及3次实验重复。

(6) RNA的提取，反转录，*SiPHYA*、*SiPHYB*和*SiPHYC*实时荧光定量表达分析　同“（三）谷子光敏色素基因在不同光周期条件下的表达分析”。

2. 结果与分析

SiPHYA、*SiPHYB*和*SiPHYC*在PEG胁迫条件下表达分析：由图4-84a可以看出，在对谷子幼苗施加PEG处理后，前4h内*SiPHYA*基因的表达量和对照相比无显著变化，在处理6h时，*SiPHYA*的表达量明显下降，处理8h时表达丰度迅速升高至峰值，达到了对照的5倍，处理8h后，表达量迅速下降，在处理12h时，表达丰度大约下降到对照的1/6；由图4-84b可以看出，在对谷子幼苗施加PEG处理的12h内，*SiPHYB*基因的表达总体上受到抑制，特别是在刚处理的1h内和处理8h后表达受到明显抑制；由图4-84c可以看出，在对谷子幼苗施加PEG处理后，*SiPHYC*基因的表达模式与*SiPHYB*相似，都是在胁迫初期（1h内）和胁迫后期（8h后）表达受到明显抑制，而胁迫中期（1～6h）受到的抑制作用较轻。

SiPHYA、*SiPHYB*和*SiPHYC*在ABA胁迫条件下表达分析：由图4-85a可以看出，谷子幼苗经过ABA喷施处理1h、2h、8h 3个时间点*SiPHYA*表

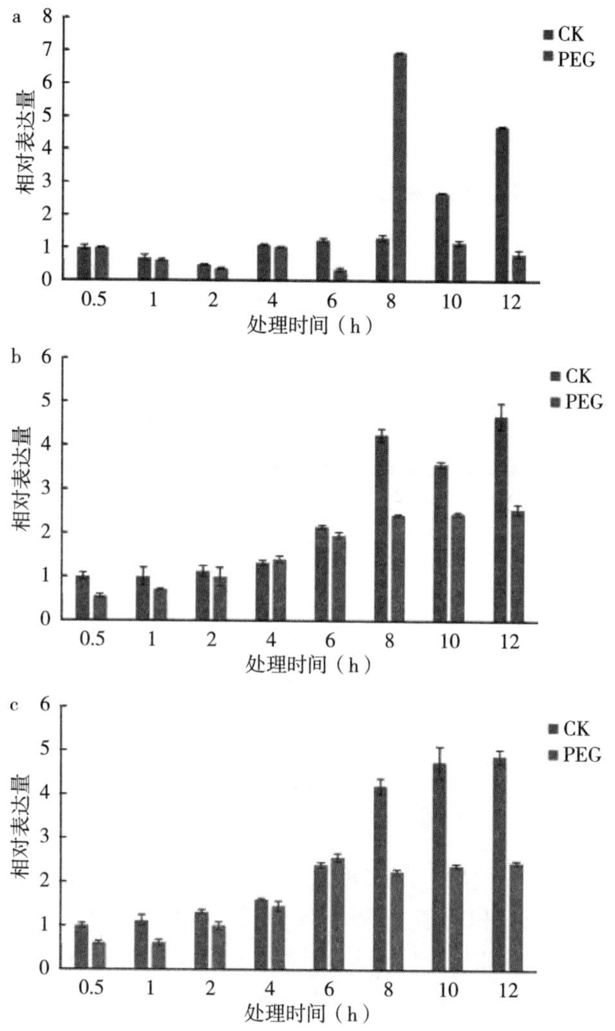

图 4-84　PEG 胁迫条件下 3 个光敏色素基因的表达规律

a. *SiPHYA*（下同）　b. *SiPHYB*（下同）　c. *SiPHYC*（下同）

现为诱导表达，其余时间点均表现为抑制表达，在 4～12h 期间，除了 8h 诱导表达，整体上 *SiPHYA* 的表达明显受到了抑制；由图 4-85b 可以看出，在对幼苗喷施 ABA 处理后的 2h 内，除了 0.5h 表达受抑制外，*SiPHYB* 基因的表达量和对照相比无显著变化，从处理 4h 开始一直到处理结束，*SiPHYB* 除了在处理 8h 时诱导表达外，其余时间点均处于抑制状态；由图 4-85c 可以看出，*SiPHYC* 在 ABA 处理的 12h 内，除了在处理 8h 明显诱导表达外，其余时间点基因表达均处于抑制状态。

SiPHYA、*SiPHYB* 和 *SiPHYC* 在盐胁迫条件下表达分析：由图 4-86a

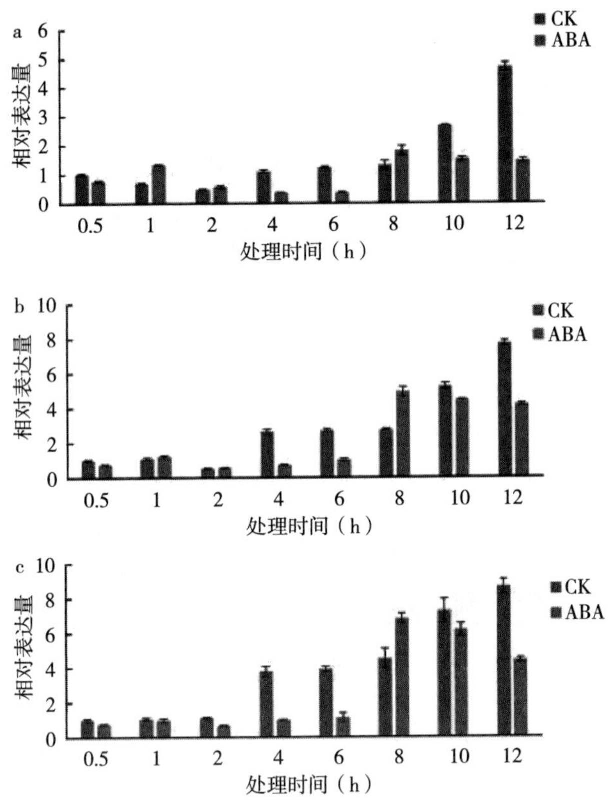

图 4－85　ABA 胁迫条件下三个光敏色素基因的表达规律

可以看出，在对谷子幼苗施加盐胁迫处理后，*SiPHYA* 总体表现为诱导表达，特别是刚胁迫（0.5h）和胁迫 4h *SiPHYA* 强烈诱导表达；由图 4－86b 可以看出，*SiPHYB* 在盐胁迫 6h 以前均诱导表达，特别是胁迫刚开始（0.5h）强烈诱导，而在胁迫 6h 后 *SiPHYB* 的表达均受到抑制作用；从图 4－86c 可以看出，*SiPHYC* 基因在整个盐胁迫过程中的表达量和对照相比没有显著差异，说明 *SiPHYC* 受盐胁迫的影响较小。

SiPHYA、*SiPHYB* 和 *SiPHYC* 在 42℃ 热胁迫条件下表达分析：从图 4－87a可以看出，在经过 42℃热胁迫处理 4h 内，*SiPHYA* 的表达量比较稳定，和对照相比没有较大差异，但在处理 6h 时表达明显受到抑制，而在处理 8h 时，*SiPHYA* 突然高诱导表达，达到对照组的 5.3 倍，随后表达量迅速下降至较低的水平，基因处于抑制状态，处理 12h 的表达量仅为对照组的 1/6；从图 4－87b 可以看出，在经过 42℃热胁迫处理 1h 时，*SiPHYB* 的表达受到明显抑制，在处理 4h 时诱导表达但是处理 6h 表达又受到明显的抑制，而处理 8h 时 *SiPHYB* 高诱导表达，达到最高峰，为对照的 11.6 倍，在处理 12h

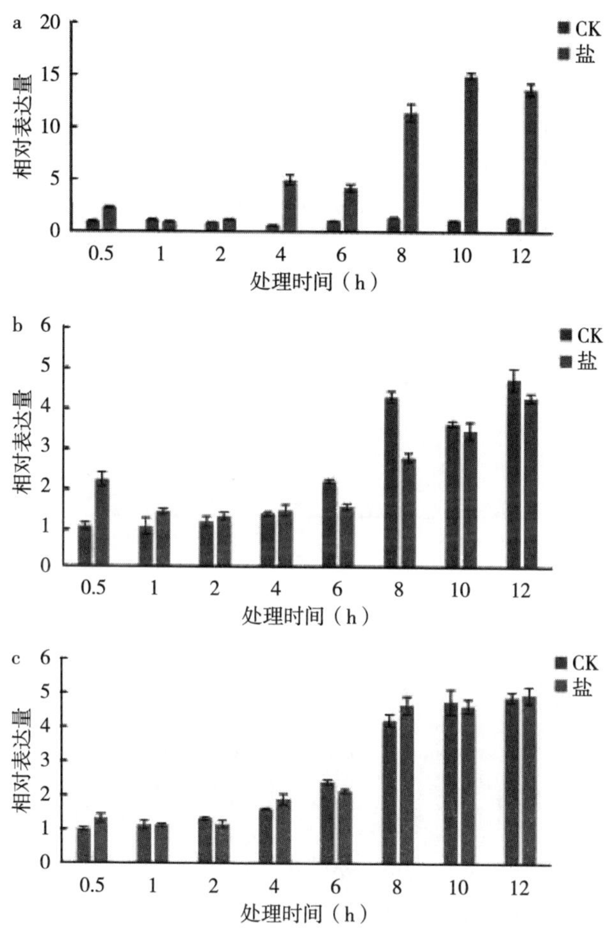

图 4－86　盐胁迫条件下三个光敏色素基因的表达规律

时，其表达重新受到抑制；从图 4－87c 可以看出，在经过 42℃热胁迫处理后 *SiPHYC* 的表达模式与 *SiPHYB* 相似，同样经历在胁迫 1h 表达受到明显抑制，处理 4h 表达被诱导，处理 6h 表达又被抑制，处理 8h 高诱导表达，处理 12h 表达重新受到抑制的过程。

SiPHYA、*SiPHYB* 和 *SiPHYC* 在自然干旱条件下表达分析：从图 4－88a 可以看出，在干旱处理的前 5d，*SiPHYA* 没有受到明显影响，与对照表达量接近，在处理第 7d 时，表达受到了严重抑制；从图 4－88b 可以看出，*SiPHYB* 对干旱胁迫比较敏感，在整个干旱处理的 7d 内表达受到抑制；从图 4－88c可以看出，*SiPHYC* 基因干旱胁迫后表达模式与 *SiPHYB* 相似，在整个干旱处理的 7d 内表达受到抑制。三个基因均在干旱处理第 7d 表达受到抑制的作用最强，对照组 *SiPHYA*、*SiPHYB* 和 *SiPHYC* 的表达量分别是处理

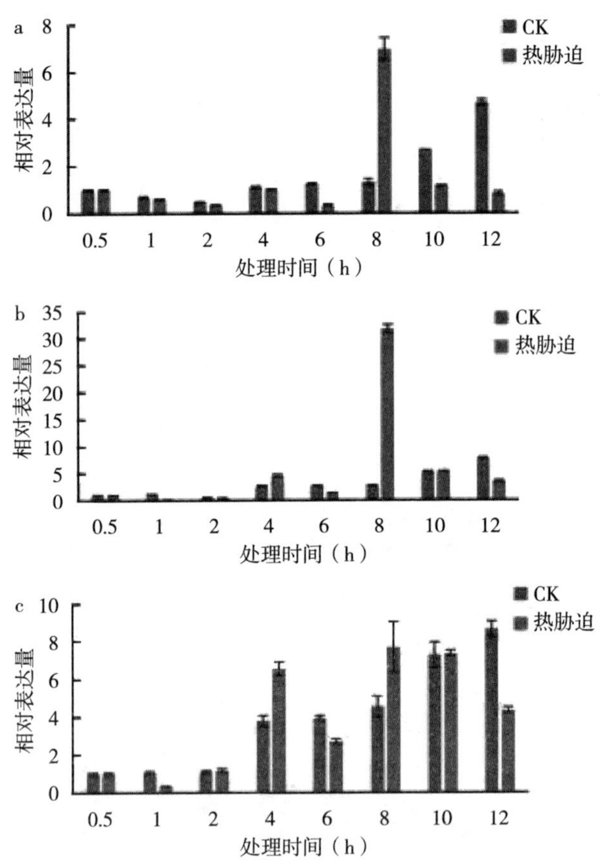

图 4-87　42℃热胁迫条件下三个光敏色素基因的表达规律

组的 10.03、10.67 和 2.24 倍。

SiPHYA、*SiPHYB* 和 *SiPHYC* 在非生物胁迫条件下表达的比较：根据图 4-89，总体上来看，*SiPHYB* 和 *SiPHYC* 在 PEG 胁迫条件下 6h 后表达模式相似，且表达均受到抑制，这可能暗示它们对于干旱环境的响应机制相似，相比于 *SiPHYB* 和 *SiPHYC*，*SiPHYA* 胁迫处理 6h、10h、12h 虽然表达均受到抑制，但在处理后 8h 时突然高诱导表达，说明 *SiPHYA* 和 *SiPHYB*、*SiPHYC* 在应对 PEG 模拟干旱胁迫时存在不同的响应机制。而在 ABA 处理条件下，*SiPHYA* 和 *SiPHYB*、*SiPHYC* 三个基因表达模式非常相似，即除了在处理 8h 时诱导表达，其余处理 6h 后的时间点均表现为表达受到抑制，说明三个基因对 ABA 处理响应机制存在一致性。在盐胁迫条件下，*SiPHYB* 和 *SiPHYC* 主要在胁迫后期表现出轻微受抑制，而 *SiPHYA* 在盐胁迫条件下其表达迅速被激活，表达丰度远高于对照，这说明相比于

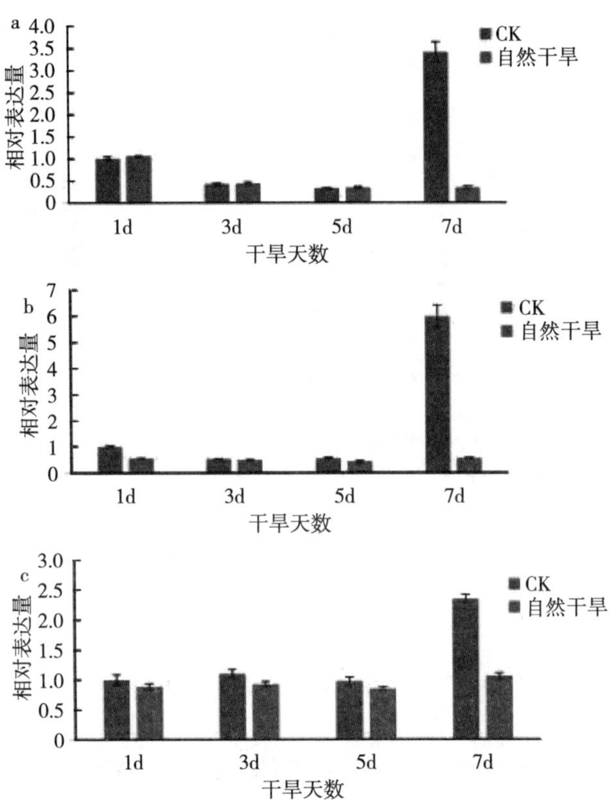

图 4-88　自然干旱条件下三个光敏色素基因的表达规律

SiPHYB 和 *SiPHYC*，*SiPHYA* 对盐胁迫环境更敏感，可能参与了谷子耐盐的调控作用。在 42℃热胁迫条件下，*SiPHYA*、*SiPHYB* 和 *SiPHYC* 都在胁迫开始的第 8h 出现了强烈的表达峰，说明第 8h 作为一个关键的反应时间节点，可能与谷子的耐热调控机制的启动相关。但与 *SiPHYA*、*SiPHYB* 的表达量增幅相比，*SiPHYC* 表达量的相对增幅较低，说明 *SiPHYA*、*SiPHYB* 可能是谷子耐热调控中作为光受体调控环节的主要基因。

3. 讨论

通过对光敏色素研究的深入进行，研究人员发现光敏色素不仅影响着植株的生长发育进程，而且还通过和其他内源激素共同作用对植株的抗逆性进行调控。光敏色素和光敏色素互作因子之间存在着精密而复杂的信号传递链，从而使植物在复杂多变的环境中得以延续和生存。

有研究表明，光敏色素可以对植株在逆境条件下的生物量造成影响。在双子叶植物棉花中发现，在缺水条件下过表达 *PHYB* 的转基因植株相比于野生型在单株结铃数、籽棉产量以及单铃质量上都有增加[318]。Boggs 等通过对拟

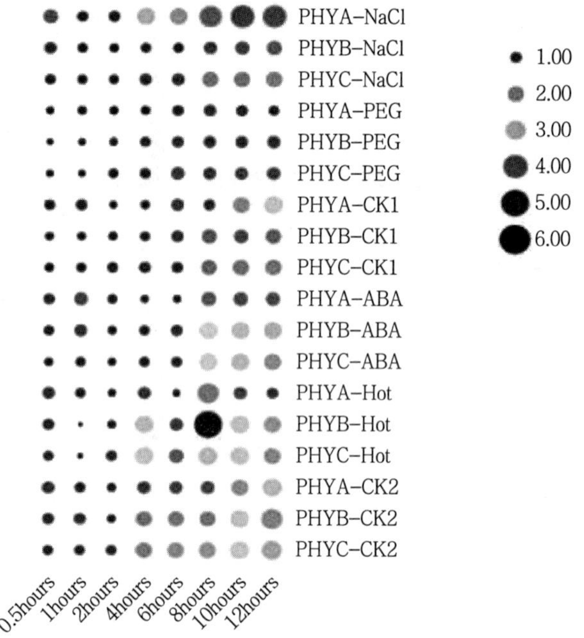

图 4-89　不同胁迫条件下 *SiPHYA*、*SiPHYB* 和 *SiPHYC* 基因的表达规律

注：CK1 是水培组对照组，CK2 是土培组对照组。

南芥光敏色素 A、B 和 E 的功能缺失突变体在缺水和 ABA 胁迫下的气孔导度进行研究，发现野生型相比于光敏色素功能缺失突变体在应对干旱环境时有更高和更迅速的气孔导度变化，说明光敏色素具有调整气孔导率以节水的作用，且不同的光敏色素在这种作用上是有加性效应的[320]。本研究发现 *SiPHYA*、*SiPHYB* 和 *SiPHYC* 在 ABA 胁迫环境下协同表达的特性也可能是加性效应的体现。本研究还发现，在使用 PEG 模拟干旱条件下，*SiPHYB* 和 *SiPHYC* 在胁迫 6h 内和对照相比表达量无明显变化，6h 后表达明显受到抑制，而 *SiPHYA* 也在胁迫 6h 表达受到强烈抑制，这说明在模拟干旱胁迫条件下，第 6h 是谷子光敏色素接受干旱信号的一个时间节点。在单子叶植物水稻中，通过构建光敏色素 *PHYB* 的突变体植株，发现其突变体相对于野生型植株叶面积更小，减少了水分从叶片往环境中的蒸腾，从而耐受干旱环境的能力大大提高[322]。此外有研究表明，植物的 ABA 途径也是光敏色素参与植物抗逆调控的重要通路之一[328-329]。顾建伟等通过构建水稻 *phyB* 突变体，在和对照植株比较后发现，有 4 类基因在突变体中表达丰度远远高于野生型，而这 4 类基因均与植物的脱落酸合成直接相关，而脱落酸分解基因 *OsABAOX1* 表达丰度则严重下降[330]。在对拟南芥进行施加外源脱落酸处理后，两种典型的 ABA 诱导基因 *RAB18* 和 *RD29A* 的表达在 *phyB* 突变体植株中均低于野生型。此外，

PHYB 还与植物的 ABA 敏感度相关，研究表明可以通过使植物对 ABA 的敏感度下降从而保持植株体内水分，以增强在特殊环境下的生存能力[331]。例如在缺水条件下，烟草野生型植株的 ABA 和水分均低于其光敏色素功能缺失突变体植株[332]。在之前的研究中，只发现 *PHYA* 和 *PHYB* 对植物耐受干旱胁迫起作用，而在本研究中发现，*SiPHYC* 对干旱胁迫同样作出了表达量降低的反应，而且其表达规律和 *SiPHYB* 相同，这在禾本科作物中是首次，其在抗旱调控机制中的具体作用还有待进一步阐明。除了参与植物在缺水条件下的抗性反应外，近年来的一些研究表明，光敏色素和植物的耐盐性也相关。Indorf 等发现 *STO* 作为一个典型的拟南芥耐盐基因，其实也是光敏色素信号途径的负调控因子，R 和 FR 光下 *STO* 表达受 *phyA* 和 *phyB* 控制[333]。此外，生色团作为光敏色素的重要组成结构，它的合成和 *HO* 基因密切相关，而植物的抗盐能力被认为与 *HO* 的表达升高有关[335]。本研究发现，盐胁迫强烈促进了 *SiPHYA* 的表达，说明 *SiPHYA* 在谷子耐盐机制中可能存在一定的功能，这是否意味着 *PHYA* 在禾本科植物中普遍参与了盐胁迫调节，还需要更深入地研究。而本实验中发现 *SiPHYB* 和 *SiPHYC* 对盐胁迫反应不敏感，目前报道的 *PHYB* 和 *PHYC* 基因多在双子叶植物拟南芥中表现出耐盐性，由于谷子属于禾本科 C_4 单子叶植物，其耐盐机制可能与拟南芥存在差异。

有证据表明光敏色素在植物应对环境中的高温时也发挥着独特的作用。拟南芥植株在环境温度较高时，其生理形态主要表现与避阴反应类似，下胚轴和叶柄相比于正常植株变得更加纤细，而花期也会因高温而前移[309]。进一步研究表明这种现象可能是由光敏色素互作因子 PIF4 导致的，PIF4 与植物中生长素的合成具有紧密联系，并可以调节控制植物体内的 IAA 含量，正如我们知道的，生长素是引起下胚轴伸长的关键激素[310-311]。而 *PHYB* 具有和 PIF4 互作的特性，因此 *PHYB* 通过与 PIF4 的结合，导致细胞内 PIF4 的含量下降，从而进一步影响了生长素的合成和含量，最终导致植物的生长状态发生改变，使植物应对环境高温的抗性发生改变[312]。本研究发现，在 42℃高温胁迫条件下，*SiPHYA*、*SiPHYB* 和 *SiPHYC* 原有的表达节律性丧失，表现为振荡性表达，但在胁迫后的第 8h 均强烈诱导表达，随后表达受到抑制，在此过程中光敏色素基因是否与细胞核内的 PIF4 互作、通过何种作用机制对谷子的耐热产生影响需要进一步研究。

（五）单倍型分析确定谷子光敏色素基因的表型效应

1. 材料与方法

（1）实验材料　本研究选用的 100 份春谷和 60 份夏谷已经完成重测序，包含来自河南、河北、山东、山西、陕西、黑龙江、吉林、辽宁、新疆、内蒙古、甘肃、青海、宁夏、西藏等国内各地区的品种资源 144 份和来自国外的品种资源 16 份，材料信息见文献［156］。

（2）主要软件工具　DNASP5.0。

（3）表型数据的获得　本实验室于 2015 年、2016 年在海南省、河南省和吉林省对 160 份谷子品种资源的 10 个性状进行了调查，具体调查方法及调查结果见文献[156]。10 个表型性状包括抽穗期（heading stage，HS）、株高（plant height，PH）、叶片数（number of leaves，NL）、穗长（panicle length，PL）、穗粗（panicle diameter，PD）、穗码数（spikelet number，SN）、码粒数（grain number per branch，GN）、穗质量（spike weight，SW）、穗粒质量（grain weight per panicle，GW）和千粒质量（1000-grain weight，1000-GW），这些表型数据将用于本研究光敏色素基因的单倍型效应分析。

（4）光敏色素基因 SNP 位点检测、单倍型分析　根据 *SiPHYA*、*SiPHYB* 和 *SiPHYC* 在谷子基因组中的位置信息，从 160 份谷子材料重测序获得的 SNP 数据中提取基因内 SNP，分析每个基因内含子、外显子等区域 SNP 分布情况，比较 3 个基因的保守性。挑选每个基因关键突变位点进行单倍型分析，结合前期对 160 份谷子资源在 3 个不同光温环境（4 个实验点）调查的 10 个主要性状表型数据进行单倍型效应分析，以确定基因功能。

2. 结果与分析

谷子 *SiPHYA*、*SiPHYB* 和 *SiPHYC* 突变位点分析：通过对 160 份谷子资源重测序检测 *SiPHYA*、*SiPHYB* 和 *SiPHYC* 突变位点，发现 *SiPHYA* 检测到的 SNP 位点最多，达到 163 个，这些 SNP 变异类型非常丰富，包括内含子突变（32）、无义突变（62）、错义突变（59）、翻译提前终止（3）和非翻译区突变（7）；其次是 *SiPHYB*，共检测到 12 个 SNP，包括内含子突变（6）、无义突变（3）和错义突变（3）三种类型；*SiPHYC* 突变位点最少，仅检测到 4 个 SNP，包括内含子突变（1）、错义突变（3）两种类型（表 4－41）。研究结果说明 *SiPHYA* 保守性最差，在进化过程中发生了明显的功能分化，而 *SiPHYB*、*SiPHYC* 保守性较强。

表 4－41　*SiPHYA*、*SiPHYB* 和 *SiPHYC* 在 160 份谷子材料中 SNP 分布

基因	总 SNP 数目	内含子 SNP 数目	外显子 SNP 类型及数目			
			无义突变	错义突变	翻译提前终止	非翻译区
SiPHYA	163	32	62	59	3	7
SiPHYB	12	6	3	3	0	0
SiPHYC	4	1	0	3	0	0

谷子 *SiPHYA*、*SiPHYB* 和 *SiPHYC* 单倍型效应分析：利用 *SiPHYA*

基因内的 3 个导致翻译提前终止的 SNP 位点和 59 个错义突变 SNP 位点进行单倍型分析，剔除存在杂合位点的谷子材料，共检测到 2 种单倍型：HapA（CC/GG）、HapB（TT/CC），由两个错义突变 SNPs（SNP7034522C→T 和 SNP7036657G→C）产生；利用 *SiPHYB* 检测到的 3 个错义突变 SNP 位点进行单倍型分析，发现无纯合突变单倍型产生，剔除杂合材料后只有参考基因组一种单倍型：HapA（AA/CC/GG）；利用 *SiPHYC* 检测到的 3 个错义突变 SNP 位点（SNP5414068C→G、SNP5414823G→T、SNP5415366T→G）进行单倍型分析，剔除杂合材料后共检测到 3 种单倍型：HapA（CC/GG/TT）、HapB（CC/GG/GG）和 HapC（CC/TT/TT）。

由于 *SiPHYB* 基因没有检测到纯合突变类型，这里只分析 *SiPHYA*、*SiPHYC* 的单倍型效应。对 *SiPHYA* 基因来说，海南、洛阳、吉林 3 个光温环境 HapB 的抽穗期和株高均显著高于 HapA，海南、洛阳两个光温环境 HapB 的穗码数显著高于 HapA，而在吉林光温环境 HapB 的穗码数显著低于 HapA，说明 SNP7034522C→T 和 SNP7036657G→C 两个错义突变对谷子株高、抽穗期和穗码数均产生显著影响，但对株高和抽穗期的作用不受光温环境影响，对穗码数的作用受光温环境影响（图 4－90a）。*SiPHYC* 的 HapC 在海南光温环境抽穗期小于 HapA、HapB，洛阳、吉林光温环境则显著大于 HapA、HapB，但株高和穗长不受环境影响，三个光温环境 HapC 的株高、穗长均显著高于 HapA、HapB（图 4－90b），由于 HapC 是由 SNP5414823G→T 发生错义突变产生的，因此该 SNP 位点是导致抽穗期、株高、穗长变异的关键突变位点。

3. 讨论

水稻长日照条件 *PHYA* 的存在使抑花因子 *GRAIN NUMBER* 的表达受到诱导，从而间接降低了 EHD1 蛋白丰度，导致其对水稻的诱花作用减弱，最终延迟了开花期[274]。本研究发现谷子 *SiPHYA* 两个单倍型间抽穗期差异极显著，且这种差异不受光温环境影响，说明 *SiPHYA* 对谷子抽穗开花具有调节功能，而随着纬度的升高，日照的延长，两种单倍型抽穗期均逐步延长，说明 *SiPHYA* 的功能还受到其他光敏色素家族成员的影响，单独发生突变并不能影响谷子抽穗期随纬度增加而延迟的总体趋势。水稻 *phyA*/*phyB* 双突变体完全丧失了对远红光的感知能力，而 *phyB* 或 *phyC* 的单一突变在长日照条件下引起中等程度的早花，当 *phyA* 突变分别与 *phyB* 或 *phyC* 突变相结合时则会引起开花期提前的现象，这表明在水稻花期调控中，*PHYA* 和 *PHYB*、*PHYC* 分为两大类基因并存在一定的功能协同，并且在功能上 *PHYA* 和 *PHYB* 起主要作用[349]。本研究发现 *SiPHYB*、*SiPHYC* 编码蛋白具有更相似的三级结构，系统进化分析也将 *SiPHYB*、*SiPHYC* 聚为一组，而

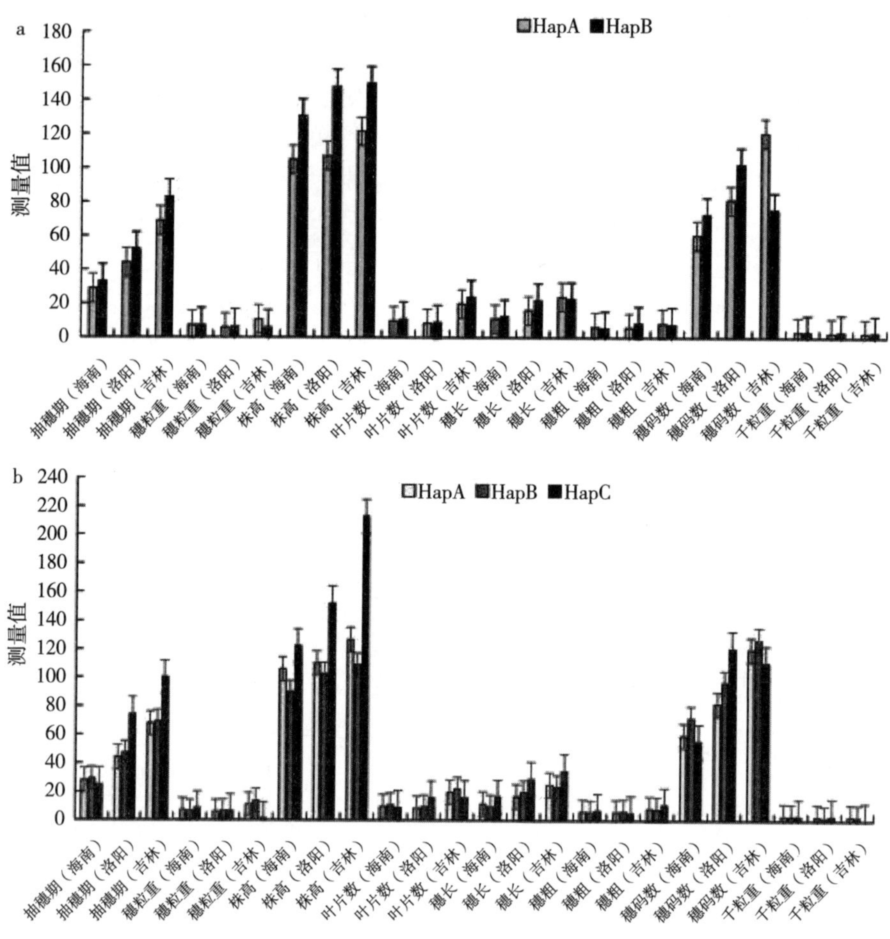

图 4－90　*SiPHYA*、*SiPHYC* 单倍型效应分析

a. *SiPHYA*　b. *SiPHYC*

SiPHYA 单独聚为一组，说明谷子与水稻一样，*SiPHYA* 和 *SiPHYB*、*SiPHYC* 是以两种不同的方式调控花期；表达分析表明短日照条件 *SiPHYA*、*SiPHYB* 昼夜表达模式比较接近，而长日照条件 *SiPHYB*、*SiPHYC* 表达模式相似，说明这两类基因以协同方式发挥作用。水稻 *phyA* 和 *phyC* 的双重突变比 *phyC* 单突变对开花的促进效应更加明显，说明 *PHYA* 和 *PHYC* 在抑制开花方面具有加和效应[274]。本研究发现 *SiPHYC* 由一个错义突变形成的单倍型（HapC）在海南抽穗期缩短，而在洛阳、吉林抽穗期明显延长，说明 *SiPHYC* 对抽穗期的作用受光温环境影响，长日照条件对抽穗的抑制作用最强。

第五章

谷子分子标记研究展望

第一节　谷子分子标记研究存在的问题

一、分子标记与传统育种结合不够紧密

得益于豫谷1号、张谷等谷子品种全基因组序列测定的完成，谷子分子标记技术近些年获得了迅猛发展，目前基于SSR、SNP标记技术的高密度遗传连锁图谱已经大量构建，并且定位了株高、生育期、穗部、抗病等许多性状，许多与目标性状紧密连锁的分子标记成功申报专利，但是这些性状控制基因在遗传改良中的应用效果如何并没有通过实践验证，因为公开发布的专利只说明了标记与性状存在紧密连锁状态，后续这些连锁标记在杂交后代中的选择效果如何并没有做相关研究和验证。此外标记连锁的关键基因成功克隆的较少，不能通过遗传转化技术对基因功能进行更为明确的验证。这些原因导致了谷子分子辅助选育技术发展缓慢，不能与传统杂交育种有效结合以加速育种进程。另一个限制分子辅助选育技术在谷子中发展的原因是定位的性状控制位点遗传效应不大，缺少可解释表型变异率高、对目标性状起主要调控作用的主效QTL的克隆。尽管国内外有关谷子农艺性状的定位文献大量报道，但是不同文献间对相同性状定位区域缺少充分的比较和整合分析，一些不同文献发现的一致性QTL位点缺少进一步深入研究和发掘，这些一致性位点很可能存在遗传稳定、作用关键的基因，需要引起足够重视。

二、分子标记分型技术需要进一步发展

随着测序技术的发展，测序成本不断降低，目前SNP已经成为谷子遗传学研究的主流标记，SNP分布密度高，能够更精细定位或者标记目标基因，具有SSR等传统标记不可比拟的优势。但是SNP存在基因型鉴定复杂的问题，最直接的鉴定方式就是测序，虽然目前测序成本降到10～12元/反应，群体大的情况下仍然是一笔较大的花费，因此发展更简便、廉价的SNP基因型鉴定技术具有重要意义。如果SNP导致酶切位点发生变化，可以用酶切消化

法来鉴定基因型，也就是前面所说的 CAPS 标记，但是多数 SNP 并没有导致酶切位点的改变，需要新的鉴定方法。目前发展的几种 SNP 分型技术都是基于荧光 PCR，如 TaqMan 荧光探针法，将荧光基团连接在寡核苷酸探针的 5′末端，而淬灭剂则在 3′末端。用 2 种不同荧光标记的探针进行 PCR 扩增，它们可以分别与 2 个等位基因完全配对。随着 PCR 的有效进行，与模板完全配对的探针逐步被 *Taq* DNA 聚合酶 5′-3′外切酶活性切割，致使探针 5′端荧光基团和 3′端淬灭基团分离，淬灭效应解除，报告荧光基团被激活，检测到荧光信号；相反，代表另一种等位基因的探针不能与模板完全配对，不能被有效切割，因此荧光被淬灭，检测不到信号，从而实现 SNP 位点的分型检测（图 5-1）。TaqMan 荧光探针法具有操作简单、准确性高、判读方便、适合多样本等优点。不足之处是探针合成成本高，只适用于检测较少的位点，对样本的质量要求较高（无降解、浓度尽可能一致）。

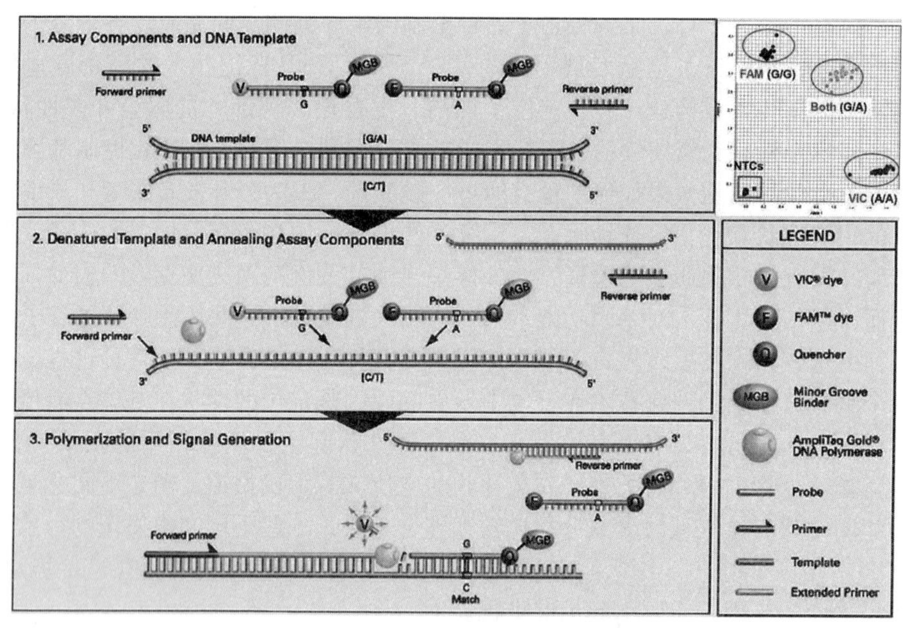

图 5-1　TaqMan 荧光探针法分型原理

第二种方法是竞争性等位基因特异性 PCR（kompetitive allele specific PCR，KASP），该方法是英国 LGC（政府化学家实验室）公司所开发，被广泛用于少位点、多样本的 SNP 分型。KASP 基于引物末端碱基的特异匹配来对 SNP 分型，相比 TaqMan 荧光探针法，KASP 技术只要合成两个通用荧光探针，两个通用淬灭探针，通用荧光探针来代替针对位点的荧光探针，大大节约成本。同时配套 SNPLine 基因分型仪器平台，可以进行高通量的 SNP 分型检测。KASP 技术原理与 TaqMan 法相似，每孔采用双色荧光检测一个样本的一个位点可能的两种基因型，但是它不需要每个 SNP 位点都去合成特异的荧光引物，所有的位点检测都使用荧光引物扩增，降低了试剂成本（图 5-2）。KASP 技术的优点是具有金标准的准确性、使用成本低、比 TaqMan 还具有更好的位点适应性。目前该方法广泛用于医学、农学等领域 SNP 分型检测。

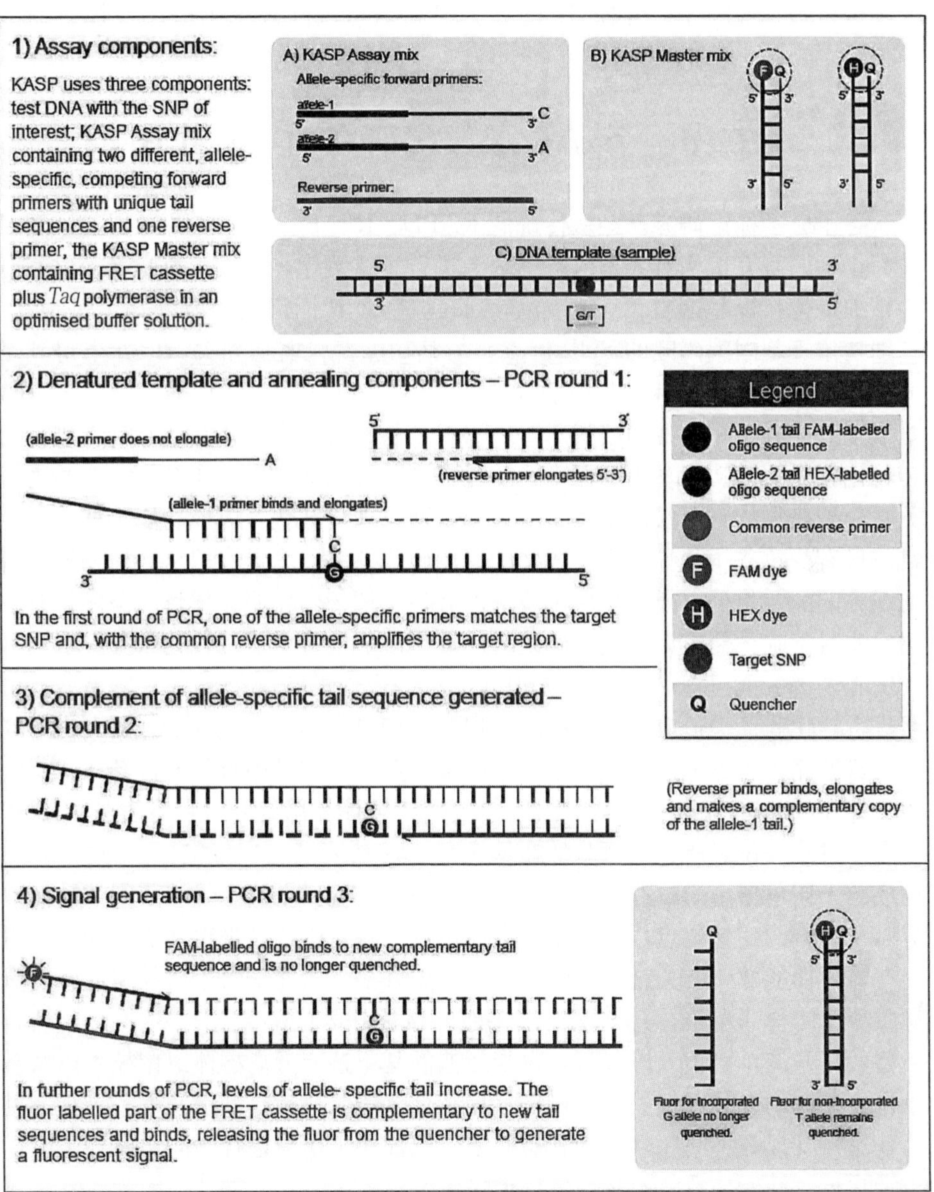

图 5-2 KASP 检测原理

除了上述两种常见分型技术，目前还开发了连接酶检测反应法（LDR）、SNaPshot 多重 SNP 分型方法。此外，二代测序技术的发展大大增加了测序通量，降低了测序成本。利用二代测序进行 SNP 分型，可以同时对数十、数百个位点，上千样本进行分型，二代测序分型法逐渐在 SNP 检测中受到欢迎。总之，从成本和技术难易考虑，KASP 法是首选方法，而对经费条件较好的研究单位可以考虑采用二代测序技术实现高通量、高效基因分型，提升研究效率。

第二节　谷子分子标记研究的一点建议

谷子分子标记研究已经从传统的 RAPD、RFLP、SSR 发展到 SNP，到目前为止不同研究机构对大量的谷子资源进行了重测序，开发了海量 SNP 标记，为精细定位目标基因打下了基础。然而这些 SNP 标记利用效率却不是很高，特别是位于基因编码区的 SNP 位点，与其功能变化密切相关，但并未得到足够重视和充分挖掘。事实上将基因内部的 SNP 位点与表型数据结合起来进行单倍型效应分析是一种间接揭示基因潜在功能的有效手段，在此基础上进行遗传转化获得关键功能基因的概率会明显提高。无论通过遗传作图还是全基因组关联分析获得的目标候选基因，最终都要通过遗传转化来完成功能验证，但是目前只有少数谷子品种建立了成熟的遗传转化体系，多数专门从事植物遗传转化服务的商业化公司或者科研单位都没有谷子遗传转化服务项目，国内只有中国农业科学院吴传银、隋毅课题组对外提供成熟的谷子遗传转化服务，费用为 1 万元/样本。鉴于遗传转化成本太高，一些定位的基因如果功能不显著，贸然进行转化验证会造成不必要的经济损失。如果前期对一定数量（几百份）的谷子资源完成了重测序和表型鉴定，就可以对定位的基因首先分析其在谷子资源中存在的关键 SNP 位点（导致错义突变、翻译提前终止、可变剪切的 SNP 位点，且这些位点所编码氨基酸在特定的保守功能域上），通过比较这些位点构成的不同单倍型间目标性状均值是否存在显著差异来确定候选基因的功能效应以及关键的变异位点，在此基础上通过遗传转化进一步进行功能验证，获得具有重要功能效应的关键基因的概率会增大许多。因此，对于已经完成谷子资源重测序的科研单位，充分挖掘感兴趣的目标基因内部关键 SNP 位点，结合表型数据开展单倍型效应分析，再与经典的基于杂交分离群体定位技术以及基于自然群体的全基因组关联分析技术相结合，能够快速、准确获得关键功能基因，这样既提高了测序数据的利用效率，又加快了研究进程，同时减少了因遗传转化盲目性所导致的不必要经济损失。

参 考 文 献

[1] 王志民. 谷子 RFLP 连锁图谱的构建及禾谷类物种比较遗传学研究 [D]. 北京：中国农业大学，1997.

[2] Li Y，Jia J Z，Wang Y R，et al. Intranspecific and interspecific variation in Setaria revealed by RAPD analysis [J]. Genetic Resource & Crop Evaluation，1998，45 (3)：279-285.

[3] Schontz D，Rether B. Genetic variability in foxtail millet，*Setaria italica* (L.) P. Beauv.：Identification and classification of lines with RAPD markers [J]. Plant Breeding，1999，118：190-192.

[4] 杨天育，窦全文，沈裕琥，等. 应用 RAPD 标记研究不同生态区谷子品种的遗传差异 [J]. 西北植物学报，2003，23 (5)：765-770.

[5] 杨延兵，管延安，张华文，等. 谷子品种遗传差异的 RAPD 标记分析 [J]. 华北农学报，2007，22 (4)：134-136.

[6] Zabeau M，Vos P. Selective restriction fragment amplification：a general method for DNA fingerprinting [P]. European Patent Application，1993.

[7] Le Thierry d'Ennequin，M，Panaud O，Toupance B，et al. Assessment of genetic relationships between *Setaria italica* and its wild relative *S. viridis* using AFLP markers [J]. Theoretical and Applied Genetics，2000，100：1061-1066.

[8] 袁进成，石云素，胡洪凯，等. 谷子显性雄性不育基因 Ms^{ch} 的 AFLP 标记 [J]. 作物学报，2005，31 (10)：1295-1299.

[9] 郝晓芬，王节之，王根全，等. 利用 AFLP 技术对谷子光敏雄性不育基因进行分子标记 [J]. 山西农业科学，2009，37 (11)：3-5，10.

[10] 赵立强. 谷子抗锈基因的标记和抗锈相关基因片段的克隆 [D]. 保定：河北农业大学，2008.

[11] 潘文嘉. 利用 AFLP 技术对谷子抗锈基因进行分子标记 [D]. 保定：河北农业大学，2010.

[12] Wang Z，Weber J L，Zhong G，et al. Survey of plant short tandem DNA repeats [J]. Theoretical and Applied Genetics，1994，88：1-6.

[13] Morgante M，Hanafey M，Powell W. Microsatellites are preferentially associate with nonrepetitive DNA in plant genomes [J]. Nature Genetics，2002，30：194-200.

[14] Tokuko U，Takayuki K，Yoshihiko T，et al. Development and polymorphism of simple sequence repeat DNA markers for *Shorea curtisii* and other Dipterocarpaceae

species [J]. Heredity , 1998 , 81: 422-428.

[15] Zane L, Bargelloni L, Patarnello T. Strategies for microsatellite isolation: a review [J]. Molecular Ecology, 2002, 11: 1-16.

[16] Williams J G, Kubelik A R, Livak K J, et al. DNA polymorphisms amplified by arbitrary primers are useful as genetic markers [J]. Nucleic Acids Research, 1990, 18: 6531-6535.

[17] Cifarelli R A, Gallitelli M, Cellini F. Random amplified hybridization microsatellites (RAHM): isolation of a new class of microsatellite-containing DNA clones [J]. Nucleic Acids Research, 1995, 23: 3802-3803.

[18] Wu K, Jones R, Danneberger L, et al. Detection of microsatellite polymorphisms without cloning [J]. Nucleic Acids Research, 1994, 22: 3257-3258.

[19] Fisher P J, Gardner R C, Richardson T E. Single locus microsatellites isolated using 5′ anchored PCR [J]. Nucleic Acids Research, 1996, 24: 4369-4371.

[20] Hayden M J, Sharp P J. Targeted development of informative microsatellite (SSR) markers [J]. Nucleic Acids Research, 2001, 29 (8): e44.

[21]Ostrander E A, Jong P M, Rine J, et al. Construction of small-insert genomic DNA libraries highly enriched for microsatellite repeat sequences [J]. Proceedings of the National Academy of Sciences of the USA, 1992, 89: 3419-3423.

[22] Paetkau D. Microsatellites obtained using strand extension: An enrichment protocol [J]. Biotechniques, 1999, 26: 690-697.

[23] Edwards K J, Barker J H A, Daly A, et al. Microsatellite libraries enriched for several microsatellite sequences in plants [J]. Biotechniques, 1996, 20: 758.

[24] Kandpal R P, Kandpal G, Weissman S M. Construction of libraries enriched for sequence repeats and jumping clones, and hybridization selection for region-specific markers [J]. Proceedings of the National Academy of Sciences of the USA, 1994, 91: 88-92.

[25] 马丽华. 应用 5′锚定 PCR 开发谷子微卫星标记 [D]. 石家庄：河北师范大学，2008.

[26] Lin H S, Chiang C Y, Chang S B, et al. Development of simple sequence repeats (SSR) markers in *Setaria italica* (Poaceae) and cross-amplification in related species [J]. International Journal of Molecular Sciences, 2011, 12: 7835-7845.

[27] 贾小平. 谷子 SSR 标记的开发及遗传图谱的构建 [D]. 北京：中国农业大学，2008.

[28] Paniego N, Echaide M, Muñoz M, et al. Microsatellite isolation and characterization in sunflower (*Helianthus annuus* L.) [J]. Genome, 2002, 45: 34-43.

[29] Cai H W, Yuyama N, Tamaki H, et al. Isolation and characterization of simple sequence repeat markers in the hexaploid forage grass timothy (*Phleum pratense* L.) [J]. Theoretical and Applied Genetics, 2003, 107: 1337-1349.

[30] Taramino G, Tingey S. Simple sequence repeats of germplasm analysis and mapping in maize [J]. Genome, 1996, 39: 277-287.

[31] Panaud O, Chen X, McCouch S R. Frequency of microsatellite sequences in rice. (*Oryza sativa* L.) [J]. Genome, 1995, 38: 1170-1176.

[32] Ma Z Q. Frequencies and sequence charateristics of di-, tri-, and tetra-nucleocide microsatellites in wheat [J]. Genome, 1996, 39: 123-130.

[33] 李琳 . 富集文库法开发谷子的微卫星分子标记 [D]. 石家庄：河北师范大学，2008.

[34] Zhao W G, Lee G A, Kwon S W, et al. Development and use of novel SSR markers for molecular genetic diversity in Italian millet (*Setaria italica* L.) [J]. Genes & Genomics, 2012, 34: 51-57.

[35] Gupta S, Kumari K, Sahu P P, et al. Sequence-based novel genomic microsatellite markers for robust genotyping purposes in foxtail millet [*Setaria italica* (L.) P. Beauv.] [J]. Plant Cell Reports, 2012, 31 (2): 323-337.

[36] Gupta S, Kumari K, Muthamilarasan M, et al. Development and utilization of novel SSRs in foxtail millet [*Setaria italica* (L.) P. Beauv.] [J]. Plant Breeding, 2013, 132 (4): 367-374.

[37] Jia X P, Zhang Z B, Liu Y H, et al. Development and genetic mapping of SSR markers in foxtail millet [*Setaria italica* (L.) P. Beauv.] [J]. Theoretical and Applied Genetics, 2009, 118 (4): 821-829.

[38] Danin-Poleg Y, Reis N, Tzuri G, et al. Development and characterization of microsatellite markers in *Cucumis* [J]. Theoretical and Applied Genetics, 2001, 102: 61-72.

[39] Smulders M J M, Bredemeijer G, Rus-Kortekaas W, et al. Use of short microsatellites from database sequence to generate polymorphism among *Lycopersicon esculentum* cultivars and accessions of other *Lycopersicon* species [J]. Theoretical and Applied Genetics, 1997, 97: 264-272.

[40] Armour J A, Neumann R, Gobert S, et al. Isolation of human simple repeat loci by hybridization selection [J]. Human Molecular Genetics, 1994, 3: 599-565.

[41] Viruel M A, Hormaza J I. Development, characterization and variability analysis of microsatellites in lychee (*Litchi chinensis* Sonn. , Sapindaceae) [J]. Theoretical and Applied Genetics, 2004, 108: 896-902.

[42] Aranzana M J, Garcia -mas J, Carbo J, et al. Development and variability analysis of microsatellite markers in peach [J]. Plant Breeding, 2002, 121: 87-92.

[43] Pugh T, Fouet O, Risterucci A M, et al. A new cacao linkage map based on codominant markers: development and integration of 201 new microsatellite markers [J]. Theoretical and Applied Genetics, 2004, 108: 1151-1161.

[44] Merdinoglu D, Butterlin G, Bevilacqua L, et al. Development and characterization of a large set of microsatellite markers in grapevine (*Vitis vinifera* L.) suitable for multiplex PCR [J]. Molecular Breeding, 2005, 15: 349-366.

[45] Temnykh S, DeClerck G, Lukashova A, et al. Computational and experimental

analysis of microsatellites in rice (*Oryza sativa* L.): frequency, length variation, transposon associations, and genetic marker potential [J]. Genome Research, 2001, 11: 1441-1452.

[46] Jia X P, Shi Y S, Song Y C, et al. Development of EST-SSR in foxtail millet (*Setaria italica*) [J]. Genetic Resources and Crop Evolution, 2007, 54: 233-236.

[47] Kumari K, Muthamilarasan M, Misra G, et al. Development of eSSR-markers in *Setaria italica* and their applicability in studying genetic diversity, cross-transferability and comparative mapping in millet and non-millet species [J]. PLoS ONE, 2013, 8 (6): e67742.

[48] Ali A, Choi Y M, Hyun D Y, et al. EST-SSR based genetic diversity and population structure among Korean landraces of foxtail millet (*Setaria italica* L.) [J]. Korean Journal of Plant Resources., 2016, 29 (3): 322-330.

[49] 王永芳，李伟，智慧，等. 基于谷子测序开发的 SSR 标记多态性检测 [J]. 河北农业科学，2010，14 (11)：73-76.

[50] Pandey G, Misra G, Kumari K, et al. Genome-wide development and use of microsatellite markers for large-scale genotyping applications in foxtail millet [*Setaria italica* (L.)] [J]. DNA Research, 2013, 20 (2): 197-207.

[51] Zhang S, Tang C, Zhao Q, et al. Development of highly polymorphic simple sequence repeat markers using genome-wide microsatellite variant analysis in foxtail millet [*Setaria italica* (L.) P. Beauv.] [J]. BMC Genomics, 2014, 15 (1): 78.

[52] Fang X M, DongK J, Wang X Q, et al. A high density genetic map and QTL for agronomic and yield traits in foxtail millet [*Setaria italica* (L.) P. Beauv.] [J]. BMC Genomics, 2016, 17: 336.

[53] 李亚莉，马继武，杨晓曦，等. 利用 SSR 分析滇型杂交稻亲本籼粳分化与杂种优势的关系 [J]. 西南农业学报，2012，25 (2)：347-353.

[54] Zhang G Y, Liu X, Quan Z W, et al. Genome sequence of foxtail millet (*Setaria italica*) provides insights into grass evolution and biofuel potential [J]. Nature Biotechnology, 2012, 30: 549-556.

[55] Bennetzen J L, Schmutz J, Wang H, et al. Reference genome sequence of the model plant Setaria [J]. Nature Biotechnology, 2012, 30: 555-564.

[56] Jia G Q, Huang X H, Zhi H, et al. A haplotype map of genomic variations and genome-wide association studies of agronomic traits in foxtail millet (*Setaria italica*) [J]. Nature Genetics, 2013, 45 (8): 957-961.

[57] Zhang K, Fan G Y, Zhang X X, et al. Identification of QTLs for 14 agronomically important traits in *Setaria italica* based on SNPs generated from high-throughput sequencing [J]. G3: Genes Genomes Genetics, 2017, 7 (5): 1587-1594.

[58] 赵庆英，张瑞娟，王瑞良，等. 基于名优谷子品种晋谷 21 全基因组重测序的分子标记开发 [J]. 作物学报，2018，44 (5)：686-696.

［59］贾小平，张博，全建章，等．不同光周期条件下谷子株高的全基因组关联分析［J］．华北农学报，2019，34（4）：16-23.

［60］Tian B H，Zhang L X，Liu Y L，et al. Identification of QTL for resistance to leaf blast in foxtail millet by genome re-sequencing analysis［J］. Theoretical and Applied Genetics，2021，134（Suppl）：1-12.

［61］Upadhyaya H D，Vetriventhan M，Deshpande S P，et al. Population genetics and structure of a global foxtail millet germplasm collection［J］. Plant Genome，2015，8（3）：eplantgenome2015. 07. 0054.

［62］Hunt H V，Przelomska N A S，Campana M G，et al. Population genomic structure of Eurasian and African foxtail millet landrace accessions inferred from genotyping-by-sequencing［J］. Plant Genome，2021，14（1）：e20081.

［63］Wang J，Wang Z，Du X，et al. A high-density genetic map and QTL analysis of agronomic traits in foxtail millet［*Setaria italica*（L.）P. Beauv.］using RAD-seq［J］. PLoS ONE，2017，12（6）：e0179717.

［64］Jaiswal V，Gupta S，Gahlaut V，et al. Genome-wide association study of major agronomic traits in foxtail millet（*Setaria italica* L.）using ddRAD sequencing［J］. Scientific Reports，2019，9（1）：5020.

［65］王亦学，郝曜山，张欢欢，等．谷子 *SiSAP8* 基因的克隆及 dCAPS 标记开发［J］．分子植物育种，2020，18（15）：4997-5002.

［66］赵雄伟，吴年隆，乔佳辉，等．谷子酸性磷酸酶 ACP 家族基因鉴定与 *SiACP1* 耐低磷单倍型分析［J］．华北农学报，2020，35（4）：35-45.

［67］张耀元，路阳，张彬，等．谷子类胡萝卜素生物合成途径 *SiLCYB* 基因与米色形成的关系［J］．分子植物育种，2016，14（6）：1341-1351.

［68］Lata C，Bhutty S，Bahadur R P，et al. Association of an SNP in a novel DREB2-like gene *SiDREB2* with stress tolerance in foxtail millet［*Setaria italica*（L.）］［J］. Journal of Experimental Botany，2011，62（10）：3387-3401.

［69］孙宇燕，陈晓敏，王丹丹，等．春谷子 *Waxy* 基因序列变异及其 SNP 分析［J］．分子植物育种，2015，13（7）：1494-1501.

［70］李燕．谷子与狗尾草基因组比较及落粒相关基因 *PT2* 的鉴定与分析［D］．晋中：山西农业大学，2019.

［71］王智兰，杜晓芬，王军，等．谷子 *SiARGOS1* 的克隆、表达分析和功能标记开发［J］．中国农业科学，2017，50（22）：4266-4276.

［72］李雪垠，邹洪锋，韩渊怀，等．CAPS 分子标记在鉴定谷子株高性状的用途及引物和检测试剂盒［P］．中国专利申请，2021.

［73］Fukunaga K，Izuka N，Hachiken T，et al. A nucleotide substitution at the 5'splice site of intron 1 of rice *HEADING DATE 1*（*HD1*）gene homolog in foxtail millet，broadly found in landraces from Europe and Asia［J］. Crop Journal，2015，3（6）：481-488.

［74］Kumari R，Dikshit N，Sharma D，et al. Analysis of molecular genetic diversity in a representative collection of foxtail millet [*Setaria italica* (L.) P. Beauv.] from different agro-ecological regions of India [J]. Physiology and Molecular Biology of Plants, 2011, 17 (4): 363-374.

[75] Kim E J, Sa K J, Lee J K. Genetic variation of foxtail millet [*Setaria italica* (L.) P. Beauv.] among accessions collected from Korea revealed by AFLP markers [J]. Korean Journal of Crop Science, 2011, 56 (4): 322-328.

[76] Liu Z, Bai G, Zhang D, et al. Genetic diversity and population structure of elite foxtail millet [*Setaria italica* (L.) P. Beauv.] germplasm in China [J]. Crop Science, 2011, 51 (4): 1655-1663.

[77] Chander S, Bhat K V, Kumari R, et al. Analysis of spatial distribution of genetic diversity and validation of Indian foxtail millet core collection [J]. Physiology and Molecular Biol Ogy of Plants, 2017, 23 (3): 663-673.

[78] Jia G Q, Shi S K, Wang C F, et al. Molecular diversity and population structure of Chinese green foxtail [*Setaria viridis* (L.) Beauv.] revealed by microsatellite analysis [J]. Journal of Experimental Botany, 2013, 64 (12): 3645-3655.

[79] 杨慧卿，王军，王智兰，等．分蘖型谷子资源的表型和遗传多样性分析 [J]. 植物遗传资源学报，2017，18 (4)：685-695.

[80] 贾小平，谭贤杰，李永祥，等．用 SSR 标记研究谷子品种的遗传多样性 [J]. 江西农业大学学报，2009，31 (4)：633-638.

[81] 朱学海，张艳红，宋燕春，等．基于 SSR 标记的谷子遗传多样性研究 [J]. 植物遗传资源学报，2010，11 (6)：698-702.

[82] Wang C F, Jia G Q, Zhi H, et al. Genetic diversity and population structure of chinese foxtail millet [*Setaria italica* (L.) Beauv.] landraces [J]. G3: Genes Genomes Genetics, 2012, 2: 769-777.

[83] 丁银灯，胡相伟，聂石辉，等．谷子种质资源表型及 SSR 遗传多样性分析 [J]. 植物遗传资源学报，2018，19 (6)：1210-1221.

[84] 王蓉，陈小红，王倩，等．中国谷子名米品种遗传多样性与亲缘关系研究 [J]. 作物学报，2022，48 (8)：1914-1925.

[85] 杨天育，牟平，孙万仓，等．中国北部高原地区谷子品种遗传差异的 SSR 分析 [J]. 西北植物学报，2010，30 (9)：1786-1791.

[86] 秦岭，于淑婷，陈二影，等．1980s—2010s 华北夏谷区主栽谷子品种 SSR 遗传多样性分析 [J]. 植物遗传资源学报，2019，20 (1)：221-228.

[87] 王节之，郝晓芬，王根全，等．谷子种质资源分子标记的多态性研究 [J]. 生物技术，2006，16 (1)：10-14.

[88] 李国营．谷子初级核心种质的品质性状及其遗传多样性研究 [D]. 北京：中国农业科学院，2009.

[89] 王志民，刘春吉，王润奇，等．用 gFM31 探针进行谷子品种的指纹分析 [J]. 遗传学报，1996，23 (3)：228-233.

[90] 相金英，王志民．谷子的品种鉴定与 RFLP [J]. 邯郸农业高等专科学校学报，1999，16（2）：1-22.

[91] 王姗姗，张宁，王凯玺，等．中国辽西地区谷子品种遗传多样性的 SSR 分析 [J]. 分子植物育种，2015，13（5）：1091-1097.

[92] 李伟，王春芳，刘国庆，等．基于谷子 DUS 测试标准品种的 SSR 指纹图谱及其应用 [P]. 河北：CN105112528A，2015-12-02.

[93] 刁现民，贾冠清，智慧，等．一组区分谷子品种的 SSR 标记及其应用 [P]. 北京：CN104561334A，2015-04-29.

[94] Moore G，Foote T，Helentjaris T，et al. Was there a single ancestral cereal chromosome? [J]. Trendsin Genetics，1995，11：81-82.

[95] 郑康乐．禾谷类作物的比较基因组研究 [J]. 中国农业科学，1996，29（6）：1-7.

[96] Gale M D，Devos K M. Comparatives genetics in the grasses [J]. Proceedings of the National Academy of Sciences of the USA，1998，95：1971-1974.

[97] Devos K M，Wang Z M，Beales C J，et al. Comparative genetic maps of foxtail millet（*Setaria italica*）and rice（*Oryza sativa*） [J]. Theoretical and Applied Genetics，1998，96：63-68.

[98] Devos K M，Pittaway T S，Reynolds A，et al. Comparative mapping reveals a complex relationship between the pearl millet genome and those of foxtail millet and rice [J]. Theoretical and Applied Genetics，2000，100：190-198.

[99] Tavares de Oliveira Melo A，Exploring genomicdatabases for *in silico* discovery of *Pht1* genes in high syntenic close related grass species with focus in sugarcane（*Saccharum* spp.）[J]. Current Plant Biology，2016，6：11-18.

[100] Yang X H，Hartwell J，Cushman J C，et al. Comparative Genomics of CAM Species [C]. International Plant and Animal Genome Conference XXII，2014.

[101] 杨坤．谷子 SSR 标记连锁图谱构建及几个主要性状 QTL 分析 [D]. 保定：河北农业大学，2008.

[102] 王智兰，王军，袁峰，等．基于 PCR 技术的谷子分子标记遗传图谱构建 [J]. 中国农业科学，2014，47（17）：3492-3500.

[103] Wang J，Wang Z L，Yang H Q，et al. Genetic analysis and preliminary mapping of a highly male-sterile gene in foxtail millet（*Setaria italica* L. Beauv.）using SSR markers [J]. Journal of Integrative Agriculture，2013，12（12）：2143-2148.

[104] 王晓宇，刁现民，王节之，等．谷子 SSR 分子图谱构建及主要农艺性状 QTL 定位 [J]. 植物遗传资源学报，2013，14（5）：871-878.

[105] 谢丽莉．谷子光周期敏感相关性状的 QTL 定位与分析 [D]. 郑州：河南农业大学，2012.

[106] Mauro-Herrera M，Wang X W，Barbier H，et al. Genetic control and comparative genomic analysis of flowering time in Setaria（Poaceae）[J]. G3：Genes Genomes Genetics，2013，3（2）：283-295.

[107] Mauro-Herrera M, Doust A N. Development and genetic control of plant architecture and biomass in the panicoid grass, Setaria [J]. PLoS ONE, 2016, 11 (3): e0151346. doi: 10.1371/journal. pone. 0151346.

[108] Ni X M, Xia Q J, Zhang H B, et al. Updated foxtail millet genome assembly and gene mapping of nine key agronomic traits by resequencing a RIL population [J]. Gigascience, 2017, 6 (2): 1-8. doi: 10.1093/ gigascience/giw005.

[109] 杜晓芬，王军，李云飞，等．谷子分蘖相关 QTL 定位及紧密连锁标记开发 [J]. 华北农学报，2018，33 (6)：33-41.

[110] Wang Z L, Wang J, Peng J X, et al. QTL mapping for 11 agronomic traits based on a genome-wide Bin-map in a large F_2 population of foxtail millet [*Setaria italica* (L.) P. Beauv] [J]. Molecular Breeding, 2019, 39: 18. doi. org/10. 1007/s11032-019-0930-6.

[111] 代小冬，朱灿灿，王春义，等．谷子萌芽期抗旱相关 QTL 定位研究 [J]. 华北农学报，2020，35 (6)：36-41.

[112] 赵美丞．谷子半显性矮秆基因 *SiDw1* 的图位克隆及形成机制分析 [D]. 北京：中国农业科学院，2013.

[113] 相吉山．谷子穗发育调控基因图位克隆与功能分析 [D]. 兰州：甘肃农业大学，2017.

[114] 薛红丽，杨军军，汤沙，等．谷子穗顶端败育突变体 *sipaa1* 的表型分析和基因定位 [J]. 中国农业科学，2018，51 (9)：1627-1640.

[115] Gupta S, Kumari K, Muthamilarasan M, et al. Population structure and association mapping of yield contributing agronomic traits in foxtail millet [J]. Plant Cell Reports, 2014, 33: 881-893. doi. org/10. 1007/s00299-014-1564-0.

[116] 李剑峰，张博，全建章，等．基于 SSR 标记的谷子主要农艺性状关联位点检测及等位变异分析 [J]. 中国农业科学，2019，52 (24)：4453-4472.

[117] 贾小平，张博，全建章，等．洛阳、吉林生态区谷子抗倒伏性的全基因组关联分析 [J]. 浙江农业学报，2018，30 (12)：1981-1991.

[118] 贾小平，张博，全建章，等．不同光周期条件下谷子株高的全基因组关联分析 [J]. 华北农学报，2019a，34 (4)：16-23.

[119] 贾小平，张博，全建章，等．98 份谷子材料穗部性状的全基因组 SNP 关联分析 [J]. 湖南农业大学学报：自然科学版，2019b，45 (1)：25-29. doi：10. 13331/j. cnki. jhau. 2019. 01. 005.

[120] Jaiswal V, Gupta S, Gahlaut V, et al. Genome-wide association study of major agronomic traits in foxtail millet (*Setaria italica* L.) using ddRAD sequencing [J]. Scientific Reports, 2019, 9 (1): 5020. doi: 10. 1038/s41598-019-41602-6.

[121] Li Z J, Jia G Q, Li X Y, et al. Identification of blast-resistance loci through genome-wide association analysis in foxtail millet [*Setaria italica* (L.) Beauv.] [J]. Journal of Integrative Agriculture, 2021, s2095-3119 (20): 2056-2064.

[122] 牛玉红，黎裕，石云素，等．谷子抗除草剂“拿捕净”基因的 AFLP 标记［J］. 作物学报，2002，28（3）：359-362.

[123] 蔡伟，杜国华，邹洪锋，等．一种与谷子叶片颜色基因紧密连锁的分子标记 SIsv0704［P］. 中国：CN108660236A，2018-10-16.

[124] 张美萍，陕永杰，贺佳星，等．谷子高叶酸的分子标记及应用［P］. 中国：CN112301045A，2021-02-02.

[125] 李双双，张迎新，范成明，等．单倍型分析技术研究进展［J］. 生物工程学报，2018，34（6）：852-861.

[126] 鲁非．利用连锁不平衡信息对推断单倍型算法效能的研究［D］. 咸阳：西北农林科技大学，2005.

[127] Robson F, Costa M M, Hepworth S R, et al. Functional importance of conserved domains in the flowering-time gene CONSTANS demonstrated by analysis of mutant alleles and transgenic plant [J]. Plant Journal, 2001, 28 (6): 619-631.

[128] Strayer C, Oyama T, Schultz T F, et al. Cloning of the *Arabidopsis* clock gene *TOC1*, an autoregulatory response regulator homolog [J]. Science, 2000, 289 (5480): 768-771.

[129] Cockram J, Jones H, Leigh F J, et al. Control of flowering time in temperate cereals: genes, domestication, and sustainable productivity [J]. Journal of Experimental Botany, 2007, 58 (6): 1231-1244.

[130] Cockram J, Thiel T, Steuernagel B, et al. Genome dynamics explain the evolution of flowering time CCT domain gene families in the poaceae [J]. PLoS ONE, 2012, 7 (9): e45307.

[131] Yano M, Katayose Y, Ashikari M, et al. *Hd1*, a major photoperiod sensitivity quantitative trait locus in rice, is closely related to the Arabidopsis flowering time gene *CONSTANS* [J]. Plant Cell, 2000, 12 (12): 2473-2483.

[132] Hayama R, Yokoi S, Tamaki S, et al. Adaptation of photoperiodic control pathways produces short-day flowering in rice [J]. Nature, 2003, 422 (6933): 719-722.

[133] Wu W, Zheng X M, Lu G, et al. Association of functional nucleotide polymorphisms at DTH2 with the northward expansion of rice cultivation in Asia [J]. Proceedings of the National Academy of Sciences of the USA, 2013, 110 (8): 2775-2780.

[134] 薛为亚．水稻产量相关基因 *Ghd7* 的分离与鉴定［D］. 武汉：华中农业大学，2008.

[135] 刘海洋．水稻多效性基因 *Ghd7.1* 的克隆与功能分析［D］. 武汉：华中农业大学，2016.

[136] 谭俊杰．水稻 CONSTANS-like 基因 *OsCOL10* 作用于光周期开花途径的分子遗传与生化分析［D］. 长沙：湖南大学，2015.

[137] Campoli C, Drosse B, Searle I, et al. Functional characterisation of *HvCO1*, the barley (*Hordeum vulgare*) flowering time ortholog of *CONSTANS* [J]. Plant Journal, 2012, 69 (5): 868-880.

[138] Hung H Y, Shannon L M, Tian F, et al. *ZmCCT* and the genetic basis of day-length adaptation underlying the postdomestication spread of maize [J]. Proceedings of the National Academy of Sciences of the USA, 2012, 109 (28): E1913-1921. doi: 10. 1073/pnas. 1203189109. Epub 2012 Jun 18.

[139] Yang Q, Li Z, Li W, et al. CACTA-like transposable element in ZmCCT attenuated photoperiod sensitivity and accelerated the postdomestication spread of maize. Proceedings of the National Academy of Sciences of the USA, 2013, 110 (42): 16969-16974. doi: 10. 1073/pnas. 1310949110.

[140] Yang S S, Wers B D, Morishige D T, et al. *CONSTANS* is a photoperiod regulated activator of flowering in sorghum [J]. Plant Biology, 2014, 14 (148): 1-15.

[141] Murphy R L, Morishige D T, Brady J A, et al. Represses sorghum flowering in long days: alleles enhance biomass accumulation and grain production [J]. Plant Genome, 2014, 7 (2): 469-474.

[142] 陈华夏，申国境，王磊，等. 4 个物种 CCT 结构域基因家族的序列进化分析 [J]. 华中农业大学学报，2010，29 (6)：669-676.

[143] Xue W, Xing Y, Weng X, et al. Natural variation in *Ghd7* is an important regulator of heading date and yield potential in rice [J]. Nature Genetics, 2008, 40 (6): 761-767.

[144] 张艺能，周玉萍，陈琼华，等. 拟南芥开花时间调控的分子基础 [J]. 植物学报，2014，49 (4)：469-482.

[145] Du A, Tian W, Wei M, et al. The DTH8-Hd1 module mediates day-length-dependent regulation of rice flowering. Molecular Plant, 2017, 10 (7): 948-961. doi: 10. 1016/j. molp. 2017. 05. 006.

[146] 王燕. 高粱抽穗期基因 *Ma1* 和 *Ma3* 的分子进化及抽穗期的 QTL 分析 [D]. 北京：中国农业大学，2015.

[147] Nemoto Y, Nonoue Y, Yano M, et al. *Hd1*, a CONSTANS ortholog in rice, functions as an *Ehd1* repressor through interaction with monocot-specific CCT-domain protein Ghd7 [J]. Plant Journal, 2016, 86: 221-233. doi: 10. 1111/tpj. 13168.

[148] 张自国，卢兴桂，袁隆平. 光敏核不育水稻育性转换的临界温度选择与鉴定的思考 [J]. 杂交水稻，1992，6：29-32.

[149] 王晓辉，梁满中，陈良碧. 短光敏核不育水稻 D38S 育性的感光性和感温性研究 [C]. 第一届中国杂交水稻大会论文集. 湖南师范大学，2010：165-169.

[150] Cober E R, Stewart D W, Voldeng H D. Crop physiology & metabolism: Photoperiod and temperature responses in early-maturing, near-isogenic soybean lines [J]. Crop Science, 2001, 41 (3): 721-727.

[151] 孙洪波. 大豆光温互作新模式的验证及 PEBP 家族基因的克隆和功能分析 [D]. 北京：中国农业科学院，2008.

[152] 刘易科. 大豆光温互作新模型的验证和 FT 家族基因的克隆 [D]. 咸阳：西北农林

科技大学，2006.

[153] 宋远丽，高志超，栾维江．温度和光周期对水稻抽穗期调控的交互作用［J］. 中国科学：生命科学，2012，42（4）：316-325.

[154] Yan W H，Wang P，Chen H X，et al. A major QTL，*Ghd8*，plays pleiotropic roles in regulating grain productivity，plant height，and heading date in rice［J］. Molecular Plant，2011，4（2）：319-330.

[155] Zheng S Z，Hu H M，Ren H M，et al. The Arabidopsis H3K27me3 demethylase JUMONJI 13 is a temperature and photoperiod dependent flowering repressor［J］. Nature Communications，2019，1（10）：1303-1313.

[156] 贾小平，袁玺垒，李剑峰，等．不同光温条件谷子资源主要农艺性状的综合评价［J］. 中国农业科学，2018，51（13）：2429-2441.

[157] Morris G P，Ramu P，Deshpande S P，et al. Population genomic and genome-wide association studies of agroclimatic traits in sorghum［J］. Proceedings of the National Academy of Sciences of the USA，2013，110（2）：453-458.

[158] 谭贤杰，吴子恺，程伟东，等．关联分析及其在植物遗传学研究中的应用［J］. 植物学报，2011，46（1）：108-118.

[159] Salomé P A，Mcclung C R. *PSEUDO-RESPONSE REGULATOR 7* and *9* are partially redundant genes essential for the temperature responsiveness of the Arabidopsis circadian clock［J］. Plant Cell，2005，17（3）：791-803.

[160] Harmer S L. The circadian system in higher plants［J］. Annual Review of Plant Biology，2009，60（1）：357-377.

[161] Mizuno T，Nakamichi N. Pseudo-response regulators（PRRs）or true oscillator components（TOCs）［J］. Plant & Cell Physiology，2005，46（5）：677-685.

[162] Dunlap J C. Molecular bases for circadian clocks［J］. Cell，1999，96（2）：271-290.

[163] Mizuno T. Two-component phosphorelay signal transduction systems in plants：from hormone responses to circadian rhythms［J］.Bioscience Biotechnology & Biochemistry，2005，69：2263-2276.

[164] Makino S，Kiba T，Imamura A，et al. Genes encoding pseudo-response regulators：insight into His-to-Asp phosphorelay and circadian rhythm in *Arabidopsis thaliana*［J］. Plant and Cell Physiology，2000，41：791-803.

[165] Ito S，Matsushika A，Yamada H，et al. Characterization of the APRR9 pseudo-response regulator belonging to the APRR1/TOC1 quintet in *Arabidopsis thaliana*［J］. Plant and Cell Physiology，2003，44（11）：1237.

[166] Kiba T，Henriques R，Sakakibara H，et al. Targeted degradation of *PSEUDO-RESPONSE REGULATOR5* by an SCF^{ZTL} complex regulates clock function and photomorphogenesis in *Arabidopsis thaliana*［J］. Plant Cell，2007，19（8）：2516-2530.

[167] Matsushika A，Makino S，Kojima M，et al. Circadian waves of expression of the

APRR1/TOC1 family of Pseudo-Response Regulators in *Arabidopsis thaliana*: Insight into the plant circadian clock [J]. Plant & Cell Physiology, 2000, 41 (9): 1002-1012.

[168] Farré E M, Liu T. The PRR family of transcriptional regulators reflects the complexity and evolution of plant circadian clocks [J]. Current Opinion in Plant Biology, 2013, 16 (5): 621-629.

[169] Ming R, Hou S, Feng Y, et al. The draft genome of the transgenic tropical fruit tree papaya (*Carica papaya Linnaeus*) [J]. Nature, 2008, 452 (7190): 991.

[170] Murakami M, Ashikari M, Miura K, et al. The evolutionarily conserved *Os*PRR quintet: rice pseudo-response regulators implicated in circadian rhythm [J]. Plant & Cell Physiology, 2003, 44 (11): 1229-1236.

[171] Liu C, Song G Y , Zhou Y H, et al. *OsPRR37* and *Ghd7* are the major genes for general combining ability of DTH, PH and SPP in rice [J]. Scientific Reports, 2015, 5 (1): 12803.

[172] Prunedapaz J L, Breton G, Para A, et al. A functional genomics approach reveals CHE as a component of the *Arabidopsis* circadian clock [J]. Science, 2009, 323 (5920): 1481-1485.

[173] 谢启光，徐小冬．植物生物钟与关键农艺性状调控 [J]. 生命科学，2015，11：1336-1344.

[174] Nakamichi N, Kiba T, Kiba T, et al. PSEUDO-RESPONSE REGULATORS 9, 7, and 5 are transcriptional repressors in the *Arabidopsis* circadian clock [J]. Plant Cell, 2010, 22 (3): 594-605.

[175] Kamioka M, Takao S, Suzuki T, et al. Direct repression of evening genes by *CIRCADIAN CLOCK-ASSOCIATED1* in the *Arabidopsis* circadian clock [J]. Plant Cell, 2016, 28, 696-711.

[176] Wang L, Kim J, Somers D E. Transcriptional corepressor TOPLESS complexes with pseudoresponse regulator proteins and histone deacetylases to regulate circadian transcription [J]. Proceedings of the National Academy of Sciences of the USA, 2013, 110 (2): 761-766.

[177] Farré E M, Kay S A . PRR7 protein levels are regulated by light and the circadian clock in *Arabidopsis* [J]. Plant Journal, 2007, 52 (3): 548-560.

[178] Lai A G, Doherty C J, Mueller-Roeber B, et al. *CIRCADIAN CLOCK-ASSOCIATED 1* regulates ROS homeostasis and oxidative stress responses [J]. Proceedings of the National Academy of Sciences of the USA, 2012, 109 (42): 17129-17134.

[179] Fernández V, Takahashi Y, Le Gourrierec J, et al. Photoperiodic and thermosensory pathways interact through CONSTANS to promote flowering at high temperature under short days [J]. Plant Journal, 2016, 86 (5): 426-440.

[180] Liu T, Carlsson J, Takeuchi T, et al. Direct regulation of abiotic responses by the Arabidopsis circadian clock component PRR7 [J]. Plant Journal, 2013, 76 (1): 101-114.

[181] Briat J F, Ravet K, Arnaud N, et al. New insights into ferritin synthesis and function highlight a link between iron homeostasis and oxidative stress in plants [J]. Annals of Botany, 2010, 105 (5): 811-822.

[182] Kuno N, Møller S G, Shinomura T, et al. The novel MYB protein EARLY-PHYTOCHROME-RESPONSIVE1 is a component of a slave circadian oscillator in Arabidopsis [J]. Plant Cell, 2003, 15 (10): 2476-2488.

[183] Zhang X, Chen Y, Wang Z Y, et al. Constitutive expression of *CIR1* (*RVE2*) affects several circadian-regulated processes and seed germination in Arabidopsis [J]. Plant Journal, 2010, 51 (3): 512-525.

[184] Rawat R, Schwartz J, Jones M A, et al. *REVEILLE1*, a Myb-like transcription factor, integrates the circadian clock and auxin pathways [J]. Proceedings of the National Academy of Sciences of the USA, 2009, 106 (39): 16883-16888.

[185] Kolmos E, Chow B Y, Pruneda-Paz J L, et al. HsfB2b-mediated repression of *PRR7* directs abiotic stress responses of the circadian clock [J]. Proceedings of the National Academy of Sciences of the USA, 2014, 111, 16172-16177.

[186] Murakami M, Matsushika A, Ashikari M, et al. Circadian-associated rice pseudo response regulators (*Os*PRRs): insight into the control of flowering time [J]. Bioscience, Biotechnology and Biochemistry, 2005, 69 (2): 410-414.

[187] Greenham K, Mcclung C R. Integrating circadian dynamics with physiological processes in plants [J]. Nature Reviews Genetics, 2015, 16 (10): 598-610.

[188] Murakami M, Tago Y, Yamashino T, et al. Comparative overviews of clock-associated genes of *Arabidopsis thaliana* and *Oryza sativa* [J]. Plant and Cell Physiology, 2007, 48 (1): 110-121.

[189] Cheng H, Li H, Deng Y, et al. The WRKY45-2 WRKY13 WRKY42 transcriptional regulatory cascade is required for rice resistance to fungal pathogen [J]. Plant Physiology, 2015, 167 (3): 1087-1099.

[190] Jing Y, Zhang D, Wang X, et al. *Arabidopsis* chromatin remodeling factor PICKLE interacts with transcription factor HY5 to regulate hypocotyl cell elongation [J]. Plant Cell, 2013, 25 (1): 242-256.

[191] Liu C, Qu X, Zhou Y, et al. *OsPRR37* confers an expanded regulation of the diurnal rhythms of the transcriptome and photoperiodic flowering pathways in rice [J]. Plant Cell & Environment, 2018, 41 (3): 630-645.

[192] Hu Y, Liang W, Yin C, et al. Interactions of *OsMADS1* with floral homeotic genes in rice flower development [J]. Molecular Plant, 2015, 8 (9): 1366-1384.

[193] Khanday I, Yadav S R, Vijayraghavan U. Rice *LHS1/OsMADS1* controls floret

meristem specification by coordinated regulation of transcription factors and hormone signaling pathways [J]. Plant Physiology，2013，161 (4)：1970-1983.

[194] Kim S L，Lee S，Kim H J，et al. *OsMADS51* is a short-day flowering promoter that functions upstream of *Ehd1*，*OsMADS14*，and *Hd3a* [J]. Plant Physiology，2007，145 (4)：1484-1494.

[195] Doi K，Izawa T，Fuse T，et al. *Ehd1*，a B-type response regulator in rice，confers short-day promotion of flowering and controls *FT-like* gene expression independently of *Hd1* [J]. Genes Development，2004，18 (8)：926-936.

[196] 魏华，王岩，刘宝辉，等．植物生物钟及其调控生长发育的研究进展 [J]. 植物学报，2018，53 (4)：456-467.

[197] Murphy R L，Klein R R，Morishige D T，et al. Coincident light and clock regulation of *pseudoresponse regulator protein 37* (*PRR37*) controls photoperiodic flowering in sorghum [J]. Proceedings of the National Academy of Sciences of the USA，2011，108 (39)：16469-16474.

[198] Klein R R，Miller F R，Dugas D V，et al. Allelic variants in the *PRR37* gene and the human-mediated dispersal and diversification of sorghum [J]. Theoretical and Applied Genetics，2015，128 (9)：1669-1683.

[199] Kaczorowski K A，Quail P H. Arabidopsis *PSEUDO-RESPONSE REGULATOR7* is a signaling inter-mediate in phytochrome-regulated seedling deetiolation and phasing of the circadian clock [J]. Plant Cell，2003，15 (11)：2654-2665.

[200] 向芬，黄帅，赵小英，等．拟南芥 *prr5* 突变体对 ABA 的响应 [J]. 激光生物学报，2013，22 (4)：546-550.

[201] Nakamichi N，Kiba T，Kamioka M，et al. Transcriptional repressor PRR5 directly regulates clock-output pathways [J]. Proceedings of the National Academy of Sciences of the USA，2012，109：17123-17128.

[202] Soy J，Leivar P，González-Schain N，et al. Molecular convergence of clock and photosensory pathways through PIF3-TOC1 interaction and co-occupancy of target promoters [J]. Proceedings of the National Academy of Sciences of the USA，2016，113，4870-4875.

[203] Zhu J Y，Oh E，Wang T N，et al. TOC1-PIF4 interaction mediates the circadian gating of thermores-ponsive growth in *Arabidopsis* [J]. Nature Communication，2016，7，13692.

[204] 杨翠萍，胡进，闫冰玉，等．文心兰生物钟相关基因 *PRR7* 克隆与表达分析 [J]. 热带作物学报，2018，39 (8)：1570-1579.

[205] Kurup S，Jones H D，Holdsworth M J. Interactions of the developmental regulator ABI3 with proteins identified from developing Arabidopsis seeds [J]. Plant Journal，2000，21 (2)：143-155.

[206] 李佳，刘运华，张余，等．干旱对水稻生物钟基因和干旱胁迫响应基因每日节律性

变化的影响 [J]. 遗传，2017，39 (9)：837-846.

[207] Legnaioli T，Cuevas J，Mas P. TOC1 functions as a molecular switch connecting the circadian clock with plant responses to drought [J]. EMBO Journal，2009，28 (23)：3745-3757.

[208] Marcolino-Gomes J，Rodrigues F A，Fuganti-Pagliarini R，et al. Diurnal oscillations of soybean circadian clock and drought responsive genes [J]. PLoS ONE，2014，9 (1)：e86402.

[209] Fukushima A，Kusano M，Nakamichi N，et al. Impact of clock associated *Arabidopsis* pseudo-response regulators in metabolic coordination [J]. Proceedings of the National Academy of Sciences of the USA，2009，106 (17)：7251-7256.

[210] Nakamichi N，Kusano M，Fukushima A，et al. Transcript profiling of an Arabidopsis *Pseudo Response Regulator* arrhythmic triple mutant reveals a role for the circadian clock in cold stress response [J]. Plant and Cell Physiology，2009，50 (3)：447-462.

[211] Nagel D H，Pruneda-Paz J L，Kay S A. FBH1 affects warm temperature responses in the *Arabidopsis* circadian clock [J]. Proceedings of the National Academy of Sciences of the USA，2014，111：14595-14600.

[212] Grundy J，Stoker C，Carré I A. Circadian regulation of abiotic stress tolerance in plants [J]. Frontiers in Plant Science，2015，6：648.

[213] Seo P J，Mas P. STRESSing the role of the plant circadian clock [J]. Trends in Plant Science，2015，20 (4)：230-237.

[214] 徐江民，姜洪真，林晗，等. 水稻 *ES1* 参与生物钟基因表达调控以及逆境胁迫响应 [J]. 植物学报，2016，51 (6)：743-756.

[215] Li X，Ma D，Lu S X，et al. Blue light-and low temperature-regulated COR27 and COR28 play roles in the Arabidopsis circadian clock [J]. Plant Cell，2016，28：2755-2769.

[216] Salomé P A，Weigel D，Mcclung C R. The role of the *Arabidopsis* morning loop components CCA1，LHY，PRR7，and PRR9 in temperature compensation [J]. Plant Cell，2010，22 (11)：3650-3661.

[217] Keily J，MacGregor D R，Smith R W，et al. Model selection reveals control of cold signaling by evening-phased components of the plant circadian clock [J]. Plant Journal，2013，76：247-257.

[218] Turner A，Beales J，Faure S，et al. The Pseudo-Response Regulator *Ppd-H1* provides adaptation to photoperiod in barley [J]. Science，2005，310 (5750)：1031-1034.

[219] Beales J，Turner A，Griffiths S，et al. A *Pseudo-Response Regulator* is misexpressed in the photoperiod insensitive *Ppd-D1a* mutant of wheat (*Triticum aestivum* L.) [J]. Theoretical and Applied Genetics，2007，115 (5)：721-733.

[220] Nakagawa H, Yamagishi J, Miyamoto N, et al. Flowering response of rice to photoperiod and temperature: a QTL analysis using a phenological model [J]. Theoretical and Applied Genetics, 2005, 110 (4): 778-786.

[221] Koo B H, Yoo S C, Park J W, et al. Natural variation in *OsPRR37* regulates heading date and contributes to rice cultivation at a wide range of latitudes [J]. Molecular Plant, 2013, 6 (6): 1877-1888.

[222] Gao H, Jin M, Zheng X, et al. *Days to heading 7*, a major quantitative locus determining photoperiod sensitivity and regional adaptation in rice [J]. Proceedings of the National Academy of Sciences of the USA, 2014, 111 (51): 16337-16342.

[223] Fujino K, Yamanouchi U, Yano M. Roles of the *Hd5* gene controlling heading date for adaptation to the northern limits of rice cultivation [J]. Theoretical and Applied Genetics, 2012, 126, 611-618.

[224] Shrestha R, Gómez-Ariza J, Brambilla V, et al. Molecular control of seasonal flowering in rice, arabidopsis and temperate cereals [J]. Annals of Botany, 2014, 114 (7): 1445-1458.

[225] Lister D L, Thaw S, Bower M A, et al. Latitudinal variation in a photoperiod response gene in European barley: insight into the dynamics of agricultural spread from 'historic' specimens [J]. Journal of Archaeological Science, 2009, 36: 1092-1098.

[226] Yan W H, Liu H Y, Zhou X C, et al. Natural variation in *Ghd7.1* plays an important role in grain yield and adaptation in rice [J]. Cell Research, 2013, 23 (7): 969-971.

[227] Liu T, Liu H, Zhang H, et al. Validation and characterization of *Ghd7.1*, a major quantitative trait locus with pleiotropic effects on spikelets per panicle, plant height, and heading date in rice (*Oryza sativa* L.) [J]. Journal of Integrative Plant Biology, 2013, 55 (10): 917-927.

[228] Campoli C, Shtaya M, Davis S J, et al. Expression conservation within the circadian clock of a monocot: natural variation at barley *Ppd-H1* affects circadian expression of flowering time genes, but not clock orthologs [J]. BMC Plant Biology, 2012, 12 (1): 97.

[229] Zhang W, Zhao G, Gao L, et al. Functional studies of heading date-related gene *TaPRR73*, a paralog of *Ppd1* in common wheat [J]. Frontiers in Plant Science, 2016, 7: 772.

[230] Syed N H, Prince S J, Mutava R N, et al. Core clock, *SUB1*, and *ABAR* genes mediate flooding and drought responses via alternative splicing in soybean [J]. Journal of Experimental Botany, 2015, 66 (22): 7129-7149.

[231] 杨希文，胡银岗．谷子 *DREB* 转录因子基因的克隆及其在干旱胁迫下的表达模式分析 [J]. 干旱地区农业研究，2011，29 (5)：69-74.

[232] 宋航，杨艳，周卫霞，等．光、氮及其互作对玉米光合特性与物质生产的影响 [J]. 玉米科学，2017，25 (1)：121-126.

[233] 赵淑靓，景艺峰，刘青青，等．伪应答调控蛋白在植物光周期调控途径中的作用 [J]. 核农学报，2018，32 (9)：1740-1749.

[234] 贾小平，袁玺垒，李剑峰，等．不同光温条件谷子光温互作模式研究及 *SiCCT* 基因表达分析 [J]. 作物学报，2020，46 (7)：1052-1062.

[235] Li B, Sun L, Huang J, et al. GSNOR provides plant tolerance to iron toxicity via preventing iron-dependent nitrosative and oxidative cytotoxicity [J]. Nature Communications, 2019, 10: 3896.

[236] 韩天富．大豆开花后的光周期反应 [J]. 大豆科学，1996，15 (1)：69-73.

[237] Stewart D W, Cober E R, Bernard R L. Modeling genetic effects on the photothermal response of soybean phenological development [J]. Agronomy Journal, 2003, 95 (1): 65-70.

[238] Garner W W, Allard H A. Photoperiodic response of soybean in relation to temperature and other environmental factors [J]. Journal of Agricultural Research, 1930, 41 (10): 719-735.

[239] Roberts R H, Struckmeyer B E. Further studies of the effects of temperature and other environmental factors upon the photoperiodic responses of plant [J]. Journal of Agricultural Research, 1939, 59 (9): 699-709.

[240] Major D J, Johnson D R, Tanner J W, et al. Effects of daylength and temperature on soybean development [J]. Crop Science, 1975, 15 (2): 174-179.

[241] Edwards K D, Anderson P E, Hall A, et al. *FLOWERING LOCUS C* mediates natural variation in the high-temperature response of the *Arabidopsis* circadian clock [J]. Plant Cell, 2006, 18: 639-650.

[242] Balasubramanian S, Sureshkumar S, Lempe J, et al. Potent induction of *Arabidopsis thaliana* flowering by elevated growth temperature [J]. PLoS Genetics, 2006, 2: e106.

[243] Lee J H, Yoo S J, Park S H, et al. Role of *SVP* in the control of flowering time by ambient temperature in *Arabidopsis* [J]. Genes & Development, 2007, 21: 397-402.

[244] Posé D, Verhage L, Ott F, et al. Temperature-dependent regulation of flowering by antagonistic FLM variants [J]. Nature, 2013, 503: 414-417.

[245] Filichkin S A, Priest H D, Givan S A, et al. Genome-wide mapping of alternative splicing in *Arabidopsis thaliana* [J]. Genome Research, 2010, 20 (1): 45-58.

[246] Filichkin S A, Mockler T C. Unproductive alternative splicing and nonsense mRNAs: a widespread phenomenon among plant circadian clock genes [J]. Biology Direct, 2012, 7: 20.

[247] James A B, Syed N H, Bordage S, et al. Alternative splicing mediates responses of

the *Arabidopsis* circadian clock to temperature changes [J]. Plant Cell, 2012, 24 (3): 961-981.

[248] Seo P J, Park M J, Lim M H. A self-regulatory circuit of CIRCADIAN CLOCK-ASSOCIATED1 underlies the circadian clock regulation of temperature responses in *Arabidopsis* [J]. Plant Cell, 2012, 24 (9): 2427-2442.

[249] Kwon Y J, Park M J, Kim S G, et al. Alternative splicing and nonsense-mediated decay of circadian clock genes under environmental stress conditions in *Arabidopsis* [J]. BMC Plant Biology, 2014, 14 (1): 136.

[250] Filichkin S A, Cumbie J S, Dharmawardhana J P, et al. Environmental stresses modulate abundance and timing of alternatively spliced circadian transcripts in *Arabidopsis* [J]. Molecular Plant, 2015, 8 (2): 207-227.

[251] Zhang E, Yang Z, Wang Y, et al. Nucleotide polymorphisms and haplotypediversity of *RTCS* gene in China elite maize inbred lines. PLoS ONE, 2013, 8 (2): e56495.

[252] Morris G P, Rhodes D H, Brenton Z, et al. Dissecting genome-wide association signals for loss-of-function phenotypes in sorghum flavonoid pigmentation traits [J]. G3: Genes Genomes Genetics, 2013, 3: 2085-2094.

[253] Le Hir H, Nott A, Moore M J. How introns influence and enhance eukaryotic gene expression [J]. Trends in Biochemical Science, 2003, 28: 215-220.

[254] Clancy M, Hannah L C. Splicing of the maize *Sh1* first intron is essential for enhancement of gene expression, and a T-rich motif increases expression without affecting splicing [J]. Plant Physiology, 2002, 130: 918-929.

[255] Wang Y, Lang Z, Zhang J, et al. *Ubi1* intron-mediated enhancement of the expression of Bt *cry1Ah* gene in transgenic maize (*Zea mays* L.) [J]. Chinese Science Bulletin, 2008, 53: 3185-3190.

[256] 陈俊，王宗阳．水稻 *OsBP-73* 基因表达需要其内含子参与 [J]. 植物生理和分子生物学学报，2004，30：81-86.

[257] Akua T, Shaul O. The *Arabidopsis thaliana MHX* gene includes an intronic element that boosts translation when localized in a 5′UTR intron [J]. Journal of Experimental Botany, 2013, 64: 4255-4270.

[258] 常建忠，董春林，张正，等．小麦抗逆相关基因 *TaSAP1* 的 5′非翻译区内含子功能分析 [J]. 作物学报，2019，45 (9)：1311-1318.

[259] Jeong Y M, Mun J H, Lee I, et al. Distinct roles of the first introns on the expression of Arabidopsis profilin gene family members [J]. Plant Physiology, 2005, 140 (1): 196-209.

[260] 徐军望，冯德江，宋贵生，等．水稻 EPSP 合酶第一内含子增强外源基因的表达 [J]. 中国科学：C 辑生命科学，2003，3：224-230，290.

[261] 魏金川，徐添翼，吴静，等．真核生物基因组长内含子递归剪接事件的分子机制 [J]. 遗传，2019，41 (2)：89-97.

［262］李剑峰，李婷，贾小平．PRRs 家族功能基因的研究进展［J］. 植物遗传资源学报，2019，20（6）：1399-1407.

［263］贾小平，李剑峰，全建章，等．不同光周期条件下谷子农艺性状的光周期敏感性评价［J］. 植物遗传资源学报，2018，19（5）：919-924.

［264］Borthwick H A，Hendricks S B，Parker M W，et al. A reversible photoreaction controlling seed germination［J］. Proceedings of the National Academy of Sciences of the USA，1952，38（8）：662-666.

［265］Butler W L，Norris K H，Siegelman H W，et al. Detection，assay，and preliminary purification of the pigment controlling photoresponsive development of plants［J］. Proceedings of the National Academy of Sciences of the USA，1959，45（12）：1703-1708.

［266］Quail P H. Phytochrome photosensory signalling networks［J］. Nature Reviews Molecular Cell Biology，2002，3（2）：85-93.

［267］Bae G，Choi G. Decoding of light signals by plant phytochromes and their interacting proteins［J］. Annual Review of Plant Biology，2008，59（1）：281-311.

［268］杨有新，王峰，蔡加星，等．光质和光敏色素在植物逆境响应中的作用研究进展［J］. 园艺学报，2014，9：1861-1872.

［269］Pratt L，Cordonnier P M，Kelmenson P，et al. The phytochrome gene family in tomato（*Solarium lycopersicum* L.）［J］. Plant Cell & Environment，1997，20（6）：672-677.

［270］Wu S H，Lagarias J C. Defining the bilin lyase domain：lessons from the extended phytochrome superfamily［J］. Biochemistry，2000，39（44）：13487-13495.

［271］Sharrock R A，Quail P H. Novel phytochrome sequences in *Arabidopsis thaliana*：structure，evolution，and differential expression of a plant regulatory photoreceptor family［J］. Genes & Development，1989，3（11）：1745-1757.

［272］Borucka J，Fellner M. Auxin binding proteins ABP1 and ABP4 are involved in the light-and auxin-induced down-regulation of phytochrome gene *PHYB* in maize（*Zea mays* L.）mesocotyl［J］. Plant Growth Regulation，2012，68（3）：503-509.

［273］Ádám É，Kircher S，Liu P，et al. Comparative functional analysis of full-length and N-terminal fragments of phytochrome C，D and E in red light-induced signaling［J］. New Phytologist，2013，200（1）：86-96.

［274］Takano M，Inagaki N，Xie X Z，et al. Distinct and cooperative functions of phytochromes A，B，and C in the control of deetiolation and flowering in rice［J］. Plant Cell，2005，17（12）：3311-3325.

［275］Aaron V R，Wim V I，Dick V，et al. A single locus confers tolerance to continuous light and allows substantial yield increase in tomato［J］. Nature Communications，2014，5（1）：45-58.

［276］Kulshreshtha R，Kumar N，Balyan H S，et al. Structural characterization， expression analysis and evolution of the red/far-red sensing photoreceptor gene, *phytochrome C* (*PHYC*), localized on the 'B' genome of hexaploid wheat (*Triticum aestivum* L.) [J]. Planta, 2005, 221 (5): 675-689.

[277] 詹克慧，李志勇，侯佩，等. 利用修饰光敏色素信号途径进行作物改良的可行性[J]. 中国农业科学，2012，45 (16): 3249-3255.

[278] 付建新，王翊，戴思兰. 高等植物 *CO* 基因研究进展 [J]. 分子植物育种，2010，8 (5): 1008-1016.

[279] 樊丽娜，邓海华，齐永文. 植物 *CO* 基因研究进展 [J]. 西北植物学报，2008，28 (6): 1281-1287.

[280] Ishikawa R, Aoki M, Kurotani K I, et al. Phytochrome B regulates *Heading date 1* (*Hd1*)-mediated expression of rice florigen *Hd3a* and critical day length in rice [J]. Molecular Genetics & Genomics, 2011, 285 (6): 461-470.

[281] Komiya R, Yokoi S, Shimamoto K. A gene network for long-day flowering activates *RFT1* encoding a mobile flowering signal in rice [J]. Development, 2009, 136 (20): 3443-3450.

[282] Lee Y S, Jeong D H, Lee D Y, et al. *OsCOL4* is a constitutive flowering repressor upstream of *Ehd1* and downstream of *OsphyB* [J]. Plant Journal, 2010, 63 (1): 18-30.

[283] Saïdou A A, Clotault J, Couderc M, et al. Association mapping, patterns of linkage disequilibrium and selection in the vicinity of the PHYTOCHROME C gene in pearl millet [J]. Theoretical and Applied Genetics, 2014, 127 (1): 19-32.

[284] Wallerstein I. Long day plants transformed with phytochrome characterized by altered flowering response to day length: US, 0101192 [P]. 2005-06-02.

[285] Jiao Y, Lau O S, Deng X W. Light-regulated transcriptional networks in higher plants [J]. Nature Reviews Genetics, 2007, 8 (3): 217-230.

[286] Munir J. The influence of maternal photoperiod on germination requirements in *Arabidopsis thaliana* [J]. American Journal of Botany, 2001, 88 (2): 1240-1249.

[287] Karssen C. The light promoted germination of the seeds of *Chenopodium album* L. Ⅲ. effect of the photoperiod during growth and development of the plants on the dormancy of the produced seeds [J]. Acta Botanica Neerlandica, 1970, 19 (1): 81-94.

[288] Gutterman Y. Maternal effects on seeds during development [J]. Seed Germination in Desert Plants, 2000, 30 (3): 166-172.

[289] Donohue K, Heschel M S, Chiang G C, et al. Phytochrome mediates germination responses to multiple seasonal cues [J]. Plant Cell & Environment, 2007, 30 (2): 202-212.

[290] Baskin C C, Bakker J M. Seeds, ecology, biogeography and evolution of dormancy, and germination [J]. Plant Ecology, 2001, 152 (2): 204-205.

[291] Shinomura T, Uchida K, Furuya M. Elementary processes of photoperception by phytochrome A for high-irradiance response of hypocotyl elongation in Arabidopsis

[J]. Plant Physiology, 2000, 122 (1): 147-156.

[292] Mieke W, Vinicius C G, Christian F. Light-mediated hormonal regulation of plant growth and development [J]. Annual Review of Plant Biology, 2016, 67 (1): 513-537.

[293] Gabriele S, Rizza A, Martone J, et al. The Dof protein DAG1 mediates PIL5 activity on seed germination by negatively regulating GA biosynthetic gene *AtGA3ox1* [J]. Plant Journal, 2009, 61 (2): 312-323.

[294] Kim D H, Yamaguchi S, Lim S, et al. SOMNUS, a CCCH-type zinc finger protein in *Arabidopsis*, negatively regulates light-dependent seed germination downstream of PIL5 [J]. Plant Cell, 2008, 20 (5): 1260-1277.

[295] Oh E, Yamaguchi S, Hu J, et al. PIL5, a phytochrome-interacting bHLH protein, regulates gibberellin responsiveness by binding directly to the *GAI* and *RGA* promoters in *Arabidopsis* seeds [J]. Plant Cell, 2007, 19 (4): 1192-1208.

[296] Zhu L, Bu Q Y, Xu X S, et al. CUL4 forms an E3 ligase with COP1 and SPA to promote light-induced degradation of PIF1 [J]. Nature Communications, 2015, 6, 7245.

[297] Shi H, Zhong S W, Mo X R, et al. HFR1 sequesters PIF1 to govern the transcriptional network underlying light-initiated seed germination in *Arabidopsis* [J]. Plant Cell, 2013, 25 (10): 3770-3784.

[298] 房迈莼，王小菁，李洪清．光对植物生物钟的调节 [J]. 植物学报，2005，22 (2)：207-214.

[299] Somers D E, Devlin P F, Kay S A. Phytochromes and cryptochromes in the entrainment of the *Arabidopsis* circadian clock [J]. Science, 1998, 282 (5393): 1488-1490.

[300] Martínez-García J F, Huo E, Quail P H. Direct targeting of light signals to a promoter element-bound transcription factor [J]. Science, 2000, 288 (5467): 859-863.

[301] Ni M, Tepperman J M, Quail P H. Binding of phytochrome B to its nuclear signalling partner PIF3 is reversibly induced by light [J]. Nature, 1999, 400 (6746): 781-784.

[302] Ni M, Tepperman J M, Quail P H. PIF3, a Phytochrome-interacting factor necessary for normal photoinduced signal transduction, is a novel basic helix-loop-helix protein [J]. Cell, 1998, 95 (5): 657-667.

[303] Tepperman J M, Zhu T, Chang H S, et al. Multiple transcription-factor genes are early targets of phytochrome A signaling [J]. Proceedings of the National Academy of Sciences of the USA, 2001, 98 (16): 9437-9442.

[304] Franklin K A, Whitelam G C. Light-quality regulation of freezing tolerance in *Arabidopsis thaliana* [J]. Nature Genetics, 2007, 39 (11): 1410-1413.

[305] Sysoeva M I, Patil G G, Sherudilo E G. Effect of temperature drop and photoperiod on cold resistance in young cucumber plants-involvement of phytochrome B [J]. Plant Stress, 2008, 2 (1): 84-88.

[306] Catalá R, Medina J, Salinas J. Integration of low temperature and light signaling during cold acclimation response in *Arabidopsis* [J]. Proceedings of the National Academy of Sciences of the USA, 2011, 108 (39): 16475-16480.

[307] Halliday K J, Salter M G, Thingnaes E, et al. Phytochrome control of flowering is temperature sensitive and correlates with expression of the floral integrator *FT* [J]. Plant Journal, 2003, 33 (5): 875-885.

[308] Lee C M, Thomashow M F. Photoperiodic regulation of the C-repeat binding factor (CBF) cold acclimation pathway and freezing tolerance in *Arabidopsis thaliana* [J]. Proceedings of the National Academy of Sciences of the USA, 2012, 109 (37): 15054-15059.

[309] Franklin K A, Toledo G, Pyott D E, et al. Interaction of light and temperature signaling [J]. Journal of Experimental Botany, 2014, 65 (11): 2859-2871.

[310] Li L, Ljung K, Breton G, et al. Linking photoreceptor excitation to changes in plant architecture [J]. Genes Development, 2012, 26 (8): 785-790.

[311] Franklin K A, Lee S H, Patel D, et al. PHYTOCHROME-INTERACTING FACTOR 4 (PIF4) regulates auxin biosynthesis at high temperature [J]. Proceedings of the National Academy of Sciences of the USA, 2011, 108 (50): 20231-20235.

[312] Foreman J, Johansson H, Hornitschek P, et al. Light receptor action is critical for maintaining plant biomass at warm ambient temperatures [J]. Plant Journal, 2011, 65 (3): 441-452.

[313] Koini M A, Alvey L, Allen T, et al. High temperature mediated adaptations in plant architecture require the bHLH transcription factor PIF4 [J]. Current Biology, 2009, 19 (5): 408-413.

[314] Leivar P, Quail P H. PIFs: pivotal components in a cellular signaling hub [J]. Trends in Plant Science, 2011, 16 (1): 19-28.

[315] Kathleen D, Heschel M, Colleen M, et al. Diversification of phytochrome contributions to germination as a function of seed-maturation environment [J]. New Phytologist, 2007, 177 (2): 367-379.

[316] Heschel M S, Selby J, Butler C, et al. A new role for phytochromes in temperature-dependent germination [J]. New Phytologist, 2007, 174 (4): 735-741.

[317] Halliday K J, Whitelam G C. Changes in photoperiod or temperature alter the functional relationships between phytochromes and reveal roles for phyD and phyE [J]. Plant Physiology, 2003, 131 (4): 1913-1920.

[318] Shamim Z, Rashid B, Rahman S, et al. Expression of drought tolerance in transgenic cotton [J]. Science Asia, 2013, 39 (1): 1-11.

[319] Boccalandro H E, Rugnone M L, Moreno J E, et al. Phytochrome B enhances photosynthesis at the expense of water-use efficiency in Arabidopsis [J]. Plant Physiology, 2009, 150 (2): 1083-1092.

[320] Boggs J Z, Loewy K, Bibee K, et al. Phytochromes influence stomatal conductance plasticity in *Arabidopsis thaliana* [J]. Plant Growth Regulation, 2010, 60 (2): 77-81.

[321] Wang F F , Lian H L , Kang C Y, et al. Phytochrome B is involved in mediating red light-induced stomatal opening in *Arabidopsis thaliana* [J]. Molecular Plant, 2010, 3 (1): 246-259.

[322] Liu J, Zhang F, Zhou J J, et al. Phytochrome B control of total leaf area and stomatal density affects drought tolerance in rice [J]. Plant Molecular Biology, 2012, 78 (3): 289-300.

[323] Casal J J, Sánchez R A, Vierstra R D. *Avena* phytochrome A overexpressed in transgenic tobacco seedlings differentially affects red/far-red reversible and very-low-fluence responses (cotyledon unfolding) during de-etiolation [J]. Planta, 1994, 192 (3): 306-309.

[324] Simone S D, Oka Y, Inoue Y. Effect of light on root hair formation in *Arabidopsis thaliana* phytochrome-deficient mutants [J]. Journal of Plant Research, 2000, 113 (1): 63-69.

[325] Salisbury F J, Hall A, Grierson C S, et al. Phytochrome coordinates Arabidopsis shoot and root development [J]. Plant Journal, 2007, 50 (3): 429-438.

[326] Todaka D , Nakashima K , Maruyama K, et al. Rice phytochrome-interacting factor-like protein OsPIL1 functions as a key regulator of internode elongation and induces a morphological response to drought stress [J]. Proceedings of the National Academy of Sciences of the USA, 2012, 109 (39): 15947-15952.

[327] Uenishi Y, Nakabayashi Y, Tsuchihira A, et al. Accumulation of TIP2; 2 aquaporin during dark adaptation is partially PhyA dependent in roots of *Arabidopsis* seedlings [J]. Plants, 2014, 3 (1): 177-195.

[328] Staneloni R J, Rodriguez M J, Casal J J. Abscisic acid, high-light, and oxidative stress down-regulate a photosynthetic gene via a promoter motif not involved in phytochrome-mediated transcriptional regulation [J]. Molecular Plant, 2008, 1 (1): 75-83.

[329] Carvalho R F, Quecini V, Peres L E P. Hormonal modulation of photomorphogenesis-controlled anthocyanin accumulation in tomato (*Solanum lycopersicum* L. cv Micro-Tom) hypocotyls: Physiological and genetic studies [J]. Plant Science, 2010, 178 (3): 258-264.

[330] 顾建伟，张方，赵杰，等．光敏色素 B 介导光信号影响水稻的脱落酸途径 [J]. 科学通报，2012，1 (25)：35-43.

[331] González C V, Ibarra S E, Piccoli P N, et al. Phytochrome B increases drought tolerance by enhancing ABA sensitivity in *Arabidopsis thaliana* [J]. Plant Cell & environment, 2012, 35 (11): 1958-1968.

[332] Kraepiel Y, Rousselin P, Sotta B, et al. Analysis of phytochrome and ABA-deficient mutants suggests that ABA degradation is controlled by light in *Nicotiana plumbaginifolia* [J]. Plant Journal, 1994, 6 (5): 665-672.

[333] Indorf M, Cordero J, Neuhaus G, et al. Salt tolerance (STO), a stress-related protein, has a major role in light signalling [J]. Plant Journal, 2007, 51 (4): 563-574.

[334] Terry M J, Linley P J, Kohchi T. Making light of it: the role of plant haem oxygenases in phytochrome chromophore synthesis [J]. Biochemical Society Transactions, 2002, 30 (4): 604-609.

[335] Chen X Y, Ding X, Xu S, et al. Endogenous hydrogen peroxide plays a positive role in the upregulation of heme oxygenase and acclimation to oxidative stress in wheat seedling leaves [J]. Journal of Integrative Plant Biology, 2009, 51 (10): 951-960.

[336] 夏瑞，陆旺金，李建国．一种改良的扩增 cDNA 5′末端的方法 [J]. 园艺学报，2008，35 (10)：1533-1538.

[337] Quail P H, Boylan M T, Parks B M, et al. Phytochromes -photosensory perception and signal transduction [J]. Science, 1995, 268 (5211): 675-680.

[338] 王璐璐．玉米光敏色素基因的克隆与苗期光暗条件下表达分析 [D]. 沈阳：沈阳农业大学，2017.

[339] Ponting C P, Aravind L. PAS: A multifunctional domain family comes to light [J]. Current Biology, 1997, 7 (11): 674-677.

[340] Ho Y S J, Burden L M, Hurley J H. Structure of the GAF domain, a ubiquitous signaling motif and a new class of cyclic GMP receptor [J]. The EMBO Journal, 2000, 19 (20): 5288-5299.

[341] 孙广华．小麦光敏色素基因家族的克隆、表达分析与功能研究 [D]. 郑州：河南农业大学，2016.

[342] 杨宗举，闫蕾，宋梅芳，等．玉米光敏色素 A1 与 A2 在各种光处理下的转录表达特性 [J]. 作物学报，2016，42 (10)：1462-1470.

[343] Rajeevan M S, Ranamukhaarachchi D G, Vernon S D, et al. Use of real-time quantitative PCR to validate the results of cDNA array and differential display PCR technologies [J]. Methods, 2002, 25 (4): 443-451.

[344] Chen A, Li C, Hu W, et al. PHYTOCHROME C plays a major role in the acceleration of wheat flowering under long-day photoperiod [J]. Proceedings of the National Academy of Sciences of the USA, 2014, 111 (28): 10037-10044.

[345] Chen M, Chroy J. Phytochrome signaling mechanisms and the control of plant development [J]. Trends in Cell Biology, 21 (11): 664-671.

[346] Sheehan M J, Farmer P R, Brutnell T P. Structure and expression of maize phytochrome family homeologs [J]. Genetics, 167 (3): 1395-1405.

[347] 贾小平，全建章，王永芳，等．不同光周期环境对谷子农艺性状的影响 [J]. 作物学报，2019，45 (7)：1119-1127.

[348] Johnson E M, Bradley M, Harberd N P, et al. Photoresponses of light-grown *phyA* mutants of *Arabidopsis* (Phytochrome A is required for the perception of daylength extensions) [J]. Plant Physiology, 1994, 105 (1): 141-149.

[349] Osugi A, Itoh H, Ikeda K, et al. Molecular dissection of the roles of phytochrome in photoperiodic flowering in rice [J]. Plant Physiology, 2011, 157 (3): 1128-1137.

[350] Quail P H. Photosensory perception and signal transduction in plants [J]. Current Opinion in Genetics & Development, 1994, 4 (5): 652-661.

[351] Clack T, Mathews S, Sharrock R A. The phytochrome apoprotein family in *Arabidopsis* is encoded by five genes: the sequences and expression of *PHYD* and *PHYE* [J]. Plant Molecular Biology, 1994, 25 (3): 413-427.

[352] Sawers R J, Linley P J, Faemer P R, et al. *elongated mesocotyl1*, a phytochrome-deficient mutant of maize [J]. Plant Physiology, 2002, 130 (1): 155-163.

[353] Izawa T, Oikawa T, Tokutomi S, et al. Phytochromes confer the photoperiodic control of flowering in rice (a short-day plant) [J]. Plant Journal, 2000, 22 (5): 391-399.

[354] 牛骧，郭林，杨宗举，等．2 个玉米光敏色素 C 基因的转录丰度对多种光质处理的响应 [J]. 中国农业科学，2017，50 (12)：2209-2219.

[355] Takano M, Hirochika H, Miyao A. Control of plant flowering time by regulation of phytochrome c expression [P]．美国：US7566815，2009-07-28.

附录　*SiPRR*73 基因的 6 个可变剪接体序列

>SiPRR73－1

ATGGGTAGCACCTGCCAAGCTGGCACGGACGGGCCTTCCCACAAGGA
TGTGAGGGGGATCGCAAATGGCGCCACAGCGAATGGCTACCATGGGG
CCGAGGCTGATGCGGATGAATGGAGGGAAAAGGAAGATGACTTACC
CAATGGGCACAGCGGGCCACCAGGCGCACAGCAGGTGGATGAGCAGA
AGGACCAACAGGGACAGACCATTCAGTGGGAGAGGTTCCTCCCTGTG
AAGACACTGAGAGTCTTGCTGGTGGAGATCGATGACTCCACTCGTCA
GGTGGTCAGTGCCCTGCTCCGTAAGTGCTGCTATGAAGTTATCCCTG
CAGAAAATGGTTTACATGCATGGCAACATCTTGAAGATCTGCAGAA
CAACATTGACCTTGTATTGACTGAGGTTTTCATGCCTTGTCTATCTG
GCATCGGTCTGCTTAGCAAAATCACAAGTCACAAAGTTTGCAAGGAC
ATTCCTGTGATTATGATGTCTTCGAATGACTCTATGAGTATGGTGTT
TAAGTGTTTGTCAAAGGGTGCAGTTGACTTCTTAGTAAAGCCACTAC
GTAAGAATGAGCTTAAGAACCTTTGGCAGCATGTTTGGAGGCGATGC
CACAGTTCCAGTGGCAGTGGAAGTGAAAGTGGCATCCAGACACAAAA
GTGTGCCAAACCAAATACTGGTGACGAGTATGAGAACAACAGTGCCA
GCAGTCATGATGATGACGAAAATGACGATGAAGAAGATGACGACTT
GAGTGTCGGACTCAATGCTAGGGATGGAAGTGATAATGGCAGCGGCA
CTCAAAGTTCATGGACAAGGCGTGCTGTGGAGATTGACAGTCCACAA
CAAATGTCTCCTGATCAACTAGCTGATCCACCTGATAGTACATGTGC
ACAAGTAATTCACCCCAAATCAGAGATATGCAGTAATAAGTGGTTA
CCAGCTGCAAATAAAAGGAACAGCAAGAAACAAAAGGAGAATAAA
GATGAATCTATGGGGAAATACTTAGAGATAGGTGCTCCTAGGAATT
CGACTGCAGAATATCAATCATCTCTCAATGATACTTCTGTTAATCCA
ACAGAAAAACGGCATGAGGTTCACATTCCCCAATGCAAATCTAAAA
AGAAAGTGATGGAAGAAGATGACTGCACAAACATGCTGAGTGAACC
AAATACTGAAACTGCTGATTTGATTAGCTCGATAGCCAGAAACACA
GAGGGCCAACAAGCAGTACAAGTTGCTGATGCACCTGATTGCCCTGC

CAAGATGCCCGTTGGAAATGATAAGGATCATGATTCTCATATCGAA
GTGACACCCCATGAGTTGGGTTTGAAGAGATTGAAAACAAATGGAG
CTACAACGGAAATCCATGATGAGTGGAATATTTTGAGAAGATCAGA
TCTGTCAGCCTTCACCAGGTACCATACATCTGTGGCTTCCAATCAAG
GTGGAGCAGGATTTGGGGAAAGCTCTTCACCACAAGATAACAGTTC
TGAGGCTGTTAAAACGGACTCTACCTGCAAGATGAAGTCAAATTCA
GATGCTGCTCCAATAAAGCAGGGCTCTAATGGCAGTAGCAACAATAA
TGACATGGGCTCCAGTACAAAGAATGTTGTCGCCAAGCCTTCGGGTA
ACAGGGAGAGAGTAACATCACCGTCAGCTGTAAAATCTAATCAACA
TCCTATGCCGCATCAGATATCACCAGCTAATGTAGTTGGGAAAGACA
AAACTGATGAAGGAATTTCCAATGCAGTGAAAGTGGGCCACCCAGCA
GAGGTACCACAAAGCTGCGTGCAACATCATCATCACGTCCATTATTA
CCTCCATGTTATGACACAGCAACAGCCATCAATTGACCGTGGATCAT
CAGATGCTCAGTGTGGTTCATCCAATGCGTTTGATCCTCCTGTTGAA
GGACACGCTGCAAACTACAGTGTGAATGGGGCTGTCTCAGGTGGTCA
TAATGGGTCCAATGGGCAGAATGGAAGTAGTGCTGGTCCCAACATTG
CAAGACCAAACATGGAGAGTGTTAATGGCACTATGAGCAAAAATGT
GGCTGGAGGTGGCAGTGGTAGTGGAAGTGGCAATGGCACTTATCAGA
ATCGGTTCCCTCAACGTGAAGCTGCATTGAACAAATTCAGACTGAAG
CGGAAAGATCGGAACTTCGGTAAAAAGGTTCGCTACCAAAGCAGGA
AGAGACTAGCTGAGCAGCGGCCACGGGTCCGTGGGCAGTTTGTGCGA
CAATCTGGACAAGAAGATCAAGCAGGCCAAGATATAGAGAGATGA

>*SiPRR73－2*

ATGGGTAGCACCTGCCAAGCTGGCACGGACGGGCCTTCCCACAAGGA
TGTGAGGGGGATCGCAAATGGCGCCACAGCGAATGGCTACCATGGGG
CCGAGGCTGATGCGGATGAATGGAGGGAAAAGGAAGATGACTTACC
CAATGGGCACAGCGGGCCACCAGGCGCACAGCAGGTGGATGAGCAGA
AGGACCAACAGGGACAGACCATTCAGTGGGAGAGGTTCCTCCCTGTG
AAGACACTGAGAGTCTTGCTGGTGGAGATCGATGACTCCACTCGTCA
GGTGGTCAGTGCCCTGCTCCGTAAGTGCTGCTATGAAGTTATCCCTG
CAGAAAATGGTTTACATGCATGGCAACATCTTGAAGATCTGCAGAA
CAACATTGACCTTGTATTGACTGAGGTTTTCATGCCTTGTCTATCTG
GCATCGGTCTGCTTAGCAAAATCACAAGTCACAAAGTTTGCAAGGAC
ATTCCTGTGATTACGATGTCTTCGAATGACTCTATGAGTATGGTGTT
TAAGTGTTTGTCAAAGGGTGCAGTTGACTTCTTAGTAAAGCCACTAC

GTAAGAATGAGCTTAAGAACCTTTGGCAGCATGTTTGGAGGCGATG
CCACAGTTCCAGTGGCAGTGGAAGTGAAAGTGGCATCCAGACACAA
AAGTGTGCCAAACCAAATACTGGTGACGAGTATGAGAACAACAGTG
CCAGCAGTCATGATGATGACGAAAATGACGATGAAGAAGATGACGA
CTTGAGTGTCGGACTCAATGCTAGGGATGGAAGTGATAATGGCAGC
GGCACTCATAGTTCATGGACAAAGCGTGCTGTGGAGATTGACAGTCC
ACAACAAATGTCTCCTGATCAACTAGCTGATCCACCTGATAGTACAT
GTGCACAAGTAATTCACCCCAAATCAGAGATATGCAGTAATAAGTG
GTTACCAGCTGCAAATAAAAGGAACAGCAAGAAACAAAAGGAGAA
TAAAGATGAATCTATGGGAAATACTTAGAGATAGGTGCTCCTAGG
AATTCGACTGCAGAATATCAATCATCTCTCAATGATACTTCTGTTAA
TCCAACAGAAAAACGGCATGAGGTTCACATTCCCCAATGCAAATCTA
AAAAGAAAGTGATGGAAGAAGATGACTGCACAAACATGCTGAGTGA
ACCAAATACTGAAACTGCTGATTTGATTAGCTCGATAGCCAGAAACA
CAGAGGGCCAACAAGCAGTACAAGTTGCTGATGCACCTGATTGCCCT
GCCAAGATGCCCGTTGGAAATGATAAGGATCATGATTCTCATATCGA
AGTGACACCCCATGAGTTGGGTTTGAAGAGATTGAAAACAAATGGA
GCTACAACGGAAATCCATGATGAGTGGAATATTTTGAGAGGATCAG
ATCTGTCAGCCTTCACCAGGTGCAAAACATAA

>***SiPRR73－3***

ATGGGTAGCACCTGCCAAGCTGGCACGGACGGGCCTTCCCACAAGGA
TGTGAGGGGGATCGCAAATGGCGCCACAGCGGATGGCTACCATGGGG
CCGAGGCTGATGCGGATGAATGGAGGGAAAAGGAAGATGACTTACC
CAATGGGCACAGCGGGCCACCAGGCGCACAGCAGGTGGATGAGCAGA
AGGACCAACAGGGACAGACCATTCAGTGGGAGAGGTTCCTCCCTGTG
AAGACACTGAGAGTCTTGCTGGTGGAGATCGATGACTCCACTCGTCA
GGTGGTCAGTGCCCTGCTCCGTAAGTGCTGCTATGAAGTTATCCCTG
CAGAAAATGGTTTACATGCATGGCAACATCTTGAAGATCTGCAGAA
CAACATTGACCTTGTATTGACTGAGGTTTTCATGCCTTGTCTATCTG
GCATCGGTCTGCTTAGCAAAATCACAAGTCACAAAGTTTGCAAGGAC
ATTCCTGTGATTATGATGTCTTCGAATGACTCTATGAGTATGGTGTT
TAAGTGTTTGTCAAAGGGTGCAGTTGACTTCTTAGTAAAGCCACTAC
GTAAGAATGAGCTTAAGAACCTTTGGCAGCATGTTTGGAGGCGATG
CCACAGTTCCAGTGGCAGTGGAAGTGAAAGTGGCATCCAGACACAAA
AGTGTGCCAAACCAAATACTGGTGACGAGTATGAGAACAACAGTGC

CAGCAGTCATGATGATGACGAAAATGACGATGAAGAAGATGACGAC
TTGAGTGTCGGACTCAATGCTAGGGATGGAAGTGATAATGGCAGCG
GCACTCAAAGTTCATGGACAAAGCGTGCTGTGGAGATCGACAGTCCA
CAACAAATGTCTCCTGATCAACTAGCTGATCCACCTGATAGTACATG
TGCACAAGTAATTCACCCCAAATCAGAGATATGCAGTAATAAGTGG
TTACCAGCTGCAAATAAAAGGAACAGCAAGAAACAAAAGGAGAATA
AAGATGAATCTATGGGAAATACTTAGAGATAGGTGCTCCTAGGAA
TTCGACTGCAGAATATCAATCATCTCTCAATGATACTTCTGTTAATC
CAACAGAAAAACGGCATGAGGTTCACATTCCCCAATGCAAATCTAAA
AAGAAAGTGATGGAAGAAGATGACTGCACAAACATGCTGAGTGAAC
CAAATACTGAAACTGCTGATTTGATTAGCTCGATAGCCAGAAACACA
GAGGGCCAACAAGCAGTACAAGTTGCTGATGCACCTGATTGCCCTGC
CAAGATGCCCGTTGGAAATGATAAGGATCATGATTCTCATATCGAA
GTGACACCCCATGAGTTGGGTTTGAAGAGATTGAAAACAAATGGAG
CTACAACGGAAATCCATGATGAGTGGAATATTTTGAGAAGGTCAGA
TCTGTCAGCCTTCACCAGGTACCATACATCTGTGGCTTCCAATCAAG
GTGGAGCAGGATTTGGGGAAAGCTCTTCACCACAAGATAACAGTTC
TGAGGCTGTTAAAACGGACTCTACCTGCAAGATGAAGTCAAATTCA
GATGCTGCTCCAATAAAGCAGGGCTCTAATGGCAGTAGCAACAATA
ATGACATGGGCTCCAGTACAAAGAATGTTGTCGCCAAGCCTTCGGGT
AACAGGGAGAGAGTAACATCACCGTCAGCTGTAAAATCTAATCAAC
ATCCTATGCCGCATCAGATATCACCAGCTAATGTAGTTGGGAAAGAC
AAAACTGATGAAGGAATTTCCAATGCAGTGAAAGTGGGCCACCCAG
CAGAGGTACCACAAAGCTGCGTGCAACATCATCATCACGTCCATTAT
TACCTCCATGTTATGACACAGCAACAGCCATCAATTGACCGTGGATC
ATCAGATGCTCAGTGTGGTTCATCCAATGTGTTTGATCCTCCTGTTG
AAGGACACGCTGCAAACTACAGTGTGAATGGGGCTGTCTCAGGTGGT
CATAATGGGTCCAATGGGCAGAATGGAAGTAGTGCTGGTCCCAACAT
TGCAAGACCAAACATGGAGAGTGTTAATGGCACTATGAGCAAAAAT
GTGGCTGGAGGTGGCAGTGGTAGTGGAAGTGGCAATGGCACTTATC
AGAATCGGTTCCCTCAACGTGAAGCTGCATTGAACAAATTCAGACTG
AAGCGGAAAGATCGGAACTTCGGTAAAAAGGTTCGCTACCAAAGCA
GGAAGAGACTAGCTGAGCAGCGGCCACGGGTCCGTGGGCAGTTTGTG
CGACAATCTGGACAAGAAGATCAAGCAGGCCAAGATATAGAGAGATGA

>*SiPRR73*－*4*

ATGGGTAGCACCTGCCAAGCTGGCACGGACGGGCCTTCCCACAAGGA
TGTGAGGGGGATCGCAAATGGCGCCGCAGCGAATGGCTACCATGGGG
CCGAGGCTGATGCGGATGAATGGAGGGAAAAGGAAGATGACTTACC
CAATGGGCACAGCGGGCCACCAGGCGCACAGCAGGTGGATGAGCAGA
AGGACCAACAGGGACAGACCATTCAGTGGGAGAGGTTCCTCCCTGTG
AAGACACTGAGAGTCTTGCTGGTGGAGATCGATGACTCCACTCGTCA
GGTGGTCAGTGCCCTGCTCCGTAAGTGCTGCTATGAAGTTATCCCTG
CAGAAAATGGTTTACATGCATGGCAACATCTTGAAGATCTGCAGAA
CAACATTGACCTTGTATTGACTGAGGTTTTCATGCCTTGTCTATCTG
GCATCGGTCTGCTTAGCAAAATCACAAGTCACAAAGTTTGCAAGGAC
ATTCCTGTGATTATGATGTCTTCGAATGACTCTATGAGTATGGTGTT
TAAGTGTTTGTCAAAGGGTGCAGTTGACTTCTTAGTAAAGCCACTAC
GTAAGAATGAGCTTAAGAACCTTTGGCAGCATGTTTGGAGGCGATG
CCACAGTTCCAGTGGCAGTGGAAGTGAAAGTGGCATCCAGACACAA
AAGTGTGCCAAACCAAATACTGGTGACGAGTATGAGAACAACAGTG
CCAGCAGTCATGATGATGACGAAAATGACGATGAAGAAGATGACGA
CTTGAGTGTCGGACTCAATGCTAGGGATGGAAGTGATAATGGCAGC
GGCACTCAAAGTTCATGGACAAAGCGTGCTGTGGAGATTGACAGTCC
ACAACAAATGTCTCCTGATCAACTAGCTGATCCACCTGATAGTACAT
GTGCACAAGTAATTCACCCCAAATCAGAGATATGCAGTAATAAGTG
GTTACCAGCTGCAAATAAAAGGAACAGCAAGAAACAAAAGGAGAAT
AAAGATGAATCTATGGGGAAATACTTAGAGATAGGTGCTCCTAGGA
ATTCGACTGCAGAATATCAATCATCTCTCAATGATACTTCTGTTAAT
CCAACAGAAAAACGGCATGAGGTTCACATTCCCCAATGCAAATCTAA
AAAGAAAGTGATGGAAGAAGATGACTGCACAAACATGCTGAGTGAA
CCAAATACTGAAACTGCTGATTTGATTAGCTCGATAGCCAGAAACAC
AGAGGGCCAACAAGCAGTACAAGTTGCTGATGCACCTGATTGCCCTG
CCAAGATGCCCGTTGGAAATGATAAGGATCATGATTCTCATATCGAA
GTGACACCCCATGAGTTGGGTTTGAAGAGATTGAAAACAAATGGAG
CTACAACGGAAATCCATGATGAGTGGAATATTTTGAGAAGATCAGA
TCTGTCAGCCTTCACCAGGTACCATACATCTGTGGCTTCCAATCAAG
GTGGAGCAGGATTTGGGGAAAGCTCTTCACCACAAGATAACAGTTC
TGAGGCTGTTAAAACGGACTCTACCTGCAAGATGAAGTCAAATTCA
GATGCTGCTCCAATAAAGCAGGGCTCTAATGGCAGTAGCAACAATAA

TGACATGGGCTCCAGTACAAAGAATGTTGTCGCCAAGCCTTCGGGTA
ACAGGGAGAGAGTAACATCACCGTCAGCTTGA

>***SiPRR73－5***

ATGGGTAGCACCTGCCAAGCTGGCACGGACGGGCCTTCCCACAAGGA
TGTGAGGGGGATCGCAAATGGCGCCACAGCGAATGGCTACCATGGGG
CCGAGGCTGATGCGGATGAATGGAGGGAAAAGGAAGATGACTTACC
CAATGGGCACAGCGGGCCACCAGGCGCACAGCAGGTGGATGAGCAGA
AGGACCAACAGGGACAGACCATTCAGTGGGAGAGGTTCCTCCCTGTG
AAGACACTGAGAGTCTTGCTGGTGGAGATCGATGACTCCACTCGTCA
GGTGGTCAGTGCCCTGCTCCGTAAGTGCTGCTATGAAGTTATCCCTG
CAGAAAATGGTTTACATGCATGGCAACATCTTGAAGATCTGCAGAA
CAACATTGACCTTGTATTGACTGAGGTTTTCATGCCTTGTCTGTCTG
GCATCGGTCTGCTTAGCAAAATCACAAGTCACAAAGTTTGCAAGGA
CATTCCTGTGATTAGTAAGTAG

>***SiPRR73－6***

ATGGGTAGCACCTGCCAAGCTGGCACGGACGGGCCTTCCCACAAGGA
TGTGAGGGGGATCGCAAATGGCGCCACAGCGAATGGCTACCATGGGG
CCGAGGCTGATGCGGATGAATAG

图书在版编目（CIP）数据

谷子分子标记开发及应用 / 贾小平等著. -- 北京 ：中国农业出版社，2024. 9. -- ISBN 978-7-109-32374-2

Ⅰ. S515

中国国家版本馆 CIP 数据核字第 2024FK9112 号

谷子分子标记开发及应用

GUZI FENZI BIAOJI KAIFA JI YINGYONG

中国农业出版社出版

地址：北京市朝阳区麦子店街 18 号楼

邮编：100125

责任编辑：谢志新　郭晨茜

版式设计：王　晨　　责任校对：吴丽婷

印刷：北京中兴印刷有限公司

版次：2024 年 9 月第 1 版

印次：2024 年 9 月北京第 1 次印刷

发行：新华书店北京发行所

开本：700mm×1000mm　1/16

印张：15.25

字数：290 千字

定价：158.00 元